调水工程建设管理模式研究与展望

王金山　张泽玉　张　哲　赵相航　等 编著
史忠乐　韩　鹏　孙　翀　谢　杰

U0253302

黄河水利出版社

· 郑州 ·

图书在版编目(CIP)数据

调水工程建设管理模式研究与展望/王金山等编著.
—郑州:黄河水利出版社,2023.8
ISBN 978-7-5509-3721-5

Ⅰ.①调… Ⅱ.①王… Ⅲ.①调水工程-工程管理-
研究-中国 Ⅳ.①TV68

中国国家版本馆 CIP 数据核字(2023)第 169390 号

调水工程建设管理模式研究与展望
王金山 等

审　　稿　席红兵　13592608739

责任编辑　文云霞　　　　　　　　　　　　　　责任校对　鲁　宁
封面设计　黄瑞宁　　　　　　　　　　　　　　责任监制　常红昕
出版发行　黄河水利出版社
　　　　　地址:河南省郑州市顺河路 49 号　　邮政编码:450003
　　　　　网址:www.yrcp.com　E-mail:hhslcbs@126.com
　　　　　发行部电话:0371-66020550、66028024
承印单位　河南新华印刷集团有限公司
开　　本　787 mm×1092 mm　1/16
印　　张　12
字　　数　277 千字
印　　数　1—1000
版次印次　2023 年 8 月第 1 版　　　　　　　　2023 年 8 月第 1 次印刷

定　　价　72.00 元

前　言

　　人类社会发展的历史经验表明,在一个水资源十分紧缺的地区,当其经济社会发展达到一定规模时,区域有限的水资源就会限制当地经济社会的发展和生态环境的保护,适时适度地建设调水工程已成为确保区域经济社会可持续发展的必然选择。我国水资源在空间上存在分布不均的情况,据统计,南方地区水资源量是北方的4倍。水资源的分布不均造成我国的调水工程一直以来都是各个历史时期当政者所关注的重要问题,如举世闻名的京杭大运河工程与都江堰工程等。

　　中华人民共和国成立后,我国的调水工程开始全面兴起。计划经济时期,我国的调水工程以东南沿海和西北内陆的农业灌溉为主。改革开放之后,伴随着城市化、工业化进程的加快,调水工程逐渐转向以城市生活和工业供水为主,其中就有令人瞩目的南水北调工程、引滦入津工程、引黄济青工程、东深供水工程等。当前,我国水资源空间分布不均匀的问题仍未得到全面解决,大型调水工程建设仍任重道远。根据全国水资源综合规划,到2030年水平我国仍需新增供水1 128亿 m³,其中60%以上要通过跨流域调水工程得以实现。

　　随着水利工程建设行业的蓬勃发展,我国调水工程也逐渐形成以项目法人责任制为基本制度之一,多种投、建、营模式共存的多样化建设管理模式。随着近年来水利工程投入力度的持续加大,项目种类多、任务重,以政府投资为主体的项目法人责任制模式表现出一定的局限性及不适应性,如人才缺乏、技术力量薄弱、制度不健全、管理欠规范等。

　　本书立足于大型调水工程资金筹措,建设与运行管理机构组建,资源、资产和工程运行管理实际需求,介绍了我国水利工程建设管理的发展历程及现状,国外水利工程建设管理体制及启示;梳理了我国近年来常见水利工程的建设管理模式及特征,分析对比了各类建设模式的特点、适用范围及局限;总结分析了调水工程项目的特点及风险,调水工程建设管理模式的选择及建设管理制度的应用;引入了大型调水工程、中小型水利工程建设管理模式和管理制度的实践案例,分析了国内典型成功案例的经验做法,并展望了调水工程建设管理模式的发展趋势和方向。

　　本书可供从事水利管理的政府工作人员、水利工程技术和管理人员、科研人员及大专院校师生参考。

作　者

2023 年 6 月

目　录

第 1 章　工程项目建设管理概论

1.1　工程项目的概念

工程项目是指在一定的建设时间内,在规定的资金总额条件下,需要达到预期规模和预定的质量水平的一次性事业。例如,建一座水库、一座水闸、一座电站等,都是工程项目。在这里"一定的建设时间"是指工程项目从项目立项开始到竣工建成直至保修期结束这样一段工程建设时间。在这样的一段时间里,工程项目建设的自然条件和技术条件受到地点和时间的限制。"规定的资金总额"是指用于工程项目建设的资金不是无限的,它要求在达到预期规模和预定的质量水平的前提下,要把工程项目的投资控制在计划规定的限额内。"一次性事业"是指工程项目建设过程具有明显的单一性,它不同于现代工业产品的大批量重复生产过程。

1.2　工程项目的特征

与其他项目相比较,工程项目一般具有以下一些特点:

(1)任务规模大,耗资巨大。工程项目的规模往往很大,小到一幢普通的住宅楼,大到一座工厂、一条高速公路,也有如三峡工程这样的巨型项目。工程项目的耗资从几十万元到几百亿元甚至更多。这样,就要求有高水平的管理工作,否则项目一旦失败,造成的损失将是巨大的。

(2)工期长,涉及面广。由于工程项目的规模大,一般耗时也较长,短则半年,长则三五年,有的更是长达十几年。同时,工程项目建设涉及的方面也极广,如建设规划、国土、环保、设计、施工、材料供应、设备、交通、城管等部门,因而有大量的协调工作要做,这就给工程项目的管理工作带来了极大的难度。

(3)质量要求高,技术高度综合,工艺复杂。工程项目的使用寿命往往较长,一般为30~50年,有的长达100年;这样,对工程的质量就提出了非常高的要求。而随着科学技术的发展,越来越多的新材料、新工艺、新设备被用于工程项目建设中,远非过去手工劳动所能比拟。

(4)环境因素制约多且复杂。由于工程项目必须在其使用地点建设,因而受到环境诸如气候条件、水文地质、地形地貌等的制约。不可控因素多且复杂,给工程项目建设目标的实现带来了很大的困难。

(5)项目变化大,一次性特点显著。工程项目是典型的一次性事业,工程项目无论是设计还是施工,都有显著的差别,即使是使用相同的设计来进行建设,也会因为空间、时间等其他外界条件的不同,建设过程区别很大,必须针对不同的工程项目进行管理和协调工作。

(6)风险大。具有单件性生产特性的建设项目投资大,风险也大,它不像一般工业品可以进行试生产,要求一次成功。同时,项目建设期还可能遇到不可抗力和特殊风险损失。

(7)施工的流动性。施工的流动性是由建设项目的固定性决定的。作为劳动对象的建设项目固定在建设地点不能移动,则劳动者和劳动资料就必然要经常流动转移。一个建设项目建成后,建设者和施工机具就要转移到另一个建设项目工地,这是大的流动。在一个项目工地上,还包含着许多小的流动。如一个作业队和施工机具在一个工作面上完成了某专项工作后,就要撤离下来,转移到另一个工作面上。

(8)受环境的影响大。建设项目体型高大、固定不动,而且往往处在复杂的自然环境之中,受地形、地质、水文、气象因素的影响大,在工程施工中,露天、水下、地下、高空作业多,还往往受到不良地质条件的威胁。工程的投资或成本、质量、工期和施工安全受诸多因素的影响,工程建设还受到社会环境的影响和制约,如项目征地移民涉及当地政府和城乡居民,工程建设涉及当地材料、水电供应和交通、通信、生活等社会条件。显然,这些社会环境同样对工程项目投资、工期和质量产生影响。

1.3 工程项目建设程序

1.3.1 工程建设程序的含义和内容

工程建设程序是指工程项目从策划、评估、决策、设计、施工到竣工验收、投入生产或交付使用整个过程中,各项工作必须遵循的先后次序。工程建设程序是工程建设过程客观规律的反映,是工程项目科学决策和顺利实施的重要保证。

按照我国现行规定,政府投资项目建设程序可分为以下阶段:

(1)根据国民经济和社会发展的长远规划,结合行业和地区发展规划的要求,提出项目建议书。

(2)在勘察、试验、调查研究及详细技术经济论证的基础上编制可行性研究报告。

(3)根据咨询评估情况,对工程项目进行决策。

(4)根据可行性研究报告,编制设计文件。

(5)初步设计经批准后,进行施工图设计,并做好施工前各项准备工作。

(6)组织施工,并根据施工进度做好生产或动用前的准备工作。

(7)按批准的设计内容完成施工安装,经验收合格后正式投产或交付使用。

(8)生产运营一段时间(一般为1年)后,可根据需要进行项目后评价。

1.3.2 决策阶段工作内容

1.3.2.1 编报项目建议书

项目建议书是拟建项目单位向国家提出的要求建设某一项目的建议文件,是对工程项目建设的轮廓设想。项目建议书的主要作用是推荐一个拟建项目,论述其建设必要性、建设条件可行性和获利可能性,供国家选择并确定是否进行下一步工作。

项目建议书内容视项目不同有繁有简,但一般应包括以下内容:

(1)项目提出的必要性和依据。

（2）规划和设计方案、产品方案、拟建规模和建设地点的初步设想。

（3）资源情况、建设条件、协作关系和设备技术引进国别、厂商的初步分析。

（4）投资估算、资金筹集及还贷方案设想。

（5）项目进度安排。

（6）经济效益和社会效益的初估计。

（7）环境影响的初步评价。

对于政府投资项目，项目建议书按要求编制完成后，应根据建设规模和限额划分报送有关部门审批。项目建议书经批准后，可进行可行性研究工作，但并不表明项目非实施不可，批准的项目建议书不是项目的最终决策。

1.3.2.2　编报可行性研究报告

可行性研究是对工程项目在技术上是否可行和经济上是否合理进行科学的分析和论证。

（1）可行性研究的工作内容。可行性研究应完成以下工作内容：

①进行需求分析与市场研究，以解决项目建设的必要性及建设规模和标准等问题。

②进行设计方案、工艺技术方案研究，以解决项目建设的技术可行性问题。

③进行财务分析和经济分析，以解决项目建设的经济合理性问题。

凡经可行性研究未通过的项目，不得进行下一步工作。

（2）可行性研究报告内容。可行性研究工作完成后，需要编写出反映其全部工作成果的可行性研究报告。就其内容来看，各类项目的可行性研究报告内容不尽相同，对一般水利工程而言，其可行性研究报告应包括以下基本内容：

①论证工程建设的必要性，确定工程的任务及综合利用工程各项任务的主次顺序。

②确定工程场址的主要水文参数和成果。

③评价区域构造稳定性，基本查明工程地质条件，查明影响工程场址（闸坝、闸址、厂址、站址等）和输水线路比选的主要工程地质条件，评价存在的主要工程地质问题。对工程所需主要天然建筑材料进行详查。

④确定主要工程规模和工程总体布局，基本确定运行原则和运行方式，评价项目建设对河流及周边地区其他水利工程的影响。

⑤开展水资源利用建设类工程相关范围的节水评价，确定节水目标、节水指标和节水措施。

⑥选定工程建设场址、坝址、闸址、站址和输水线路等。

⑦确定工程等级及设计标准，基本选定工程总体布置及其他主要建筑物的形式。

⑧基本选定水力机械、电气和金属结构、采暖通风及空气调节系统设计方案及设备形式和布置。初步确定消防设计方案和主要设施。

⑨选定对外交通运输方案、施工导流方式，基本选定料场、导流建筑物的布置、主体工程主要施工方法和施工总布置，提出控制性工期和分期实施意见，基本确定施工总工期。

⑩确定工程建设征地的范围，查明各类实物，基本确定农村移民生产安置和搬迁安置规划，明确城（集）镇迁建方式和迁建新址，对重要企事业单位开展资产补偿评估工作，对重要专项设施开展典型设计，明确防护工程等级和保护方案。

⑪对主要环境要素进行环境影响预测评价,确定环境保护措施,估算环境保护投资。

⑫对主体工程设计进行水土保持评价,基本确定水土流失防治责任范围、水土保持措施、水土保持监测方案,估算水土保持投资。

⑬基本确定劳动安全与工业卫生的主要措施。

⑭明确工程的能源消耗种类和数量、能源消耗指标、设计原则,基本确定节能措施。

⑮确定管理单位类别及性质、机构设置方案、管理范围和主要管理设施等。

⑯基本确定工程信息化建设任务和系统功能。

⑰编制投资估算。

⑱分析工程效益、费用和贷款能力,提出资金筹措方案,分析主要经济评价指标,评价工程的经济合理性和财务可行性。

1.3.2.3 项目投资决策管理制度

根据《国务院关于投资体制改革的决定》(国发〔2004〕20 号),政府投资项目实行审批制,非政府投资项目实行核准制或备案制。

(1)政府投资项目。对于采用直接投资和资本金注入方式的政府投资项目,政府需要从投资决策的角度审批项目建议书和可行性研究报告,除特殊情况外,不再审批开工报告,同时要严格审批其初步设计和概算;对于采用投资补助、转贷和贷款贴息方式的政府投资项目,则只审批资金申请报告。

政府投资项目一般都要经过符合资质要求的咨询中介机构的评估论证,特别重大的项目还应实行专家评议制度。国家将逐步实行政府投资项目公示制度,以广泛听取各方的意见和建议。

(2)非政府投资项目。对于企业不使用政府资金投资建设的项目,政府不再进行投资决策性质的审批,区别不同情况实行核准制或备案制。

①核准制。企业投资建设《政府核准的投资项目目录(2004 年本)》中的项目时,仅需向政府提交项目申请报告,不再经过批准项目建议书、可行性研究报告和开工报告的程序。

②备案制。对于《政府核准的投资项目目录(2004 年本)》以外的企业投资项目,实行备案制,除国家另有规定的外,由企业按照属地原则向地方政府投资主管部门备案。

对于实施核准制或备案制的项目,虽然政府不再审批项目建议书和可行性研究报告,但这并不意味着企业不需要编制可行性研究报告。为了保证企业投资决策质量,投资企业也应编制可行性研究报告。为扩大大型企业集团的投资决策权,对于基本建立现代企业制度的特大型企业集团投资建设《政府核准的投资项目目录(2004 年本)》中的项目时,可以按项目单独申报核准,也可编制中长期发展建设规划,规划经国务院或国务院投资主管部门批准后,规划中属于《政府核准的投资项目目录(2004 年本)》中的项目不再另行申报核准,只需办理备案手续。企业集团要及时向国务院有关部门报告规划执行和项目建设情况。

1.3.3 建设实施阶段工作内容

1.3.3.1 工程设计

(1)工程设计阶段及内容。工程项目设计工作一般划分为两个阶段,即初步设计阶段和施工图设计阶段。重大和技术复杂项目,可根据需要增加技术设计阶段。

①初步设计阶段。根据可行性研究报告的要求和设计基础资料对拟建工程项目进行具体设计,编制技术方案,并通过对工程项目所做出的基本技术经济规定,编制项目点概算。

初步设计不得随意改变经批准的可行性研究报告中所确定的建设规模、产品方案、工程标准、建设地址和总投资等控制目标。当初步设计提出的总概算超过可行性研究报告总投资的 10% 以上或其他主要指标需要变更时,应说明原因和计算依据,并重新向原审批单位报批可行性研究报告。

②技术设计。应根据初步设计和更详细的调查研究资料编制,以进一步解决初步设计中的重大技术问题,如工艺流程、建筑结构、设备选型及数量确定等,使工程项目设计更具体、更完善,技术指标更好。

③施工图设计。根据初步设计或技术设计要求,结合现场实际情况,完整地表现建筑物外形、内部空间分割、结构体系、构造状况以及建筑群的组成和周围环境的配合。施工图设计还包括各种运输、通信、管道系统、建筑设备设计。在工艺方面,应具体确定各种设备的型号、规格及各种非标准设备的制造加工图。

(2)施工图设计文件审查或审批。以房屋建筑和市政基础设施工程为例,根据《房屋建筑和市政基础设施工程施工图设计文件审查管理办法》(中华人民共和国住房和城乡建设部令第 13 号),建设单位应当将施工图送施工图审查机构审查。施工图审查机构对施工图审查的内容应包括以下几方面:

①是否符合工程建设强制性标准。

②地基基础和主体结构的安全性。

③消防安全性。

④人防工程(不含人防指挥工程)防护安全性。

⑤是否符合民用建筑节能强制性标准,对执行绿色建筑标准的项目,还应当审查是否符合绿色建筑标准。

⑥勘察设计企业和注册执业人员以及相关人员是否按规定在施工图上加盖相应的图章和签字。

⑦法律、法规、规章规定必须审查的其他内容。任何单位或者个人不得擅自修改审查合格的施工图。确需修改的,凡涉及上述审查内容的,建设单位应当将修改后的施工图送原审查机构审查。对于交通运输等基础设施工程,施工图设计文件则实行审批或审核制度。

1.3.3.2　建设准备

项目在开工建设之前要切实做好各项准备工作,其主要内容包括以下几项:

(1)征地、拆迁和场地平整。

(2)完成施工用水、电、通信、道路等接通工作。

(3)组织招标,选择工程监理单位、施工单位及设备、材料供应商。

(4)准备必要的施工图纸。

(5)办理工程质量监督和施工许可手续。

①工程质量监督手续的办理。建设单位在办理施工许可证之前应当到规定的工程质

量监督机构办理工程质量监督注册手续。办理质量监督注册手续时需提供下列资料：施工图设计文件审查报告和批准书；中标通知书和施工、监理合同；建设单位、施工单位和监理单位工程项目的负责人和机构组成；施工组织设计和监理规划（监理实施细则）；其他需要的文件资料。

②施工许可证的办理。从事各类房屋建筑及其附属设施的建造、装修装饰和与其配套的线路、管道、设备安装，以及城镇市政基础设施工程施工，建设单位在开工前应当向工程所在地县级以上人民政府建设行政主管部门申请领取施工许可证。必须申请领取施工许可证的建筑工程而未取得施工许可证的，一律不得开工。

1.3.3.3 施工安装

工程项目经批准新开工建设，项目即进入施工安装阶段。项目新开工时间，是指工程项目设计文件中规定的任何一项永久性工程第一次正式破土开槽开始施工的日期。不需开槽的工程，正式开始打桩的日期就是开工日期。铁路、公路、水库等需要进行大量土、石方工程的，以正式开始进行土、石方工程的日期作为正式开工日期。工程地质勘察、平整场地、旧建筑物的拆除、临时建筑、施工用临时道路，以及水、电等工程开始施工的日期不能算作正式开工日期。分期建设的项目分别按各期工程开工的日期计算，如二期工程应根据工程设计文件规定的永久性工程开工的日期计算。

施工安装活动应按工程设计要求、施工合同及施工组织设计，在保证工程质量、工期、成本及安全、环保等目标的前提下进行，达到竣工验收标准后，由施工单位移交给建设单位。

1.3.3.4 生产准备

对于生产性项目而言，生产准备是项目投产前由建设单位进行的一项重要工作。它是衔接建设和生产的桥梁，是项目建设转入生产经营的必要条件。建设单位应适时组成专门机构做好生产准备工作，确保项目建成后能及时投产。

生产准备工作的内容根据项目或企业不同，其要求也各不相同，但一般应包括以下主要内容：

（1）招收和培训生产人员。招收项目运营过程中所需要的人员，并采用多种方式进行培训。特别要组织生产人员参加设备的安装、调试和工程验收工作，使其能尽快掌握生产技术和工艺流程。

（2）组织准备。主要包括生产管理机构设置、管理制度和有关规定的制定、生产人员配备等。

（3）技术准备。主要包括国内装置设计资料的汇总，有关国外技术资料的翻译、编辑，各种生产方案、岗位操作法的编制以及新技术准备等。

（4）物资准备。主要包括落实原材料、协作产品、燃料、水、电、气等来源和其他需协作配合的条件，并组织工装、器具、备品、备件等的制造或订货。

1.3.3.5 竣工验收

当工程项目按设计文件规定内容和施工图纸要求全部建完后，便可组织验收。竣工验收是投资成果转入生产或使用的标志，也是全面考核工程建设成果、检验设计和工程质量的重要步骤。

（1）竣工验收的范围和标准。按照国家规定，工程项目按批准的设计文件所规定的内容建成，符合验收标准，即工业项目经过投料试车（带负荷运转）合格，形成生产能力的，非工业项目符合设计要求，能够正常使用的，都应及时组织验收，办理固定资产移交手续。工程项目竣工验收、交付使用，应达到下列标准：

①生产性项目和辅助公用设施已按设计要求建完，能满足生产要求。

②主要工艺设备已安装配套，经联动负荷试车合格，形成生产能力，能够生产出设计文件规定的产品。

③职工宿舍和其他必要的生产福利设施，能适应投产初期的需要。

④生产准备工作能适应投产初期的需要。

⑤环境保护设施、劳动安全卫生设施、消防设施已按设计要求与主体工程同时建成使用。

以上是国家对工程项目竣工应达到标准的基本规定，各类工程项目除应遵循这些共同标准外，还要结合专业特点确定其竣工应达到的具体条件。

对以下特殊情况，工程施工虽未全部按设计要求完成，也应进行验收：

①因少数非主要设备或某些特殊材料短期内不能解决，虽然工程内容尚未全部完成，但已可以投产或使用。

②按规定的内容已建完，但因外部条件的制约，如流动资金不足、生产所需原材料不能满足等，而使已建成工程不能投入使用。

③有些工程项目或单位工程，已形成部分生产能力，但近期内不能按原设计规模续建，应从实际情况出发，经主管部门批准后，可缩小规模对已完成的工程和设备组织竣工验收，移交固定资产。

（2）竣工验收的准备工作。建设单位应认真做好以下工程竣工验收的准备工作：

①整理技术资料。技术资料主要包括土建施工、设备安装方面及各种有关的文件合同和试生产情况报告等。

②绘制竣工图。工程项目竣工图是真实记录各种地下、地上建筑物等详细情况的技术文件，是对工程进行交工验收、维护、扩建、改建的依据，同时是使用单位长期保存的技术资料。关于绘制竣工图的规定如下：

凡按图施工没有变动的，由施工承包单位（包括总包单位和分包单位）在原施工图上加盖"竣工图"标志后即作为竣工图。

凡在施工中，虽有一般性设计变更，但能将原施工图加以修改补充作为竣工图的，可不重新绘制，由施工承包单位负责在原施工图（必须是新蓝图）上注明修改部分，并附以设计变更通知单和施工说明，加盖"竣工图"标志后，即作为竣工图。

凡在施工中，结构形式改变、工艺改变、平面布置改变、项目改变以及有其他重大改变，不宜再在原施工图上修改补充者，应重新绘制改变后的竣工图。设计原因造成的，由设计单位负责重新绘图；施工原因造成的，由施工承包单位负责重新绘图；其他原因造成的，由建设单位自行绘图或委托设计单位绘图，施工单位负责在新图上加盖"竣工图"标志，并附以有关记录和说明，作为竣工图。竣工图必须准确、完整，符合归档要求，方能交工验收。

③编制竣工决算。建设单位必须及时清理所有财产、物资和未用完或应收回的资金,编制工程竣工决算,分析概(预)算执行情况,考核投资效益,报请主管部门审查。

(3)竣工验收的程序和组织。根据国家规定,规模较大、较复杂的工程建设项目应先进行初验,然后进行正式验收;规模较小、较简单的工程项目,可以一次进行全部项目的竣工验收。

工程项目全部建完,经过各单位工程验收,符合设计要求,并具备竣工图、竣工决算、工程总结等必要文件资料,由项目主管部门或建设单位向负责验收的单位提出竣工验收申请报告。

竣工验收要根据投资主体、工程规模及复杂程度由国家有关部门或建设单位组成验收委员会或验收组。验收委员会或验收组负责审查工程建设的各个环节,听取各有关单位的工作汇报,审阅工程档案,实地查验建筑安装工程实体,对工程设计、施工和设备质量等做出全面评价,不合格的工程不予验收。对遗留问题要提出具体解决意见,限期落实完成。

1.3.4 项目后评价

项目后评价是工程项目实施阶段管理的延伸。工程项目竣工验收交付使用,只是工程建设完成的标志,而不是工程项目管理的终结。工程项目建设和运营是否达到投资决策时所确定的目标,只有经过生产经营取得实际投资效果后,才能进行正确判断;也只有在这时,才能对工程项目进行总结评价,才能综合反映工程项目建设和工程项目管理各环节工作成效和存在问题,并为以后改进工程项目管理、提高工程项目管理水平、制订科学的工程项目建设计划提供依据。

项目后评价的基本方法是对比法,就是将工程项目建成投产后所取得的实际效果、经济效益和社会效益、环境保护等情况与策划决策阶段的预测情况相对比,与项目建设前的情况相对比,从中发现问题,总结经验和教训。在实际工作中,往往从以下两个方面对工程项目进行后评价。

1.3.4.1 效益后评价

效益后评价是项目后评价的重要组成部分。它以项目投产后实际取得的效益(经济效益、社会效益、环境效益等)及隐含在其中的技术影响为基础,重新测算项目的各项经济数据得到相关投资效果指标,然后将这些指标与项目前期评估时预测的有关经济效果值(如净现值 NPV、内部收益率 IRR、投资回收期 P 等)、社会环境影响值(如环境质量值 IEC 等)进行对比,评价和分析其偏差情况及原因,吸取经验教训,从而为提高项目投资管理水平和投资决策服务。具体包括经济效益后评价、环境效益和社会效益后评价、项目可持续性后评价及项目综合效益后评价。

1.3.4.2 过程后评价

过程后评价是指对工程项目立项决策、设计施工、竣工投产、生产运营等全过程进行系统分析,找出项目后评价与原预期效益之间的差异及其产生原因,使后评价结论有根有据,同时针对问题提出解决办法。

以上两方面评价有着密切联系,必须全面理解和运用,才能对后评价项目做出客观公正、科学的结论。

1.4　工程项目管理概述

1.4.1　工程项目管理的概念

工程项目管理是在一定的约束条件下,以最优实现建设工程项目目标为目的,按照工程项目内在的逻辑规律对其进行有效地计划、组织、协调、指挥、控制的系统管理活动。

工程项目管理主要包括以下几方面含义:

(1)工程项目管理是以工程项目为对象,以实现项目目标为目的,以工程项目管理体制为基础,对项目建设全过程进行控制和管理的系统方法。

(2)工程项目管理是一种生产关系与生产力相适应的生产管理方式。

(3)工程项目管理是按照项目内在规律来组织项目建设活动的,有一套与之相适应的管理制度、劳动组织形式做保障。

(4)工程项目管理以现代管理理论和方法为基础,是一种科学化的管理活动。

1.4.2　工程项目管理的特点

工程项目管理具备以下特点:

(1)它只关系到某一特定项目的完成,而项目的内容和范围须按具体情况界定。

(2)配备有一名领导人(项目经理)和一支队伍。

(3)需要集中权力以控制工作的正常进行,即需要实行个人负责制。

(4)有明确的目标,并根据目标及其规定的预算范围,按规定的质量要求完成项目的内容。

(5)工作方法是机动灵活的,目标确定后,实行的方法可以自行决定。

(6)上级领导要授予完成项目所必需的权力。

1.4.3　工程项目管理的特性

(1)工程项目管理是一种一次性管理。这是由工程项目的单件性特性决定的。在工程项目管理过程中,一旦出现失误就很难有纠正的机会。所以,为了避免错误的出现,工程项目的项目经理的选择、人员的配备和机构的设置就成了工程项目管理的重要问题。由于工程项目具有永久性特点和项目管理的一次性特点,工程项目管理中对项目建设中的每个环节都需要实行严格的管理。

(2)工程项目管理是一种全过程的综合性管理。工程项目的生命周期是一个有机的成长过程。工程项目的各个阶段既有明显的界限,又相互有机衔接、不可间断。这个特性就决定了工程项目管理应该是工程项目生命周期全过程的管理。由于社会生产力的发展,社会分工越来越细,工程项目生命周期的不同阶段,如勘察、设计、施工、采购等,逐步由专业的公司或独立部门去完成。在这样的背景下,对工程项目管理提出了更高的要求,更加需要全过程的综合管理。

(3)工程项目管理是一种约束性强的管理。工程项目管理的约束条件,既是工程项目管理的必要条件,又是不可逾越的限制。工程项目管理的一次性特性、明显的目标和时间限制、既定的功能要求以及质量标准和预算额度,决定了工程项目管理的约束条件的约束强度比其他管理高很多。

1.4.4 工程项目管理的职能

(1)决策职能。决策是建设工程项目管理者在建设工程项目策划的基础上,通过调查研究、比较分析、论证评估等活动,得出结论性意见,并付诸实施的过程。由于建设工程项目通常要经过建设前期工作阶段、设计阶段、施工准备阶段、施工安装阶段和竣工交付使用或生产阶段,其建设过程是一个系统工程,因此每一建设阶段的启动都要依靠决策。只有在做出科学、正确的决策以后的启动才有可能是成功的,否则就是盲目的、指导思想不明确的,就可能导致失败。

(2)计划职能。是指全面计划管理的职能,把项目全过程、全部目标和全部活动统统纳入计划轨道,用一个动态的计划系统来协调控制整个项目,通过计划体系提前发现和揭露矛盾,从而有的放矢地协调、解决矛盾,使项目达到预期目标。

(3)组织职能。就是通过职责划分、授权,合同的签订、执行,以及制定和运用各种规章制度等方式,建立一个高效率的组织保证系统,以确保项目目标的实现。它是管理者按计划进行目标控制的一种依托和手段。

(4)协调职能。项目不同阶段、不同环节、不同部门、不同层次之间存在着大量的界面,界面协调和沟通是项目管理的重要职能。在各种界面协调中,人员与人员界面即人际关系的协调最为重要,它是项目经理协调工作的核心。

(5)控制职能。项目管理要通过计划、实施、反馈、调整等环节实现对项目的有效控制。控制的目的是实现项目目标,项目控制是通过制定和分解目标、实施、检验对照及采取纠偏措施实现的。工程建设项目控制通常以质量控制、投资(或成本)控制为中心内容。

1.4.5 工程项目管理的内容

工程项目管理的工作千头万绪,十分繁杂,归纳起来,就是通过组织协调和合同管理,实现项目管理的三大目标——质量目标、进度目标和费用目标。其中,以合同管理最为重要,它是工程项目管理的核心,它以契约形式规定了签约各方的权利和义务;质量控制、进度控制、费用控制是进行工程项目管理的基本手段,是完成合同规定的任务所必需的工作。

在进行工程项目管理时,具体的管理工作内容又与工程项目管理的主体和范围有关。从工程项目的组织建立、合同管理、质量控制、进度控制和费用控制几个方面来看,建设单位、设计单位和施工单位的工程项目管理内容各有不同。

1.4.5.1 建设单位的工程项目管理

(1)组织建立。主要是选择设计单位、施工单位、监理单位,制定工作、组织条例等。

(2)合同管理。起草合同文件,参加合同谈判,签订各项合同,进行合同管理等。

(3)质量控制。提出各项工作的质量要求,进行质量监督,处理质量问题等。

(4)进度控制。提出工程的控制性进度要求,审批并监督进度计划的执行,处理进度计划执行过程中出现的问题等。

（5）费用控制。进行投资估算，编制费用计划，审核支付申请，提出节省工程费用的方法等。

1.4.5.2　设计单位的工程项目管理

（1）组织建立。组建设计队伍，制定工作、组织条例，会签、审批、组织设计图纸供应等。

（2）合同管理。与建设单位签订设计合同，与专业工程师签订设计协议或合同，监督各项合同的执行等。

（3）质量控制。保证设计图纸能满足建设单位和施工单位的需要，并符合国家有关法律、政策和规定等。

（4）进度控制。制订设计工作进度计划和出图进度计划，并监督执行等。

（5）费用控制。按投资额确定设计内容和资金分配，按设计任务确定酬金，控制设计成本等。

1.4.5.3　施工单位的工程项目管理

（1）组织建立。选择项目经理、施工队伍的组织，以及材料、设备供应，劳动力资源协调等。

（2）合同管理。签订承包合同以及分包合同，进行合同的日常管理等。

（3）质量控制。依据设计图纸和施工及验收规范施工，预防质量问题的出现，处理质量事故等。

（4）进度控制。编制并执行工程施工安装进度计划，对比、检查进度计划的执行情况，采取相应措施调整进度计划。

（5）费用控制。编制施工图预算和施工预算，进行工程款的结算和决算，以及日常财务管理等。

1.4.6　建设项目管理、设计项目管理、施工项目管理之间的联系与区别

1.4.6.1　联系

（1）建设项目管理、设计项目管理、施工项目管理三者都是以工程项目为对象进行的一次性系统活动，都具备项目的一切特征和一般规律，都可以应用工程项目管理的理论和方法进行管理。

（2）建设项目管理、设计项目管理、施工项目管理的客观活动共同构成了工程项目建设活动的整体；三者必须相互配合才能有效实现工程建设的目标。

（3）建设项目的管理主体（建设单位）是建筑市场的买方，设计项目的管理主体（设计单位）和施工项目的管理主体（施工单位）是卖方，三者共同形成建筑市场的主要交易活动。

1.4.6.2　区别

（1）管理的主体不同。建设项目的管理主体是建设单位，而设计项目的管理主体是设计单位，施工项目的管理主体是施工单位。

（2）管理的目标不同。建设单位是以工程活动的投资者和建筑产品的购买者身份出现的，所以建设项目管理的目标，是如何以最少的投资取得最有效的、满足功能要求的使用价值。建设项目管理的这种目标是一种成果性目标。施工单位和设计单位是以工程活

动的执行者和建筑产品的出卖者身份出现的,他们追求的目标是如何在保证买方使用功能要求的条件下取得建筑产品的最大价值,即利润。设计项目管理与施工项目管理的这种目标是一种效率性目标,它对使用价值的关心只是作为手段而不是目的。

(3)管理的范围和内容不同。建设项目管理所涉及的范围包括工程从投资机会研究到工程正式投产使用,甚至一直到投资回收的全过程,内容应包括全过程各个方面的工作,而施工项目管理范围只是从施工招标直到工程竣工移交的过程,内容由施工合同所界定,设计项目管理的范围主要是工程设计阶段,其内容包括委托设计合同中所界定的设计任务以及在施工阶段的设计变更等。

综上所述,项目管理是研究项目建设活动规律的科学,其内容包括项目建设的全过程管理,其性质属固定资产投资管理的范畴。从不同角度可将项目管理分为不同的类型,每一类型的项目管理都是在特定的条件下,从不同角度、不同利益出发,对项目建设过程进行管理的一个子系统。建设单位的项目管理是指由项目法人或其委托人(建设项目经理)对项目建设全过程的监督与管理;建设监理是建设项目管理的一种制度和手段,建设监理不等于建设项目管理,更不能包容建设项目管理;设计项目管理是设计单位为履行工程设计合同和实现设计单位经营目标而进行的设计管理;施工项目管理是施工企业为履行工程承包合同和实现施工企业经营目标,对工程项目施工过程进行计划、组织、指挥、协调和监督控制的系统管理活动。

1.4.7　工程项目管理与企业管理的区别

工程项目管理与企业管理同属于管理活动的范畴,但两者有着明显的区别:

(1)管理对象不同。工程项目管理的对象是一个具体的工程项目——一次性活动(项目);而企业管理活动的对象是企业,即一个持续稳定的经济实体。工程项目管理的对象是工程项目发展周期的全过程,需要按项目管理的科学方法进行组织管理;企业管理的对象是企业综合的生产经营业务,需要按企业的特点及其经济活动的规律进行管理。

(2)管理目标不同。工程项目管理是以具体项目的目标为目标,一般是一种以效益为中心、以项目成果和项目约束实现为基础的目标体系,其目标是临时的、短期的;企业则是以持续稳定利润为目标,其目标是长远的、稳定的。

(3)运行规律不同。工程项目管理是一项一次性、多变的活动,其管理的规律性是以现代项目发展周期和项目内在规律为基础的;企业管理是一种稳定持续活动,其管理的规律性是以现代企业制度和企业经济活动内在规律为基础的。

(4)管理内容不同。工程项目管理活动局限于一个具体项目从设想、决策、实施、总结后评价的全过程,主要包括工程项目立项、论证决策、规划设计、采购施工、总结评价等活动,这是一种任务型的管理;企业管理则是一种职能管理和作业管理的综合,本质上是一种实体型管理,主要包括企业综合性管理、专业性管理和作业性管理。

(5)实施的主体不同。工程项目管理实施的主体是多方面的,包括业主、业主委托的咨询公司、承包商等;而企业管理实施的主体仅是企业本身。

第 2 章　常用工程项目建设管理模式对比分析

2.1　常用发承包模式及对比分析

2.1.1　DBB 模式

2.1.1.1　模式概述

　　设计–招标–施工模式(design-bid-build,DBB 模式),也称平行发包模式,是一种传统的工程项目管理模式。在国际上最为通用,世界银行、亚洲开发银行贷款项目和采用国际咨询工程师联合会(FIDIC)的合同条件的项目均采用这种模式,我国目前普遍采用的项目法人责任制、招标投标制、建设监理制、合同管理制基本上参照这种传统模式。

　　在 DBB 模式(见图 2-1)下,业主委托咨询机构进行前期的各项工作,待项目立项后再进行设计。在设计阶段编制施工招标文件,随后通过招标选择承包商。而有关单项工程的分包和设备、材料的采购一般都由承包商与分包商和供应商单独订立合同并组织实施。业主分别与设计单位、施工单位签订专业服务合同。

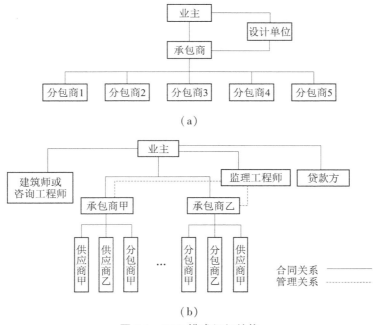

图 2-1　DBB 模式组织结构

业主在总体统筹规划的前提下,可以将整个工程划分为若干个独立发包的单元,形成独立的标段并分别进行招标发包,业主方可根据设计进度或其他发包条件的落实情况进行施工招标,组织方式较为灵活,但业主也要因此组织多次招标。

DBB模式下,设计工作由具有相应资质的专门设计单位完成,在施工图通过审核后,施工单位再按图施工。在这种模式下,设计人员同施工单位没有直接的合同关系,承包商对于设计的疑问或者建议只能通过发包人向设计人转达。发包人、设计人、承包商之间的关系如图2-2所示。设计人对于设计缺陷等问题对发包人负责,在施工过程中要负责向发包人及施工单位进行设计交底、处理设计变更和参加竣工验收。

图 2-2　DBB 模式发包人、设计人、承包商之间的关系

2.1.1.2　模式优点

在DBB模式下,参与项目的三方即业主、设计机构、承包商在各自合同的约定下,各自行使自己的权利和履行义务。因而,这种模式可以使三方的权、责、利分配明确。业主可自由选择咨询设计人员,对设计要求可进行控制,可自由选择监理人员监理工程。

在该种模式下,业主往往会选择质量过硬的设计咨询机构,这就使得项目前期的评估的准确度更精确,大大减少了合同方面的纠纷;业主选择的设计方和施工方是相互独立的,这样就使得这两方可以相互监督,确保项目的质量;业主采用招标的方式来选择施工承包方,节约成本费用。

2.1.1.3　模式缺点

由于工程项目的实施按照D—B—B的顺序进行,只有一个阶段全部结束另一个阶段才能开始,这使得项目周期长,业主管理费较高,前期投入较高,变更时容易引起较多的索赔。另外,由于承包商无法参与设计工作,设计的可施工性差,设计变更频繁,导致设计与施工的协调困难,可能发生争端,使业主利益受损。

2.1.1.4　适用范围

由于在DBB模式下,各个施工单位之间是独立、平行的,各施工单位之间的组织、协调工作均需要由业主承担,这对业主的工程组织管理能力提出了很高的要求。因而,传统的DBB模式一般适用于业主方人员充足、专业技术能力强、项目专业结构单一、资源调配关系不复杂的情形。

2.1.2　DB 模式

2.1.2.1　模式概述

DB模式(design and build)在我国被称为设计-施工总承包模式,其组织结构见图2-3。FIDIC编制的《生产设备和设计-施工合同条件》(黄皮书)是对该模式的典型应用。在DB模式下,工程总承包企业按照合同约定,承担工程项目的设计和施工,并对承包工程的质量、安全、工期、造价全面负责。根据发包时所包括的内容不同,DB 模式可细分为施工图设计-施工、初步设计-施工、方案设计-施工等几种类型。

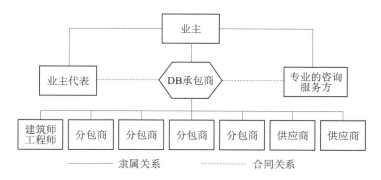

图 2-3　DB 模式组织结构

在 DB 模式下,业主把一个项目的全部设计和施工任务发包给一家有资质的设计单位或施工单位作为总包单位,总包单位可以将其中部分任务再分包给其他承包单位,形成一个设计总包带若干个设计分包,以及一个施工总包带若干个专业分包的结构模式。

2.1.2.2　模式优点

DB 模式下,承包商可在参与初期将其材料、施工方法、结构、价格和市场等知识和经验融入设计中,避免了设计和施工的矛盾,有效解决了传统模式下对设计的"可施工性"研究不够的问题。而业主与承包商密切合作,完成项目规划直至验收,减少了协调的时间和费用,可以显著降低项目成本和缩短工期。

与传统的 DBB 模式相比,DB 模式只需要业主(开发商)与一个总承包商进行合同签订,并且业主单位就工程建设的设计及施工工作对一个总承包商进行管理,不需要像传统DBB 模式一样,分别与设计单位和施工单位签订合同,这样也就减少了合同的界面管理。此外,DB 模式还有如下优点:

(1)权责关系单一。权责关系单一不仅是 DB 模式的特点,还是 DB 模式的优势所在。通过单一的权责关系,DB 模式倡导了一种面向问题解决的工作方式和管理思路,提高了整个项目团队处理问题、解决问题的能力。同时,这种工作方式和管理思路还可应用到各行各业,从而提升社会的生产效率。

(2)有助于缩短建设工期。通过图 2-4 可直观地看出,在发包后的实施阶段中,设计工作和施工工作交错进行,施工作业无须等到全部设计完成,从而缩短整个项目的建设工期。

(3)品质的确保。DB 模式中,业主方对承包商进行管理的主要内容是项目最终成果的质量监督和确定。业主对项目建设过程中的监管权减少,这也就使得业主对最终成果质量的要求相对较高,而单一的权责界面使 DB 承包商成为项目质量的直接责任方,这也就在无形之中激发了承包商全体成员的工作热情,使其共同合作建造出高品质的项目成果。

(4)建造成本的降低。控制建造成本最为有效的方式是在设计上进行优化调整。DB承包商包含了设计方和施工方,将两者转化为内部组织,在一定程度上便于两者之间的协调沟通,从而为设计方案的优化打通了道路。

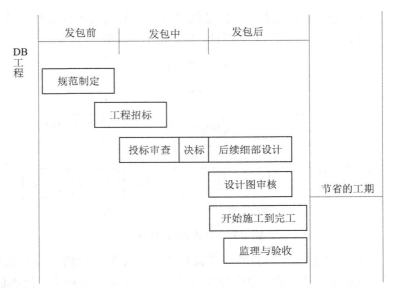

图 2-4 DB 模式流程

（5）行政效率的增加。虽然业主方在制定工程纲要文件和选择合适的承包商时需投入大量的人力和时间，但随着工程实施的开展，由于对工程实施过程中的监管权减少，业主方的工作强度也会降低，从而能够提高业主方的行政效率。

（6）创新性的增加。DB 承包商在工程实施过程中拥有充足的自主权，这就使得承包商在设计和施工过程中能对原有的建造方式进行不断的思考、优化，从而完成了在这方面的创新。

同时应看到，在 DB 模式下，设计方案等可能会受到施工方的利益影响，使得业主对最终设计和细节控制能力较低，质量控制手段有限，而招标与评标相对传统模式更为复杂，对业主的管理水平及协调能力、监督能力要求很高。

2.1.2.3 模式缺点

（1）由于业主对 DB 承包商的管理集中在项目前期和后期阶段，这就给了 DB 承包商"偷懒"的机会，并且业主方对过程监管权的减少也会让 DB 承包商更多地去考虑自身的经济利益，而非业主方的利益，这也就致使承包商在进行设计方案选择时过多地考虑施工方法是否满足其经济利益，而不是方案本身是否最佳。

（2）与传统模式下采购无限竞争不同，DB 模式下的采购是有限的竞争，可能会影响到公平、公正、公开的招标投标秩序。

（3）DB 承包商在进行投标时的成本较高，而大部分的业主又不对未中标的承包商进行补偿，从而会降低某些厂商的投标热情，不利于该模式的推广。

（4）不同 DB 承包商之间的方案比选较为复杂，难以确定最为合适的 DB 承包商来承建项目。

（5）建设工程的设计任务由 DB 承包商自主负责，当设计原则更改或出现严重设计缺陷时，难以即时修改。

（6）业主方在进行细部设计审核时如果缺少专业设计顾问的帮助，很容易使经验不足的承包商犯主观上的设计错误。

2.1.2.4　适用范围

DB 模式的基本出发点是促进设计与施工的早期结合,以便有可能充分发挥设计和施工双方的优势,提高项目的经济性,并缩短工期。DB 模式适用于能够比较清晰地定义发包人的功能需求和有关技术标准的工程项目。同时,若项目中较多的工程内容存在可施工性的问题,DB 模式更能发挥优势。DB 模式不仅仅适用于简单的工程项目,更适用于较复杂的工程项目,尤其是设计量较大时,DB 总承包商能运用价值工程原理,综合其设计及施工能力,创造更大的项目价值,充分发挥模式的优点。

但是当项目组织非常复杂时,大多数 DB 总承包商并不具备相应的协调管理能力。尤其在国内,兼具设计及施工相应资质的独立企业非常缺乏,同时缺乏 DB 项目的管理人才和通透设计及施工业务的综合性人才等,这使得 DB 模式更适用于一些简单的、设计量少、重复性和类似性比较高的项目,而使得模式的运用只部分地发挥了其单一责任制及设计与施工搭接,缩短工期的优势。DB 模式在国内的成熟应用需要有健全的法律、法规,规范的操作程序及合同范本,充足的人才、企业市场等配套条件,这需要大量的、深入的研究探讨及实践的积累与完善。

2.1.3　EPC 模式

2.1.3.1　模式概述

设计-采购-施工总承包模式(engineering-procurement-construction,EPC 模式),是指工程总承包企业按照合同约定,承担工程项目的设计、采购、施工、试运行服务等工作,并对承包工程的质量、安全、工期、造价全面负责,是我国目前推行总承包模式最主要的一种。

在 EPC 模式(见图 2-5)下,业主只要大致说明一下投资意图和要求,其余工作均由 EPC 承包单位来完成,业主重点只在竣工验收、成品交付时使用。业主不聘请监理工程师来管理工程,而是自己或委派业主代表来管理工程,承包商承担设计风险、自然力风险、不可预见的困难等大部分风险。

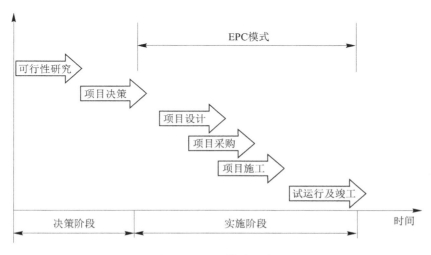

图 2-5　EPC 模式示意

EPC 模式有几个变种,包括:

(1)设计-采购承包(engineering-procurement,EP+C),是指承包商对工程的设计和采购进行承包,施工则由其他承包商负责。

(2)采购-施工承包(procurement-construction,E+PC),是指承包商对工程的采购和施工进行承包,设计则由其他承包商负责。

(3)在 FIDIC 合同中,有一个 EPC 的升级版本,即交钥匙工程(turnkey),也被业内称为 EPC-Turnkey 模式或 TKM 模式。该模式对比一般 EPC 模式,要求承包商承担的责任范围更大,工期要求更严格,合同总价更固定,承包商承担的风险也会更多,合同价格也会相对较高。

2.1.3.2　模式分类

1.设计单位实施 EPC 工程总承包模式

设计单位实施 EPC 工程总承包模式(见图 2-6),通过与建设单位签订 EPC 总承包合同承揽 EPC 项目,由其负责项目的设计、采购、施工全过程的管理,作为唯一主体,完成项目的建设工作。

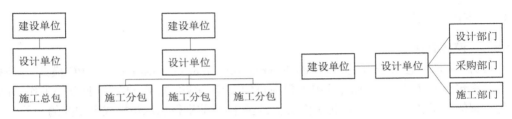

图 2-6　设计单位为主体实施 EPC 工程总承包模式

但由于设计单位不具备采购与施工的管理能力,通常需要将采购与施工的工作交由一家或多家施工单位来完成,将其作为 EPC 总承包单位的分包单位,分包单位接受作为总承包单位的设计单位的管理。

此外,设计单位也可以通过兼并施工企业,整合资源,以此组建与所承揽 EPC 项目相匹配的采购与施工部门,丰富设计单位的组织结构体系,采购部门、施工部门与设计单位的设计部门为并列关系。受限于目前建筑业企业的资质要求,设计单位所兼并的施工企业需具备较高的施工总承包资质等级,以达到现行法规的规定。

以设计单位为主体实施 EPC 总承包模式,可以使得设计单位将其技术优势融入初步设计、施工图设计、设备选型采购、施工方案、试运行等各个建设环节中,使得建设项目始终处于有力的技术支撑之下。相较于其他单位,设计单位对项目前期的各项基础资料分析整理较其他单位更为全面、具体、深入和细致,对项目的认识也相对充分,在实施阶段,设计单位对项目的技术要求和设计意图也较其他单位更加准确到位,从而在技术层面上保证项目的质量,使其始终处于系统、可控的状态。此外,由于设计单位处在资源整合的高端和源头,作为知识密集型的代表,市场对以设计单位为主体实施的 EPC 模式也较为信任与认可。

但设计单位实施 EPC 工程总承包模式也存在短板,主要包括较为薄弱的服务意识、较低的施工现场管理水平以及轻资产状态下较弱的抗风险能力。

2.施工单位实施 EPC 工程总承包模式

施工单位实施 EPC 工程总承包模式(见图 2-7),通过与建设单位签订 EPC 总承包合同承揽 EPC 项目,主导项目的设计、采购、施工的全过程管理,施工单位作为唯一的项目建设责任主体,完成项目的建设工作。通常情况下,施工单位并不具备设计能力,因此需要施工单位通过招标,将设计工作分包给合适的设计单位。设计单位作为施工单位的分包,接受作为总承包单位的施工单位的管理,向施工单位的 EPC 项目设计工作负责。

图 2-7　施工单位实施 EPC 工程总承包模式

此外,施工单位也可通过兼并或组建设计部门,从而具备设计资质,丰富施工单位的组织结构体系,以此具备与所承揽 EPC 项目相匹配的设计能力。设计部门与施工单位原有的采购部门、施工部门为并列关系。施工单位实施 EPC 模式也需要所兼并或组建的设计部门具备设计资质。

3.设计单位与施工单位组成联合体实施 EPC 工程总承包模式

设计单位与施工单位组成联合体,以联合体总承包商的形式对项目进行投标,建设单位通过分别考察设计单位与施工单位的能力,以此评定联合体的能力。中标后的联合体作为唯一建设主体,与建设单位签订 EPC 总承包合同,对项目的设计、采购、施工进行全过程管理,完成项目的建设工作。

虽然对建设单位而言,联合体是唯一建设主体,但毕竟其中包含两个并列关系的主体,因此组成联合体的双方需要在内部达成一致,友好协商双方的权、责、利,并分别委派项目负责人。

联合体作为非单一责任主体实施 EPC 总承包模式,有效地解决了设计单位施工能力差、施工单位设计能力缺失的问题,充分发挥各自优势,通过联合体的形式,同时获得设计与施工能力,满足承揽 EPC 项目的基本要求。但同时应看到,也正是由于其责任主体不单一,联合体协议往往流于形式,联合体各方都不愿意对责任进行兜底。设计牵头的联合体,因设计费占小头,与牵头方的责任严重不匹配而没有动力;施工牵头的联合体,因受制于技术,很难做到从设计源头上控制成本,导致在实际操作过程中遇事互相推诿,严重偏离工程总承包模式设计、采购、施工相融合的基本思想。部分省市也因此单独发文要求工程总承包项目只允许由符合要求的设计单位或施工总承包单位一家进行承揽,不得采用联合体方式,以杜绝流于形式的"假 EPC"。

2.1.3.3　模式优点

EPC 工程总承包项目管理的实质是 E、P、C 的综合管理,若不强调综合管理,就失去 EPC 总承包的意义。工程项目是一个系统工程,是一个整体,整体优化才是最终的目标。E、P、C 分别承包,设计、采购、施工各自关注局部优化,EPC 工程总承包项目管理着力克服和解决上述问题。

(1)尽量使进度深度交叉,从而缩短工程建设总周期,为业主创造最大效益。项目综合管理的意义在于保证在 EPC 之间和项目管理各要素之间做出平衡,协调和控制它们之间的相互影响,使项目顺利开展,有效地达到项目目标。

(2)局部服从整体,着眼于工程质量。EPC 工程总承包项目管理,要确保最终产品的质量。传统的分别承包的情况是设计单位、采购单位、施工单位不可避免地持有不全面的质量观:设计单位只考虑设计质量,采购单位只考虑采购质量,施工单位只考虑施工质量,而当各单位之间发生矛盾时,很可能会出现各持己见、互不相让的现象,这实际上就会影响整个工程的最终质量。EPC 总承包商对工程项目全生命周期的质量、安全、工期、造价全面负责,有利于整个项目的统筹规划和协同运作,可以有效解决设计与施工的衔接问题。对于业主而言,工作范围和责任界面清晰,质量、进度、造价可控,可以将建设期间的责任和风险最大程度地转移到 EPC 总承包商。同时,业主可以最大限度地从具体事务中解放出来,转而主要关注影响项目的重大因素。

2.1.3.4　模式缺点

采用 EPC 模式的风险在于:业主对工程的具体实施过程管控力弱,没有控制权;而由于 EPC 总承包商承担的责任大、风险高,EPC 总包合同的工程造价水平一般偏高,而总承包商的管理实力和财务状况一旦出现问题,项目也将面临巨大风险。

另外,EPC 模式一般采用总价合同,如果合同管理缺乏第三方审核工作的开展,可能存在较大的设计风险,一旦暂定合同价与结算的价格存在较大的误差,会对业主产生不利影响。因此,需要业主在项目开展初期就做好大量的策划工作,对其中的工程量风险进行承担,这也给业主加大了工作难度。

2.1.3.5　适用范围

EPC 模式一般适用于规模均较大、工期较长且具有相当的技术复杂性的工程,如大型石油、化工、冶金、电力工程等。在这类工程中,设备和材料占总投资比例高、采购过程长,很多设备需要单独订制,甚至需要设计并制造全新的设备。如果等到设计工作全部完成后才开始设备采购和工程施工,那么整个工期就会拖得很长。采用 EPC 模式,在设计的同时进行设备材料的采购,而且设计和施工实现了深度交叉,从而有效地缩短了建设工期。

2.2　常用项目管理模式及对比分析

2.2.1　PM 模式

2.2.1.1　模式概述

国际通行的 PM 概念具有广义和狭义两方面的理解,广义的 PM 泛指为实现项目的工期、质量和成本目标,按照工程建设的内在规律和程序对项目建设全过程实施计划、组织、控制和协调,其主要内容包括项目前期的策划与组织,项目实施阶段对成本、质量和工期等目标的控制及项目建设全过程的协调。从这个意义上说,现行各种项目管理模式都归属于 PM,都是 PM 的具体表现形式。

　　狭义上的 PM 模式通常是指业主委托 PM 承包商为其提供全过程项目管理服务,即由 PM 承包商进行前期的各项有关工作,待项目评估立项后再进行设计,在设计阶段进行施工招标文件准备,随后通过招标选择施工承包商。项目实施阶段有关管理工作也由 PM 承包商进行。

　　在 PM 管理模式(见图 2-8)中,PM 承包商只与业主签订咨询管理合同,并协助业主与各承包商签订其他承包合同。PM 承包商是独立于业主与实际承包商之外的第三方责任人。PM 承包商的第三方咨询者的身份性质,使得 PM 模式可以与 EPC、DB 等其他的工程总承包模式并存于同一个工程之中,由 EPC、DB 承包商进行总承包管理,而由 PM 组织代替业主进行总承包商与业主之间的接口管理。

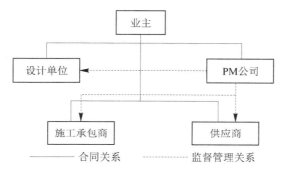

图 2-8　PM 模式组织关系

2.2.1.2　适用范围

　　PM 模式的适用范围非常广泛,既可应用于大型复杂项目,也可应用于中小型项目;既可应用于传统的 DBB 模式,也可应用于 DB 模式和非代理 CM 模式;既可应用于项目建设的全过程,也可以只应用于其中的某个阶段。

2.2.2　PMC 模式

2.2.2.1　模式概述

　　PMC 模式在国外的叫法为"project management consultant",即项目管理咨询,而经我国一些实践项目引入之后具备了中国特色,将 PMC 看作 project management contract,即项目管理承包。

　　以往人们进行工程建设要组织管理班子,例如,组建基建部门、成立"指挥部",一旦工程结束这套班子便解散或闲置。因此,管理人员的经验得不到积累,只有一次教训,没有二次经验,实质上仍是一种"小生产"的项目管理方式。PMC 的做法是,在项目可行性研究完成以后,委托一家有实力的项目管理公司对项目进行全面的管理承包,PMC 作为业主的代表或业主的延伸,帮助业主在项目前期策划、可行性研究、项目定义、计划、融资方案以及设计、采购、施工、试运行等整个实施过程中有效地控制工程质量、进度和费用,保证项目的成功实施,达到项目寿命期技术和经济指标最优化。

　　PMC 承包商根据合同约定,提供整个项目建设周期的全过程服务(见图 2-9),包括以下几个阶段。

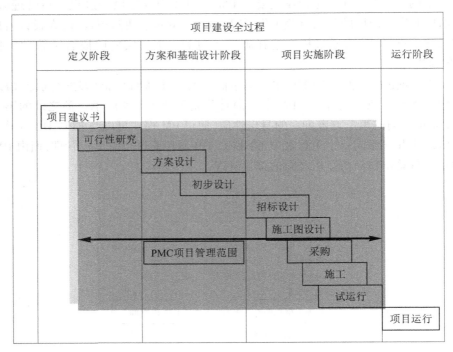

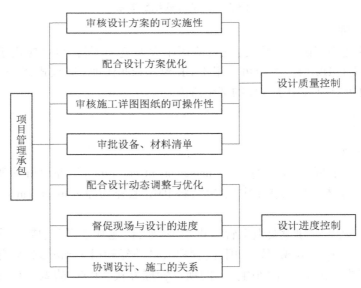

图 2-9　PMC 模式流程控制

1.定义阶段

一般在项目建议书完成后,也就是在可行性研究阶段,业主即可选择 PMC 承包商作为管理单位提供管理和咨询服务,在此阶段,PMC 承包商参与市场调研,工程技术和造价估算,经济、社会和环境影响评价的管理和咨询等服务。此外,PMC 承包商基于项目资金来源情况,协助业主完成项目融资所需的费用估算资料、支付计划、经济合理性分析资料及贷款机构协议谈判等。

2.设计阶段

在此阶段,PMC 承包商对设计单位初步设计的工作内容进行管控,并提供咨询意见,主要是对初步设计涉及的建设标准、设计方案、施工组织进度、移民征地设计、工程概算提出咨询意见,尤其是对设计深度的管理控制,确保设计概算的准确性,并跟踪初步设计的批复情况。此外,PMC 承包商在此阶段还应协助或代替业主编制招标文件,协助或代替业主选择实施阶段的设计、供货和施工承包商。

3.实施阶段

PMC 承包商在这个阶段主要是对设计、供货和施工承包商所承担工作的质量、费用和进度进行控制,并协调他们之间的关系,直至项目竣工验收。PMC 承包商代表着业主的利益,依据自身制定的管理制度、流程和管理计划,去监督、指导设计、供货和施工承包商的工作,以确保达到预期目标。在实施阶段,PMC 承包商主要控制项目变更,减少增加投资的可能性,促进项目设计与施工深度融合,促进项目在进度、质量和 HSE 方面满足设计要求,并组织工程和资料验收工作,最终将工程移交给业主。

2.2.2.2　模式分类

按照 PMC 承包商承担的职责与风险的不同,PMC 模式可分为风险型 PMC 模式和代理型 PMC 模式两类。

1.风险型 PMC 模式

在风险型 PMC 模式(见图 2-10)下,PMC 承包商与业主签订总承包合同,再与各分包商签订分包合同,PMC 合同是工程合同链中承上启下的重要环节。PMC 承包商负责管理整个施工前准备阶段和施工阶段,统一协调和管理项目的设计与施工。PMC 承包商不再是独立于业主与实际承包商之外的第三方责任人,而是需要保证业主提出的各项指标得到完整实现的主要负责人。

风险型 PMC 模式为目前水利工程行业普遍采用的管理模式。由于业主与施工承包商没有合同关系,采用风险性 PMC 模式有利于减少设计变更,减少矛盾与争议,但同时业主控制施工的难度较大。

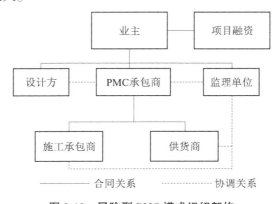

图 2-10　风险型 PMC 模式组织架构

2.代理型 PMC 模式

在代理型 PMC 模式(见图 2-11)下,业主与 PMC 承包商签订合同,由 PMC 承包商负责项目全过程的管理,施工承包商与业主签订合同,具体负责项目的实施工作;PMC 承包商与施工承包商之间没有合同关系,只是管理协调关系。

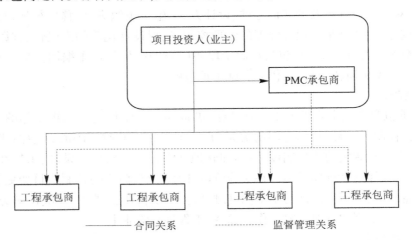

图 2-11　代理型 PMC 模式组织架构

采用代理型 PMC 模式,业主可对投资、进度和质量实施有效的管理,从而有利于控制承包商的索赔,同时可以较为方便地提出必要的设计和施工方面的变更,可以充分发挥 PMC 承包商在项目管理和施工方面的经验和优势,形成统一的管理思路;但对 PMC 承包商的要求更高,若选择不当,可能导致严重的失误。

2.2.2.3　模式优点

1.解决业主建设管理能力和人才不足

PMC 总承包单位代替业主行使项目管理职责,是项目业主的延伸机构,可解决业主的管理能力和人才不足的问题。业主决定项目的构思、目标、资金筹措和提供良好的外部施工环境,PMC 总承包单位承担施工总体管理和目标控制,对设计、施工、采购、试运行进行全过程、全方位的项目管理,不直接参与项目设计、施工、试运行等阶段的具体工作。

2.提高建设期项目管理水平

PMC 总承包单位通过招标方式,选择从事项目建设管理的专门机构,以及大批专业知识丰富和项目管理经验的人才,充分发挥 PMC 总承包单位的管理、技术、人才优势,提升项目的专业化管理能力,同时促进承建单位施工和管理经验的积累,极大地提升整个项目的管理水平。

3.项目目标得到真正落实

项目管理总承包合同经签订后,工程质量、进度、投资予以明确,不得随意改动。业主重点监督合同的执行和 PMC 总承包单位的工作开展,PMC 总承包单位做好项目控制工作并代业主管理勘测设计单位,按规定选择施工、安装、设备材料供应单位。在 PMC 总承包单位的统一协调下,参建单位的建设目标一致,设计、施工、采购得到深度融合,实现技术、人力、资金和管理资源高效组合和优化配置,工程质量、安全、进度、投资得到综合控制。

4.降低项目业主风险

项目建设期业主风险主要来自设计方案的缺陷和变更、招标失误、合同缺陷、设备材料价格波动、施工索赔、资金短缺及政策变化等不确定因素。在严密的项目管理总承包合同框架下,从合同上对业主的风险进行了重新分配,项目建设责任主体发生转移,极大地激励了PMC总承包单位更加重视工程质量、安全、进度、投资的控制,减小了整个项目的风险。

5.精简业主管理机构

项目建设业主往往要组建一个人数众多、组织结构复杂的管理机构,项目建成后如何安置管理机构人员也成了较大的难题。采用项目管理总承包后,PMC总承包单位会针对项目特点组建适合项目管理的机构来协助业主开展工作,业主仅需组建人数较少的管理机构对项目的关键问题进行决策和监督,从而精简业主的管理机构。

2.2.2.4　模式缺点

项目管理总承包在水利工程建设中的应用尚处于起步阶段,水利行业主管部门尚未出台相应的招标文件范本、合同范本和验收格式范本等规范性文件,也缺乏配套的法律、法规及规章制度。贵州省通过多个水利工程建设的尝试已取得了初步成效,但在建设过程中由于业主对PMC模式的理解不同,做法不一致,结果也不同,存在一定混乱。

与传统模式相比,PMC模式增加了管理层和管理费用,如果PMC承包商水平不高,无法保证质量和工期;另外,PMC承包商与监理单位的职能职责存在一定的交叉重叠,可能会影响项目建设的顺利推进;而PMC承包商与设计单位之间的目标差异可能影响相互间的协调关系。

2.2.2.5　适用范围

PMC模式一般适用于以下项目:

(1)投资和规模巨大、工艺技术复杂的大型项目。

(2)利用银行和国际金融机构、财团贷款或出口信贷而建设的项目。

(3)业主方由很多公司组成、内部资源短缺、对工程的工艺技术不熟悉的项目。

2.2.2.6　应用要点

(1)明确PMC承包商与监理单位职责。由于工程的质量、安全、进度和投资相互联系、相互制约,在建设过程中应捋顺PMC承包商与监理单位的职能职责,形成有机统一,有利于项目顺利推进。通过多个工程的总结和实践,工程实体建设由PMC承包商负总责,项目建设资金由监理负总责。PMC承包商首先是代替业主行使项目管理职责,其次才是行使项目总价承包职责,对承建单位进行管理;监理单位开展传统的施工监理、审查设计变更和涉及项目建设资金的监督管理。

(2)对PMC承包商职责充分授权。业主要对项目管理总承包(PMC)充分授权,不能干预PMC承包商的行为,做到"对外全权负责,对内监督检查";PMC承包商要充分发挥技术、管理和人才的优势,统筹项目的建设内容,在政策规定范围内选择信任的承建单位来承担项目的具体建设,要做到"对外配合业主,对内全面负责,资金接受监理监督"。

(3)加强对设计变更的管理。项目管理总承包合同价款实行合同固定总价,合同价款包括一般设计变更,但不包括经批准的重大设计变更。因此,工程建设能否控制在概算范围内全面落实关键是对设计变更的管理,在建设过程中一方面要加大一般设计变更管理,以杜绝为节约成本而盲目优化设计,给工程运行埋下安全隐患;另一方面要加强重大设计变更控制,减少不利的重大设计变更而增加合同总价,突破概算投资,在合同中要明确重大设计变更的投资变化范围。

2.2.3 CM 模式

2.2.3.1 模式概述

建筑工程管理模式(construction management approach,CM 模式),是一种先进的国际承包项目管理模式,于 20 世纪 60 年代在美国出现,目前在北美的一些大型建设项目中得到广泛应用。我国在工程建设领域做了一些尝试,但该模式没有得到很好的发展。

CM 模式下,业主、CM 单位和设计单位组成一个联合小组,共同负责组织和管理工程的规划、设计和施工。在完成一部分分项(单项)工程设计后,即对该部分进行招标,发包给一家承包商,并由业主直接按每个单项工程与承包商分别签订承包合同。CM 单位负责工程的监督、协调及管理工作,在施工阶段定期与承包商会晤,对成本、质量和进度进行监督并预测和监控成本、进度的变化。

CM 模式的出发点是缩短建设周期,其基本思想是通过设计与施工的充分搭接,在生产组织方式上实现有条件的"边设计、边施工"。这种模式从开始阶段就雇佣具有施工经验的 CM 单位参与建设工程实施过程中来,改变了过去那种设计完成后才进行招标的传统模式,采取分阶段发包。由于在 CM 合同签约时,工程项目设计尚未最终完成,因此 CM 合同通常既不采用单价合同,也不采用总价合同,而是采用"成本+利润"的方式。

2.2.3.2 模式分类

CM 模式有两种:代理型 CM 模式(CM/agency)和承包型 CM 模式(CM/non-agency)。

在代理型 CM 模式(见图 2-12)中,CM 单位在项目管理的整个流程中扮演着顾问的角色,而对分包的发包不负责,由业主直接与分包商签订合同。CM 单位虽然不直接进行建设工作,也不用承担大量的建设费用,但是却可以对项目进行实际管控。由于 CM 单位与设计方不存在合同关系,双方之间是一种相互协调、协同合作的关系。

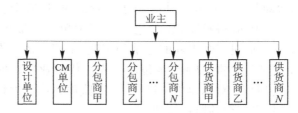

图 2-12　代理型 CM 模式组织架构

在承包型 CM 模式(见图 2-13)中,CM 单位同时要承担施工总承包商的职责,项目的施工由 CM 公司来发包,但定标、招标必须得到业主的批准,CM 单位对项目的进度、成本和质量均承担较大的风险。

在该模式中,业主可以在设计阶段通过公平、公正的招标来选择合适的 CM 单位。CM 单位向设计方提出科学合理的设计建议,同时要负责施工环节的招标工作以及相关的工程管理工作。

　　在进行 CM 招标时,业主方可以要求 CM 单位承担最大工程费用,或由 CM 单位提出 GMP(guaranteed maximum price,保证最大价格,包括总的工程费用和 CM 费)。一旦项目最终费用超过了 CM 单位提出的 GMP,超出部分需要由 CM 单位独自承担,使得工程费用得到了有效的分摊。而 CM 单位为了确保自己的利益,在选择收费模式时通常会使用"成本+佣金"模式。

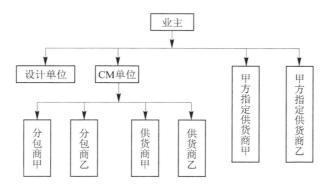

图 2-13　承包型 CM 模式组织架构

2.2.3.3　模式特点

　　CM 单位参与项目实施较早,可以对工程设计提出合理化建议,有利于在设计阶段考虑设计方案的施工可行性和合理性,避免因在施工阶段修改设计而拖后实际进度的情况。CM 模式采取"分阶段发包,集中管理,边设计、边施工",设计和施工充分地搭接,使得在设计早期和合同准备阶段,即可进行现场施工作业,非常有利于缩短工期。

　　CM 单位具有较为丰富的施工经验,可以对材料和设备选择提出合理化建议。同时,CM 单位会在施工阶段设立专职现场控制及质量监督班子,建立较严格的质量控制和检查程序,编制质量保证计划,监督施工质量,检查设备材料质量,并且严格按质量标准和合同规定检查验收,从而有效控制工程质量。

　　在 CM 项目管理模式中,CM 单位承担着为自己和业主控制成本的职责,因而会制订和实施比较完备的工程费用控制计划和流程,并定期向业主报告工程费用情况,对控制工程造价也可以起到积极的作用。

2.2.3.4　适用范围

　　CM 模式一般适用于以下项目:

　　(1)建设周期长,工期要求紧,不能等到设计全部完成后再招标施工的项目。

　　(2)技术复杂,组成和参与单位众多,又缺少以往类似工程经验的项目。

　　(3)投资和规模很大,但又很难准确定价的项目。

　　对于一些规模小、工期短、技术成熟以及设计已经标准化的常规项目(如普通宿舍、多层住宅等)和小型项目则不宜采用 CM 模式。

2.2.4 EPCM 模式

2.2.4.1 模式概述

EPCM(engineering-procurement-construction-management)即设计、采购和施工管理,是指由业主与 EPCM 承包商签订管理合同,由 EPCM 承包商对 EPC 合同进行全权管理。EPCM 承包商具有业主代表和工程顾问的双重角色,配合业主对各承包商进行严格的选择和管理。有别于传统的工程顾问,EPCM 承包商对项目的实施负有直接的,包括成本、质量、安全、进度等方面的管理责任,承担整个项目的管理风险。

与 PMC 类似,EPCM 属于管理类的总承包,为业主单位提供管理服务。业主通过 EPCM 管理模式能够有效对工程项目进行控制,在一定程度上降低了管理风险,保障了业主的利益。EPCM 承包商与分包商之间不存在合同关系,以保证业主最大程度地参与到项目决策的过程中,始终拥有最终决策的权利(见图 2-14)。

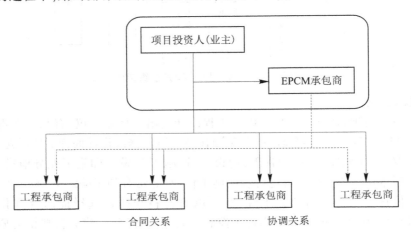

图 2-14 EPCM 模式组织架构

2.2.4.2 模式优点

在 EPC 项目中,业主基本上不会干涉项目的实施过程,大部分风险都由 EPC 方来承担,如 EPC 承包商掩盖风险,以致损失超出 EPC 承包商的承担范围,必定会连带损害到业主的利益。而 EPCM 模式中,业主能有针对性地通过 EPCM 承包商的支持,共同行使项目过程控制职能,提升了对工程实施过程的控制力。同时,EPCM 承包商通过主动替业主发现问题、处理问题,降低业主的管理风险。

2.2.4.3 模式缺点

由于 EPCM 项目管理的特点,任何技术、采购、施工问题的沟通,都可能对项目的进度造成延误。由于它对工程承办企业的总包能力、综合能力,以及技术和管理水平的要求较高,而国内大多数施工企业在项目管理、技术创新、信息化建设上与国际水平还有一定的差距,因此 EPCM 模式在国内尚未得到普及和推广。

2.2.4.4 适用范围

EPCM 模式适用于方案尚未完全定形、预计在实施过程中会出现较多变更的工程。

EPCM 模式是项目业主在传统承包模式和 EPC 模式之间的一种折中选择,适用于大型的、综合的而且复杂的工程建设项目。

2.2.5　Partnering 模式

2.2.5.1　模式概述

Partnering 模式(见图 2-15)出现于 20 世纪 80 年代,首先在美国开始应用。在 Partnering 模式中,发包方、承包方,以及合作各方在资源共享、互信互利基础上进行一定时期的合作,在兼顾各方利益基础上,共同完成建设目标。在施工中构建工作组,可以实现随时沟通的目的,从而减少工程争议以及矛盾,在相互配合相互协作基础上共同解决各项问题,共同承担风险,从而保障各方获得既定利益。

Partnering 协议的签订方并不局限于发包人与承包方,而是具有多方参与性质,其中包括工程分包商、工程设计单位、技术咨询机构、材料供应商等,因此有两个方面值得重点关注:首先,提出时间和签订时间不一致,由于发包人在工程承包中占据主导位置,所以这一模式通常会由承包方提出,发包人可能在工程设计阶段就提出这一模式,但是只有到施工阶段,这一模式才能转化为协议方式进行执行;其次,在 Partnering 协议中,各参与方的到位时间会有一定差距,例如,一些建材供应商也许不能在工程的初级阶段即参与 Partnering 协议。

通常情况下,工程合同的签订往往是一方当事人提出固有文本,该合同可以利用格式合同进行,也可以使用通用标准文本,还可以自行拟定或者委托相关机构代为起草,经过谈判后,进行合同签署。但是 Partnering 协议不具备固有拟定方,必须由各方提出讨论观点后进行内容确定,在获得一致认可后方能签署。

由于 Partnering 模式实践较短,应用范围有限,所以至今尚未对统一执行标准进行界定,也没有统一的协议格式。在内容制定上往往具有随机性,是以工程的实际需求和参与者特点进行确定的。但是,该协议还有很多共同点,都是以建设工程的核心管理目标为依据,对工程进度调整、争议、矛盾、理赔、风险、信息等方面进行相应规定,这些规定都是范式合同中难以细化的部分,以及合同中未涉及的部分。

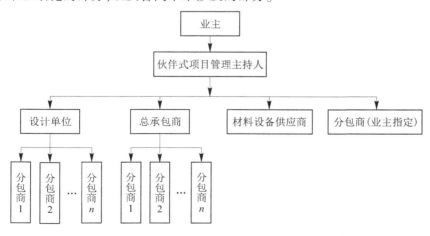

图 2-15　Partnering 模式组织架构

2.2.5.2　模式特点

1.自愿性

在 Partnering 模式中,多方参与者必须在自愿的基础上参与合作,不具备强制因素。在这一合作模式中,各参与方都要从整体上了解和认识项目管理,在实现整体建设目标的同时实现各方共赢。只有在认识上获得统一,合作态度才能一致,才能建立起互信互助模式,这样才能共担风险,最大限度地减少内部管理矛盾。

2.高层管理参与

Partnering 模式需要突破普通的管理理念限制,打破原有的组织界限,这就要求参与各方的高层管理达成共识,这是该模式得以顺利实施的基本保障。参与这一模式的各方要构建起工作小组,做到风险共担,同时能够实现资源共享,一些管理层的重要信息在必要时要进行披露和共享,这样才能获得合作方高层的认同,建立起双方互信、有效沟通的良好途径。

3.非法律强制性

Partnering 协议不具备法律强制性,与工程合同有本质不同,在工程合同签署后,参与各方才会进行 Partnering 协议的签署。该协议对项目合同的责任关系不做改变,各方应以合同范本作为执行标准。Partnering 协议主要针对各参与方在施工过程中的目标、任务以及行为进行规范,具有小组纲领性文本性质。

4.信息开放性

Partnering 模式注重资源的共享性,信息资源也是合作资源的重要组成部分,所以要进行公开和共享。各参与方要及时保持沟通,在开诚布公的基础上进行合作,在施工设计、资金引进、工程进度、施工质量等方面的信息要及时沟通,便于多方了解。这样才能使建设目标顺利达成,还能最大限度地减少重复工作,有效降低工程成本。

2.2.5.3　模式优点

1.有助于优化业务流程

Partnering 模式的主要要素包括共同目标、有效沟通、态度、公平、及时反馈、承诺、开放、解决问题、信任和团队建设。业务流程管理主要包括业务流程的制定、执行和优化三个环节。

通过与利益相关方进行良好沟通,深入了解对方需求,达成一致的项目目标,相互之间积极共享信息和资源,有利于制定更加合理的业务流程。相互之间充分信任,营造开放的氛围,及时从合作方获取项目所需的有效信息,有利于提升业务流程各环节的执行标准和审批效率。参建各方之间及时反馈流程执行过程中存在的问题,有利于业务流程的不断优化。

2.有助于提升工作效率

流程是调配各类项目资源的一种有效管理方式,流程管理能力直接影响项目的动态管理水平。在设计业务流程时,去除非增值性活动,减少不必要的环节,有利于缩短信息在组织间的传播距离,提高项目决策效率。部分流程环节由串行方式调整为并行方式,有利于减少流程运行总时间,节约项目时间成本。高效的业务流程有利于提高设计、采购、施工等各项工作的效率。

3.有利于提升项目绩效

总承包商与业主、监理、供应商、分包商等利益相关方建立良好的伙伴关系,及时从各参建方获取项目所需的稀缺资源,转化为自身的履约能力,有利于提升项目管理水平,促进项目绩效的实现。伙伴关系有利于推动参建各方深度合作,积极响应合作方提议,共同应对项目实施过程中的矛盾问题,减少交易成本,提高项目成功率。

特别地,在 EPC 模式下,设计、采购、施工等各项工作相互交叉,不能够仅仅依靠本部门或本单位完成,各工作业务流程需根据工作实际延伸到相关参建方,例如,采购工作就需把业主、监理和供应商等纳入采购供应链,促进信息资源在组织间的流动,以提升采购决策水平,缩短采购周期,降低采购成本。但参建各方在项目利益目标排序上还存在一定程度的不一致,关注重点也有所差异,导致利益相关方管理难度增加,例如,对于机电设备采购,供应商最关注利润,业主和监理最关注质量和进度,总承包商则关注成本、质量和进度。因此,总承包商需与业主、监理、分包商、供应商等建立良好的伙伴关系,促进相互之间的信息交流与资源共享,制定完善的业务工作流程,不断提升协同工作效率和流程管理水平,以更好地实现项目目标。基于此,在 EPC 项目中通过 Partnering 模式构建基于伙伴关系的业务流程管理模型至关重要。

2.2.6　代建制

2.2.6.1　模式概述

2015 年 2 月,水利部发布《水利部关于印发水利工程建设项目代建制管理指导意见的通知》(水建管〔2015〕91 号),文中提到随着水利建设项目投入力度的不断加大和深入推进,项目点多面广量大,基层建设任务繁重,管理能力相对不足,"在水利建设项目特别是基层中小型项目中推行代建制等新型建设管理模式,发挥市场机制作用,增强基层管理力量,实现专业化的项目管理十分必要"。

根据水管建〔2015〕91 号,水利工程建设项目代建制是指政府投资的水利工程建设项目通过招标等方式,选择具有水利工程建设管理经验、技术和能力的专业化项目建设管理单位(代建单位),负责项目的建设实施,竣工验收后移交运行管理单位的制度。代建单位的主要职责包括:

(1)根据代建合同约定,组织项目招标投标,择优选择勘察设计、监理、施工单位和设备、材料供应商;负责项目实施过程中各项合同的洽谈与签订工作,对所签订的合同实行全过程管理。

(2)组织项目实施,抓好项目建设管理,对建设工期、施工质量、安全生产和资金管理等负责,依法承担项目建设单位的质量责任和安全生产责任。

(3)组织项目设计变更、概算调整相关文件编报工作。

(4)组织编报项目年度实施计划和资金使用计划,并定期向项目管理单位报送工程进度、质量、安全以及资金使用等情况。

(5)配合做好上级有关部门(单位)的稽查、检查、审计等工作。

(6)按照验收相关规定,组织项目分部工程、单位工程、合同工程验收;组织参建单位做好项目阶段验收、专项验收、竣工验收各项准备工作;按照基本建设财务管理相关规定,编报项目竣工财务决算。竣工验收后及时办理资产移交和竣工财务决算审批手续。

目前,项目代建制(见图 2-16)在我国政府投资非经营性项目上普遍运用,并发展成几种典型的模式。根据代建单位的性质和治理结构划分,目前政府代建模式可以划分为事业性代建模式(集中统建模式)和企业性代建模式。事业性代建模式即政府组建行政事业单位性质的常设机构,对政府投资项目进行相对集中统一管理,如深圳模式。企业性代建模式下,政府通过招标或直接委托等方式,将政府投资项目交由专业的代建公司建设管理,代建公司可以是纯社会性的中介机构,也可以是国有专业公司,如上海模式下的代建公司是国有专业公司,北京模式下的代建公司就是纯社会性的中介机构,如工程咨询机构、项目管理公司。事业性代建模式下的代建单位不以营利为目的。

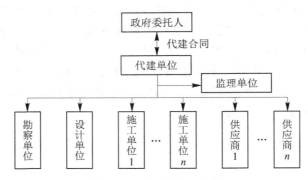

图 2-16　代建制组织架构

在政府代建制模式下,关于代建企业在可行性研究之前介入还是在可行性研究之后介入,学术上和相关省份的管理办法上对此有不同的认识。大部分学者建议代建企业项目介入时间点最好放在可行性研究报告编制之后,考虑到代建单位通过提高建设规模、建设标准和高估投资标准等以拔高自身的代建管理费,降低超预算投资的风险,这样有利于规避委托代理关系下信息不对称所带来的道德风险。

代建期间,代建单位按照合同约定代行项目法人职责,有关行政部门对实行代建制的建设项目的审批程序不变。代建制模式下,地方政府应当确保建设资金到位,落实水利工程建设征地、移民等外部条件。项目法人应该从具体的项目管理工作中脱离出来,着力做好项目前期工作,积极筹措建设资金,真正放权,让代建单位招标选择设计、施工、监理等市场主体承担工程建设,把招标结余留给代建单位。

2.2.6.2　模式优点

代建制的一个重要创新是引进了市场化管理,在委托人、代建人、使用人三者之间形成了契约关系,建设项目管理中的单一行政管理关系得以改变。政府由政府投资项目的直接生产者、提供者转变为促进合作者、监督管理者,体现了市场经济的公平竞争,有利于发挥市场在经济运行和资源配置中的基础性作用。代建制破了旧的管理方式,使现行的"投资、施工、管理、使用"四位一体的管理模式转变为"各环节彼此分离、互相制约"的模式。

1.解决了建设单位人员不足的问题

目前,政府投资的公益性水利工程的建设单位实际上是政府的临时办事机构,一般由地方水行政主管部门组建并实施。由于地方水行政主管部门承担着大量的管理任务,可以用在工程项目现场管理的人员十分缺乏。实行代建制后,代建单位可以根据工程规模和项目特点调派人员,解决了建设单位人员不足的问题。

2.解决了建设单位人员专业不全的问题

项目建设单位一般需要工程技术、质量控制、经济、财务、合同、档案、综合管理等多方面人才。目前,大部分的公益性水利工程建设单位,由于人员专业不全、业务不精等,往往难以满足工程建设管理的需要。而代建单位是专业性技术服务单位,具有各方面管理人才储备。实行代建制后,代建单位可以根据工程规模、项目特点、工程进展等随时调派各种管理人员,从而解决了建设单位人员专业不全的问题。

3.使工程施工现场管理工作更加规范有效

相比原有的公益性水利工程的建管模式,代建制将工程项目建设交由专业性技术团队管理,技术人员能够做到随时随地、全天候、无缝隙地对工程施工现场进行管理,从而更好地做好质量控制、进度控制、投资控制、安全控制、信息管理、合同管理、档案管理等方面的工作,确保了工程建设质量和施工进度。

2.2.6.3　模式缺点

1.代建单位选择难

根据《水利部关于印发水利工程建设项目代建制管理指导意见的通知》(水管建〔2015〕91 号),代建单位应具有满足代建项目规模等级要求的水利工程勘测设计、咨询、施工总承包一项或多项资质以及相应的业绩。但在实际工作中发现,具备这些资质的企业,有相当一部分并没有施工现场管理的经验。建设单位选择合格的代建单位存在着一定的困难。

2.缺乏代建费取费标准

目前,水利工程代建费用并未在概算中列支,水利工程建设项目代建制,按阶段可分为全工程代建和建设实施代建两种方式。国家和水利行业有关法律、法规、规章制度等文件中,对代建费用的规定只有总体性、轮廓性要求,并无具体细则。建设单位制定代建费用的控制价时,随意性较大,往往是将建设管理费下压一部分作为招标时代建费用的控制价。如果建设单位将代建费压得过低,就会影响代建单位在项目上的人员、资源等投入。

3.无代建合同标准文本

目前,我国还没有水利工程代建制合同示范文本,基本上是由建设单位和代建单位经过协商自行拟订代建合同,往往是在双方的权利、义务和责任范围等方面界定不全面、不细致、不规范。在合同执行过程中,经常发生事故责任难以认定,遇到问题相互推诿等现象。

4.代建风险的转移规定不明确

国家法律、法规赋予了建设单位在建设工程项目上的重大责任与义务,并且不会因实行代建制而发生转移。目前,还没有建设单位、代建单位的风险分担细则。同时,代建单位是技术性服务企业,一般为有限责任公司,如果本身的经济实力有限,一旦项目有重大损失,往往无法全部补偿或追责。因此,亟须从国家或行业层面规定相应的风险分担或经济担保机制。

2.2.6.4 适用范围

综上所述,在水利工程中,代建制模式适用于由政府提供项目资金的中小型公益性水利工程项目,特别是技术力量薄弱、管理水平不足的基层。

2.2.7 全过程工程咨询

2.2.7.1 模式概述

2017 年 2 月,《国务院办公厅关于促进建筑业持续健康发展的意见》(国办发〔2017〕19 号)出台,明确提出在完善工程建设组织模式方面要培育全过程工程咨询。

2019 年 3 月,国家发展改革委联合住建部印发《关于推进全过程工程咨询服务发展的指导意见》,提出全面整合工程建设过程中所需的前期咨询、招标代理、造价咨询、工程监理及其他相关服务等咨询服务业务,以满足建设单位对综合性、跨阶段、一体化、全过程工程咨询服务的需求(见图 2-17)。

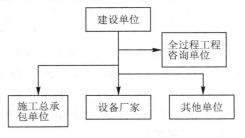

图 2-17 全过程工程咨询组织架构

《工程咨询行业管理办法》(发改委令〔2017〕第 9 号)明确,全过程工程咨询是采用多种服务方式组合,为项目决策、实施和运营持续提供局部或整体解决方案以及管理服务。

同济大学和上海工程咨询协会组建的课题组对全过程工程咨询的概念解释为:针对工程建设项目前期决策、工程项目实施和运营的全生命周期,提供可包括设计和规划在内的涉及组织、管理、经济和技术等各相关方面的工程咨询服务。

结合全过程工程咨询的定义,将不同委托模式的全过程咨询服务范围和实施方式整理如表 2-1 所示。

表 2-1 全过程工程咨询委托模式

委托模式	实施方式
全过程综合咨询	委托一家咨询企业承担全过程工程咨询服务的一体化模式,业主提供覆盖全部建设阶段的全套技术和管理咨询,企业应具备对本项目要求的所有相应资质,独立完成全过程工程咨询工作,需要时可借助社会专家团队力量
全过程管理咨询	委托一家咨询企业提供全部建设阶段的管理服务,代表业主对各专项咨询方和施工总承包方等进行全过程管理,并可与勘察、设计、造价等企业合作完成全过程工程咨询工作
全过程专项咨询	委托咨询企业提供覆盖项目全阶段的单项或多项技术、管理咨询,属于以专业服务为特征的工程咨询,如全过程造价咨询服务。不同专业服务企业可组成联合体,并明确牵头方,完成全过程工程咨询工作
全过程联合咨询	委托咨询企业服务范围包括建设项目决策、勘察设计、施工、运行维护中的两个或多个阶段。可由两家或两家以上咨询企业组成联合体承担全过程工程咨询服务

2.2.7.2　模式优点

采用全过程工程咨询具有以下好处：

（1）节约投资成本。相对于传统模式下设计、造价、监理等分别多次发包的合同成本，全过程工程咨询采用单次招标方式，可使合同成本大大降低。同时，咨询服务覆盖了工程建设的全过程，对整合各阶段工作内容有很大的帮助，实现全过程投资控制，还能通过限额设计、优化设计和精细化管理等措施提高投资收益，确保项目投资目标的实现。

（2）加快工期进度。一方面，通过全过程工程咨询模式，业主的日常管理工作和人力资源投入可大幅度降低；另一方面，不同于传统模式下较为烦琐的招标次数和期限，全过程工程咨询可有效优化项目组织、简化合同关系，有利于解决设计、造价、招标、监理等单位之间存在的责任分离等问题，加快工期进度。

（3）提高服务质量。全过程工程咨询有助于促进不同环节、不同专业的衔接，对传统服务模式下出现的漏洞和缺陷可以有效地提前避免和弥补，从而提高建筑的质量和品质。另外，全过程工程咨询模式还有利于调动企业的主动性、积极性和创造性，促进新技术、新工艺、新方法的推广和应用。

（4）有效规避风险。在全过程工程咨询中，咨询企业是项目管理的主要责任方，在全过程管理过程中，能通过强化管控有效预防生产安全事故的发生，大大降低建设单位的责任风险。同时，可避免与多重管理伴生的腐败风险，有利于规范建筑市场秩序，减少违法违规行为。

2.2.7.3　模式缺点

1.制度尚不完备

从国家层面看，正式出台的文件非常少；全国 9 个省开展试点，主要集中在建筑业。浙江作为试点，2017 年发布了试点工作方案，目前尚未有进一步的政策文件。水利行业没有出台相关文件。总体上，全过程工程咨询的政策体系发展尚不成熟，存在界面不清、监管模糊等问题，缺乏完善的管理制度和科学的执业规范。

2.市场尚不充分

从项目业主看，全过程咨询是个新事物，市场上熟悉阶段工作的咨询机构居多，高水平、有经验的全过程咨询机构比较缺乏。从咨询机构看，全过程咨询业态从单一技术服务向"技术+管理"等多领域扩展，现实能力与需求不匹配；同时，全过程咨询服务不是几个阶段的简单叠加。另外，决策咨询不同于技术咨询，好的建议在决策时不一定被采纳，出了问题则极有可能成为"背锅侠"。

3.价值尚不直观

从项目业主看，水利项目以政府投资为主，全过程咨询缺乏政策依据，业主认同度低，在推广上有一定的困难。目前，一个现实问题是招标审核时就会被问："后阶段工作尚未批复，为什么要打捆在一起？"从咨询机构看，工程咨询属于知识密集型活动，服务过程是专业性和高智力性处理过程,交付物以服务和非实体内容为主,非实体内容包括设计图纸、清单和模型等。服务和非实体内容均具有无形性,难以客观、定量描述,服务边界不清晰,价值不直观。

2.3 常用投融资模式及对比分析

2.3.1 BOT 及相关衍生模式

2.3.1.1 模式概述

建设–经营–转让模式(build-operate-transfer,BOT)是承包商与政府签订合同,由承包商垫资完成项目,然后在合同规定年限内收取项目收益,到期后将项目无偿交给政府。具体流程为:

(1)政府和私人机构之间达成协议,颁布特许允许其在一定时期内建设某一基础设施并管理和经营该设施及其相应的产品与服务。

(2)私人机构向社会资本和金融机构筹集资金,正式建设和运营。该期间政府对该机构提供的公共产品或服务的数量和价格可以有所限制,但需要保证私人资本具有获取利润的机会。

(3)特许期限结束时,私人机构按约定将该设施移交给政府部门,转由政府指定部门经营和管理。

这一运营模式(见图 2-18)中,项目所有权不会发生变更,主要表现为债务和股权相交叉的一种管理模式。与上述采购项目不同,BOT 模式中的合作各方范围较广,既有政府部门、金融部门,也有运营机构、保险行业参与,这些机构都将对项目运营负责。BOT模型组织关系见图 2-19。

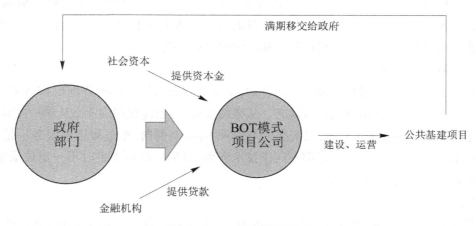

图 2-18　BOT 模型运行模式

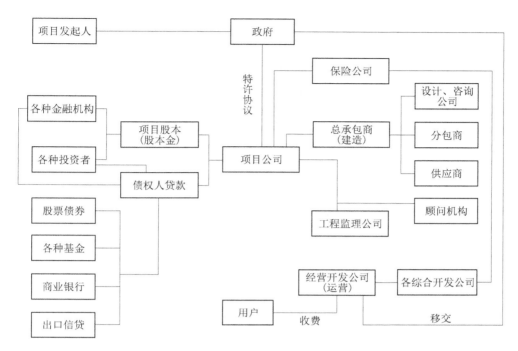

图 2-19　BOT 模型组织关系

2.3.1.2　模式优点

（1）有效解决了项目资金短缺的问题,后期通过收取一定的使用费用来保证投资经营者获得稳定市场收益,实现多赢模式,同时为私人投资者提供了更为有效的投资途径。

（2）与传统管理模式相比,BOT 模式的管理效率更为可观,用户获得的专业服务质量也更有保障。

（3）BOT 模式中,投资者承担了绝大部分项目建设风险,政府方的风险得以转移。

（4）BOT 模式项目回报率明确,组织机构简单,使得政府和私人企业之间利益纠纷较少,工作容易协调。

2.3.1.3　模式缺点

（1）在正式签订合同之前,政府部门需要与私人企业进行长期的沟通、了解和磋商的过程,这就不可避免地导致了项目周期变长、投资费用变高。

（2）机制不够灵活,降低了私人企业吸收先进技术和管理经验的积极性。

（3）参与项目各方存在某些利益冲突,投资方和贷款人存在一定的风险,融资难度大。

（4）在特许经营期内,政府对项目控制力较弱。

2.3.1.4　适用范围

BOT 投资方式主要用于公共基建项目,比如:建设收费公路、发电厂、铁路、废水处理设施和城市地铁等基础设施项目、公用事业或工业项目。

2.3.1.5　相关衍生模式

在实际操作中,根据管理需求,BOT 模式还衍生出其他形式。

1.BOOT(build-own-operate-transfer,建设–拥有–运营–移交)

BOOT 指投资人对所建项目设施拥有所有权并负责经营,经过一定期限后,再将该项目移交给政府。BOOT 在项目架构、操作等方面与 BOT 模式基本一致,主要优点包括:

(1)BOOT 模式下,投资人在运营期间拥有项目的所有权,这也就意味着在融资的时候,投资人可以将项目作为质押向金融机构进行融资。

(2)BOOT 模式的特许运营期一般较长,对于一些有一定现金流的项目,投资人更容易从运营期中收回投资成本并获得利润。

(3)由于拥有项目运营期间的所有权,所以对于投资人而言,将项目更好运作的动力就会更足。

2.BOO(build-own-operate,建设–拥有–运营)

BOO 是指投资人根据政府赋予的特许权,对项目进行建设,在建设完工后,拥有项目的所有权和经营权,并且不再移交给政府公共部门。

BOO 模式的主要特点在于项目在建成后不再移交给政府公共部门,而是由社会方自行持有运营,未来的运营收入也都属于投资人,可以为政府节约大量的财力和人力。

3.BTO(build-transfer-operate,建设–移交–运营)

民营机构为基础设施(如水务、电力等)融资并负责其建设,完工后即将设施所有权(注意实体资产仍由民营机构占有)移交给政府方;随后政府方再授予该民营机构经营该设施的长期合同,使其通过向用户收费,收回投资并获得合理回报。

BTO 模式适用于有收费权的新建设施,譬如水厂、污水处理厂等终端处理设施,政府希望在运营期内保持对设施的所有权控制。事实上,国内操作的相当部分名为 BOT 的项目,若严格以合同条件界定,更接近于 BTO 模式,因为其特许协议中规定政府对项目资产和土地使用权等拥有所有权。

4.ROT(rehabilitate-operate-transfer,改建–运营–移交)

民营机构在获得政府特许授予专营权的基础上,对过时、陈旧的项目设施、设备进行改造更新;在此基础上由投资者经营若干年后再转让给政府。这是 BOT 模式适用于已经建成,但已陈旧过时的基础设施改造项目的一个变体,其差别在于"建设"变化为"改建"。

5.TOT(transfer-operate-transfer,转让–运营–移交)

TOT 是指政府部门或国有企业将建设好的项目的一定期限的产权和经营权,有偿转让给投资人,由其进行运营管理或开发建设;投资人在一个约定的时间内通过经营收回全部投资和得到合理的回报,并在合约期满之后,再交回给政府部门或原单位的一种融资方式。

TOT 的交易结构相比于 BOT 等带有建设阶段的项目模式要简化很多,主要用于化解地方政府存量债务风险,将存量的公共服务类项目交由社会资本方运营,从而实现盘活地方政府财政资金的目的

而在融资方面,TOT 模式具有独特的优势。由于不同于 BOT、BOOT、BOO 等存在建设期的项目,TOT 模式项下,项目是已经步入正常运行阶段的,社会资本方在接手项目后可以快速的产生运营收入,所以在向金融机构融资的时候,社会资本方将经营收益权作为

底层资产再融资,会相对容易。

TOT 模式多应用于污水处理项目和医院等项目。同时,为了更好地盘活存量资产,实现存量资产的再扩建,政府往往会将 TOT 模式的项目和 BOT 模式打包招标。

6.TOO(transfer-own-operate,转让–拥有–运营)

TOO 模式与 TOT 模式区别不大,只是 TOO 模式中社会资本方将会拥有项目的永久所有权,不必再移交给政府。

7.TBT(transfer-build-transfer,转让–建设–移交)

政府通过招标将已经运营一段时间的项目和未来若干年的经营权无偿转让给投资人;投资人负责组建项目公司去建设和经营待建项目;项目建成开始经营后,政府从 BOT 项目公司获得与项目经营权等值的收益;按照 TOT 协议和 BOT 协议,投资人相继将项目经营权归还给政府。实质上,是政府将一个已建项目和一个待建项目打包处理,获得一个逐年增加的协议收入(来自待建项目),最终收回待建项目的所有权益。

8.BT(build-transfer,建设–移交)

根据项目发起人通过与投资者签订合同,由投资者负责项目的融资、建设,并在规定时限内将竣工后的项目移交项目发起人,项目发起人根据事先签订的回购协议分期向投资者支付项目总投资及确定的回报。

BT 模式的工程建设项目一般为非经营性的城市公共基础设施建设项目、市政公用基础设施建设项目,项目建设完成后由政府收回并组建项目管理机构进行管理,包括:

(1)政府需要投资建设的,但又不适宜于由市场进行商业化经营的公共基础设施项目,如城市道路、园林绿化、公共排水、道路照明、公交站点等。

(2)政府需要垄断经营的,或不愿意采用 BOT 方式将经营权转让给投资者的基础设施项目,如自来水厂、污水处理厂、城市集中供热、垃圾处理等项目。

2012 年 12 月底,财政部联合国家发展改革委、中国银行业监督管理委员会和中国人民银行等四部委下发《关于制止地方政府违法违规融资行为的通知》(财预〔2012〕463 号),对"依赖财政性资金作为偿债来源的公路、公共租赁住房等公益性项目"以 BT 模式实施做了限制性规定,向地方政府违规融资发出了严厉的监管信号。《关于制止地方政府违法违规融资行为的通知》(财预〔2012〕463 号)的发布加大了融资平台公司借新还旧的难度,政府偿债风险增大,提升了 BT 项目投资人融资渠道的门槛和成本,这使得民间资本以 BT 模式投资水利、城市轨交等公益性项目的可行性变得较低。

9.BLT(build-lease-operate,建设–租赁–移交)

BLT 模式是指企业筹资建设基础设施项目,政府授权有关政府职能部门与企业签订相关租用合同,政府授权部门按照合同约定使用基础设施项目并支付租用费用。租用合同到期后,企业按照合同约定向市政府移交建设的城市基础设施项目。

该模式下,政府可以通过租赁合同将政府应付的费用账期拉长,从而实现缓解财政压力的目的。另外,由于该模式下其实是将本该属于财政基建拨款的支出转换为了租金支出,负债的类别发生了变化,也使得地方政府能更灵活地应对 PPP 项目下支出红线的审查。

但其实总体来看,该模式下政府的支出责任其实并没有减少,无论怎么转化,它依旧构成了政府的负债。根据当前我国 PPP 相关的政策文件,BLT 模式下项目的运作中,社会资本方并不承担运营和维护的职责,这与我国所倡导的 PPP 模式并不一致。同时,由于在 BLT 模式下依旧存在着增加地方政府债务的问题。所以,就目前而言,运用该模式的项目也已经很难实施。

2.3.2　PPP 模式

2.3.2.1　模式概述

政府与社会资本合作模式(public-private-partnership,PPP)指在公共服务领域,政府采取竞争性方式选择具有投资、运营管理能力的社会资本,双方按照平等协商的原则订立合同,由社会资本提供公共服务,政府依据公共服务绩效评价结果向社会资本支付对价(见图 2-20)。在我国,PPP 是以市场竞争的方式选择符合要求的社会资本向社会公众提供公共物品或服务,主要集中在纯公共领域和准公共领域,项目类型涉及公益性项目与经营性项目。

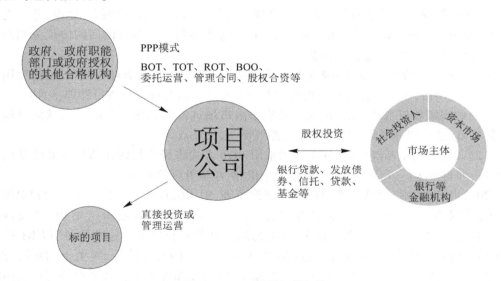

图 2-20　PPP 模型运作架构

政府部门或地方政府通过政府采购的形式与中标单位组建的特殊目的公司签订特许合同(特殊目的公司一般是由中标的建筑公司、服务经营公司或对项目进行投资的第三方组成的股份有限公司),由特殊目的公司负责筹资、建设及经营(见图 2-21)。政府通常与提供贷款的金融机构达成一个直接协议,这个协议不是对项目进行担保的协议,而是一个向借贷机构承诺将按与特殊目的公司签订的合同支付有关费用的协定,这个协议使特殊目的公司能比较顺利地获得金融机构的贷款。

采用这种融资形式的实质是:政府通过给予私营公司长期的特许经营权和收益权来加快基础设施建设及有效运营。

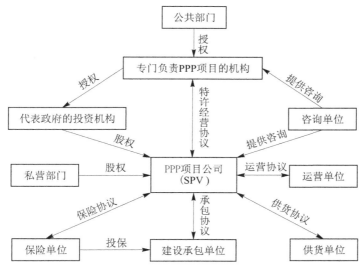

图 2-21　PPP 模型组织关系

2.3.2.2　模式优点

在 PPP 模式下,建设管理由社会资本方负责,地方政府只负责征地拆迁和移民安置、维护工程建设外部环境等工作,对工程的参与程度低,资金、进度等目标责任风险小。

在 PPP 模式下,按照风险分配优化、风险收益对等和风险可控等原则,在政府方和社会资本方间合理分配项目风险。一般而言,项目建设、运营维护和财务等商业风险由社会资本方承担,项目审批、规划、土地取得等风险由政府方承担,部分法律、法规、政策、不可抗力等风险由政府和社会资本方合理共担。PPP 模式的优点具体包括:

(1)PPP 融资是以项目为主体的融资活动,是项目融资的一种实现形式,主要根据项目的预期收益、资产以及政府扶持的力度,而不是项目投资人或发起人的资信来安排融资。项目经营的直接收益和通过政府扶持所转化的效益是偿还贷款的资金来源,项目公司的资产和政府给予的有限承诺是贷款的安全保障。

(2)PPP 融资模式可以使更多的民营资本参与到项目中,以提高效率,降低风险。这也正是现行项目融资模式所鼓励的。政府的公共部门与民营企业以特许权协议为基础进行全程合作,双方共同对项目运行的整个周期负责。PPP 融资模式的操作规则使民营企业能够参与到城市轨道交通项目的确认、设计和可行性研究等前期工作中来,这不仅降低了民营企业的投资风险,而且能将民营企业的管理方法与技术引入项目中来,还能有效实现对项目建设与运行的控制,从而有利于降低项目建设投资的风险,较好地保障国家与民营企业各方的利益。这对缩短项目建设周期,降低项目运作成本甚至资产负债率都有值得肯定的现实意义。

(3)PPP 模式可以在一定程度上保证民营资本"有利可图"。私营部门的投资目标是寻求既能够还贷又有投资回报的项目,无利可图的基础设施项目是吸引不到民营资本的投入的。而采取 PPP 模式,政府可以给予私人投资者相应的政策扶持作为补偿,如税收优惠、贷款担保、给予民营企业沿线土地优先开发权等。通过实施这些政策可提高民营资本投资城市轨道交通项目的积极性。

（4）PPP 模式在减轻政府初期建设投资负担和风险的前提下，提高城市轨道交通服务质量。在 PPP 模式下，公共部门和民营企业共同参与城市轨道交通的建设和运营，由民营企业负责项目融资，有可能增加项目的资本金数量，进而降低资产负债率，这不但能节省政府的投资，还可以将项目的一部分风险转移给民营企业，从而减轻政府的风险。同时，双方可以形成互利的长期目标，更好地为社会和公众提供服务。

2.3.2.3 适用范围

适宜采用 PPP 模式的项目，一般具有价格调整机制相对灵活、市场化程度相对较高、投资规模相对较大、需求长期稳定等特点。从国内外实践来看，PPP 模式主要运用于道路、桥梁、铁路、地铁、隧道、港口、河道疏浚等基础设施项目，供电、供水、供气、供热和污水处理、垃圾处理等环境治理项目，以及学校、医疗、养老院、监狱等社会事业。

近年政府与社会资本合作 PPP（含特许经营）模式在我国大量应用于大型基础设施建设项目中。这类项目通过市场化方式引入专业化社会资本，一方面减轻了各级政府筹资压力，另一方面强化项目法人（项目公司）在投资、融资、建设管理、运营维护等项目全生命周期的管理责任，有利于为提高项目建设营运效率。但社会资本的投入需要满足合理的回报，而大型水利工程通常更多贡献于社会综合效益，依托项目使用者付费财务效益通常不能满足社会资本投资回报诉求。因此，在制订引入社会资本的合作方案中，需要结合水利工程实际情况，考虑水利工程内部效益和外部效益，为水利工程设计科学合理的回报机制。

2.3.3 ABO 模式

2.3.3.1 模式概述

授权—建设—运营模式（authorize-build-operate，ABO 模式）是指由政府授权单位履行业主职责，依约提供所需公共产品及服务，政府履行规则制定、绩效考核等职责，同时支付授权运营费用。

在 ABO 模式下，地方政府通过竞争性程序或直接签署协议方式授权相关企业作为项目业主，并由其向政府方提供项目的投融资、建设及运营服务，合作期满负责将项目设施移交政府方，由政府方按约定给予一定的财政资金支持。

《国务院关于推进国有资本投资、运营公司改革试点的实施意见》（国发〔2018〕23号）明确了两种授权模式：一是政府授权国有资产监管机构依法对国有资本投资、运营公司履行出资人职责；二是政府直接授权国有资本投资、运营公司对授权范围内的国有资本履行出资人职责。

《国务院关于印发改革国有资本授权经营体制方案的通知》（国发〔2019〕9号）规定，国务院授权国资委、财政部及其他部门、机构作为出资人代表机构，对国家出资企业履行出资人职责，出资人代表机构作为授权主体。出资人代表机构对国有资本投资、运营公司及其他商业类企业（含产业集团）、公益类企业等不同类型企业给予不同范围、不同程度的授权放权。

ABO 项目一般按照"整体授权、分期实施、封闭运作"的原则来实施，具体为：地方政府授权国有平台公司作为项目实施主体,负责项目整体运作。平台公司作为招标人以"投资人+EPC"招标方式(一般为基金公司+勘察设计企业+施工企业)引进社会投资人,社会资本参与投标,中标后平台公司与中标社会投资人签署投资合作协议,并组建项目公司(SPV 公司)。SPV 公司根据投资合作协议实施项目的投资、融资、建设管理等工作和具体运作事宜,中标社会投资人按约定的股权比例在 SPV 公司中投入项目资本金并取得合理的投资收益。

2.3.3.2 模式特点

与 PPP 模式不同,在政府与平台公司之间的合作中,平台公司需代行归属于政府方的基础设施及公共服务项目业主职责,且在授权范围内行使一定的公共管理职能,基于此,在 ABO 模式下平台公司实际上具备"公"的主体属性,ABO 模式应视为一种"公公合作"模式,这也反过来为政府直接行政授权提供了一定的授权理论支撑。

ABO 模式授权对象一般为本地具有较强资源整合能力平台公司或其他属地国企。政府与授权对象之间通过签署相关授权经营协议厘清政企关系。政府与平台公司通过"公公合作",以授权方式和一系列契约厘清政企关系,与《关于在公共服务领域推广政府和社会资本合作模式的指导意见》(国发办〔2015〕42 号)的"直接指定""政企不分"相比有了较大进步。

采用 ABO 模式实施的项目类型一般具备"大公益,小经营"的特点。该类项目前期投入巨大、回报期限较长、获利不确定,现实中对社会资本吸引力不足,需要政府进行干预;而这类项目采用 ABO 模式后,可以在一定程度上调控这类项目的市场失灵,打破公私合作模式中存在的"公"主体追求公益性与"私"主体逐利性的固有矛盾。

2.3.4 ABS 模式

2.3.4.1 模式概述

资产证券化(asset securitization)是 20 世纪国际金融领域最重要的一项金融创新,自 20 世纪 70 年代在美国兴起之后,迅速向全球扩展。我国水利建设任务十分繁重,已有的投资渠道无法满足新一轮重大水利工程建设资金需求,需积极拓展水利投融资渠道,开展水利资产证券化融资,创新水利投融资模式,建立长期稳定的水利投融资渠道。

一般认为,资产证券化是指把缺乏流动性,但具有未来现金流量的资产汇集起来,形成资产池,通过结构性重组,将资产转变为可以在金融市场上出售和流通的证券,据以融通资金的过程。简单地讲,资产证券化就是以特定资产或特定现金流为支持,发行可交易证券的一种融资方式。与传统的证券融资方式不同的是,资产证券化本息的偿还是以资产池中的资产为基础,而不是以资产原始权益人本身的信用水平为基础,本质是资产融资实现风险隔离。

资产证券化的核心是设计和建立一个严谨、有效的交易结构,这一交易结构在资产证券化实际运作过程中起着决定性作用。第一,资产证券化交易结构保证了破产隔离的实现,把资产的偿付能力与原始权益人的资信能力分割开来;第二,这一交易结构使原始权益人用出售资产的方式融资,而不会增加资产负债表上的负债;第三,这一交易结构确保融资活动能够充分享受政府提供的税收优惠;第四,这一交易结构使原始权益人能够获得金融担保公司的信用级别,改善证券的发行条件。

2.3.4.2 资产证券化的运作机制

1.资产证券化的参与机构

资产证券化的运作包含众多的参与机构,主要包括主体机构和中介机构。主体机构有原始债务人、原始权益人、投资者;中介机构有特殊目的机构(special purpose vehicle,SPV)、信用担保机构、信用增级机构、信用评级机构、证券承销机构、专业服务商和受托管理人。

2.主体机构

原始债务人是基础资产的借款者,作为贷款合同的债务人一方参与资产证券化的全过程。原始权益人是被证券化资产的原所有者和融资者;其职能是选择证券化的资产,并进行捆绑组合,然后将其出售。投资者是资产证券化中证券的购买者,既可以是散户投资者,也可以是机构投资者;但由于散户投资者购买能力弱,目前投资者主要是银行、保险公司、基金公司等机构投资者。

3.中介机构

特殊目的机构是一个以资产证券化为唯一目的的独立实体,是资产证券化交易结构中最重要的和特有的中介机构。它是资产的购买者和权利支配人,也是资产支持证券的合法发行人,由原始权益人或独立的第三方组建,但独立于原始权益人,履行发行证券、筹集资金、破产隔离等职能。信用担保机构、信用增级机构、信用评级机构和证券承销机构是为特殊目的机构服务引入的中介机构,主要承担证券化信用担保、评级、增级和发行工作。专业服务商由特殊目的机构聘请,进行有关信息的传递和提供代理服务。受托管理人是专业服务商和投资者的中介,主要职责是对专业服务商进行监督和约束。

4.资产证券化的运作流程

资产证券化的基本运作流程(见图2-22)有以下几个步骤:

(1)组建资产池。原始权益人根据融资的需要,衡量原始债务人的信用,确定用于资产证券化的资产,预测资产现金流量,将这些资产组合成资产池。

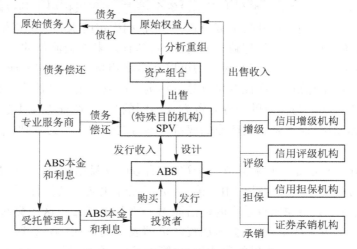

图2-22 资产证券化的基本运作流程

（2）将资产出售给特殊目的机构。原始权益人确定了被证券化的资产后就要将资产出售给特殊目的机构。

（3）特殊目的机构进行证券化安排。特殊目的机构设计并确定发行证券的种类、价格，由信用增级机构进行信用增级，并请信用评级机构进行评级。

（4）发售证券。证券承销机构在资本市场上发行资产支撑证券筹集资金，并用该资金来购买原始权益人所转让的资产。

（5）资产售后管理和服务。由原始权益人指定的专业服务商管理资产池，负责收取、记录资产池产生的现金收入，并将现金收入存入受托管理人的收款专户。受托管理人按约定收取资产池现金流量，并按期向投资者支付本息，向专业服务机构支付服务费。

2.3.4.3　水利资产证券化融资

水利资产证券化融资是一种相对较新的融资方式，目前要开展水利资产证券化融资试点，首先有以下几个关键问题需要探讨。

1.资产的选择

用一句名言来概括就是"只要有稳定的现金流，就可以将其证券化"。可以看出，未来的现金流是资产证券化成功的保障。按照资产证券化的历史发展经验来看，用于证券化的资产既可以是实物资产，也可以是贷款、应收款等金融资产。因此，水利资产证券化融资时水利资产的选择有以下两种方向：

第一种是选择水利实物资产，如具有供水、发电或污水处理等功能的水利工程。因为，这些水利工程产权明晰、运行良好并且具有经济效益，是水利资产证券化的首选资产。

第二种是选择水利金融资产，如水利建设贷款、水利应收款等，因为水利建设贷款、水利应收款的规模可以预测，且现金流比较稳定。此外，2012 年中国人民银行等《关于进一步做好水利改革发展金融服务的意见》也明确了地方水资源费、地方水利建设基金和土地出让收益中计提的用于农田水利建设的资金也可以作为还款来源。这进一步提高了水利资产未来的现金流，增加了水利资产证券化融资的可能性。

2.特殊目的机构的设立

在西方国家，特殊目的机构一般由在国际上获得了权威资信评估机构给予较高资信评级的投资银行、信托公司、信用担保公司等与证券投资相关的金融机构组成。其经营有着严格的法律限制，不得发生兼并、重组，禁止参与交易规定外的活动，不得担负交易外确定的任何其他债务及为此债务提供担保等。

在国内，水利资产证券化融资目前比较可行的特殊目的机构设立模式是利用信托公司成立信托计划，这是因为信托公司所持有的财产隔离机制完全符合资产证券化运行风险隔离的本质要求。信托形式的风险隔离机制具有很强的财产隔离功能，受《中华人民共和国信托法》《信托投资公司管理办法》《信托投资公司资金信托管理暂行办法》等法律、法规的支撑，具有较好的破产隔离效果。

3.ABS 的增级和评级

为了保证资产证券的安全，增强投资者的信心，吸引更多的投资者，特殊目的机构须聘请独立评级机构对资产支持证券进行正式的信用增级。这是资产证券化过程不可缺少的重要环节。

水利资产证券化融资可以采用外部增级和内部增级相结合的方式提高资产支持证券信用等级。外部增级是指由债权债务人以外的第三方提供的信用担保。这里的第三方可以是政府机构、保险公司、担保公司等。此外,资产证券化的发起人可以利用资产产生的现金流来实现自我担保的内部增级。

在资产支持证券正式发行前需要独立评级机构对资产支持证券和证券发行机构的信用进行评级,以客观地展示给投资者证券按合同还本付息的可靠程度。水利资产证券化融资可以聘请具有较好的市场信誉、高质量的评级技术和规范运作机制的评级机构。这是因为信用评级在资产证券化中有特殊重要的作用,是健全资产证券化监管机制不可缺少的环节,有利于合理证券价格的形成,有助于约束资产证券化交易主体的行为。

2.3.4.4 水利资产证券化的优点

目前,水利贷款融资存在抵押物不够、贷款信用增级困难、融资成本高等问题,而通过资产证券化融资可以回避这些问题,降低融资门槛,更方便、快捷地筹集资金。首先,水利资产证券化融资是以水利资产未来现金流为基础进行融资,而不需要水利资产作为抵押物进行抵押。其次,水利资产证券化融资改变了原来金融贷款以水利企业信用为基础的传统模式,取而代之的是以资产的信用为支撑。从整体上提高一家企业或一家机构的信用等级比较困难,相比而言,提高一些资产的信用等级则会容易很多。再次,水利资产证券化融资只涉及原始权益人、特殊目的机构和投资者,牵涉到的环节少,可大大降低融资成本。据估算,相对于传统融资方式来说,资产证券化融资方式每年能为原始权益人节约至少相当于融资额0.5%的融资成本。

水利资产证券化能够有效地保护国家对水利资产的所有者权益。作为原始权益人,一方面,水利资产所有者出售的只是资产在未来一定时期的现金收入流,不会因为资产证券化而改变自身的所有权结构,也不会失去自身的经营决策权;另一方面,证券到期后则享有资产收益权。此外,水利资产证券化能够有效提高水利工程运行效率。以往单靠财政拨款和银行贷款,水利工程的运行管理很少受到监督。改用资产证券化筹资后,投资者不再限于政府或银行,持有资产支持证券的投资者出于对投资利益的考虑,都会关注水利工程的效率。

理论上,用于证券化的资产应该符合以下条件:能够在未来产生可预测的现金流,具有较长时期稳定的低违约率和低损失率,本息偿还应均匀地分布于整个资产的存续期,原资产持有人持有该资产已经有一定的时间,并且有着良好的信用记录,现金流入的时间和条件易于把握。从目前水利建设的整体情况分析,随着国家经济社会发展和人民生活水平的不断提高,水利的重要性将日趋明显,水利行业的风险较低,发展前景较好,资产质量优良,特别是具有供水、发电、航运以及旅游等功能的水利资产,一般都保证有稳定的现金流收入,整体上能够做到资金的良性循环,符合证券化的要求。

2.3.5 其他融资模式

2.3.5.1 地方政府专项债券

地方政府专项债券以省级人民政府为发行主体,多采用项目打包发债的模式统一发行,信用等级较高,发债成本和债券利率较低,一般不超过4%。专项债发行周期较为灵活,可根据项目需要设置,一般在 15 年左右。同时,政策允许将专项债券作为符合条件的重大项目资本金,以省为单位,2020 年专项债资金用于项目资本金的规模占全省专项债规模的比例可由 20% 提升至 25%。

专项债券以单项政府基金或专项收入为偿债来源,要求项目预期收益能覆盖本息,达到项目自身收益平衡。在实际操作过程中,项目更多地从发展和改革部门的重大项目库中遴选。按照当前很多地区的要求,申请专项债券的项目必须进入发展和改革部门的重大项目库。

专项债已成为各地政府筹措基建资金的重要渠道。其发行成本较低,发行周期灵活,且将专项债券作为符合条件的重大项目资本金,将大大减轻项目法人融资压力,但仍然需要提前防范专项债可能存在的债务风险和信用危机。

2.3.5.2　专项建设基金

专项建设基金要求回报率相对较低且可认定为申报项目资本金。前期专项基金利率在 1.08%~1.20%,后期在 2.80%~4.60%,期限最长不超过 20 年,原则上分年付息偿还。财政部对银行债券付息成本给予 90% 贴息,由银行通过直接给予企业优惠利率将从财政部获得的贴息优惠转移至企业。

专项建设基金申报需符合特定项目申报范围要求。项目应前期工作充分,条件基础成熟,需履行安全评估等咨询论证程序。优先考虑收益适中,回收周期 10~20 年的项目。同时,需控制专项建设基金占项目资本金的比例。

专项建设基金投放重点是包括大型水利、农村电网改造、棚户区改造等资金规模大、建设时间长、回报率较低、回收周期长的公用设施或具有一定公益性的领域,符合重大水利工程筹融资需求。专项建设基金可以作为项目资本金,若无财政贴息,其利率与一般银行贷款类似。鉴于专项建设基金已暂停,若想适用于重大水利工程建设,必须获得相关部门同意且争取到财政贴息,由水利部积极协调,争取财政部同意。

2.4　各种模式横向对比

2.4.1　各类发包模式对比

DB 模式和 EPC 模式对比如下:

DB 模式主要包括设计、施工两项工作内容,不包括工艺装置和工程设备的采购工作。在一般情况下,业主负责主要材料和设备的采购,业主可以自行组织或委托给专业的设备材料成套供应商承担采购工作。EPC 模式则明确规定总承包商负责设计、采购、施工等工作。

尽管 DB 模式和 EPC 模式均包括设计工作内容,但是两者的设计内容有很大的不同,存在本质区别。DB 模式中 D(design)仅仅是指项目的详细设计,不包括概要设计。EPC 模式中 E(engineering)包含概念设计和详细设计,总承包商同时负责对整个工程进行总体策划、工程实施组织管理。在 EPC 合同签订前,业主只提出项目概念性和功能性的要求,总承包商根据要求提出最优设计方案。

二者的主要区别如表 2-2 所示。

表 2-2　DB 模式与 EPC 模式的对比

类别	DB 模式	EPC 模式
管理体制	三元管理体制(业主、总承包商、工程监理)	二元管理体制(业主、总承包商)
承担风险	总承包商承担较大风险	总承包商承担几乎所有风险
合同计价形式	可调总价合同	固定总价合同
承包内容	设计、施工	设计、采购、施工
设计内容	只包括详细设计	包括概要设计和详细设计
适用范围	系统技术设备相对简单,合同金额可大可小的项目;以土建工程为主的项目	设备和技术集成度高、系统复杂庞大、合同投资额大的工业投资项目;采购工作量大、周期长的项目;专业技术要求高、管理难度大的项目
索赔和价格调整范围	一定范围	很小
业主介入程度	业主采用较为严格的控制	业主采用松散的控制

2.4.2　各类项目管理模式对比

2.4.2.1　PMC 和 CM 模式的对比

　　PMC 和 CM 模式都是侧重于项目的管理,而不是具体的设计、采购或者施工。对于二者而言,都要求其具有很强的组织管理和协调能力,利用自身的资源、技能和经验进行高水平的项目管理。

　　两种模式在项目组织中的合同关系、项目管理工作范围、介入项目的时间、需要业主介入项目管理的程度都存在明显的不同。PMC 的工作范围比较广泛,通常是全过程的项目管理承包,工作内容也是全方位的,涵盖目标控制、合同管理、信息管理、组织协调等各项管理工作。CM 的工作范围比较确定,主要是在设计阶段做好设计与施工的协调工作,负责招标并随后管理施工现场,协调各分包商的关系。采用 PMC 模式,业主可以按照项目管理承包合同将大部分工作委托给 PMC 承包商,业主方只需要很少的项目管理人员,介入项目管理的程度较低。特别是在设计阶段,虽然 CM 单位可以在一定程度上影响设计,提出合理化建议,但由于 CM 与设计单位没有合同和指令关系,很多决策和协调工作需要由业主完成,因此业主介入项目管理的程度较深。

　　表 2-3 对两者的不同进行了整理和对比。

表 2-3　PMC 模式与 CM 模式的对比

类别	PMC 模式	代理 CM	非代理 CM
合同关系	与业主有合同关系,同时与其他分包商签订合同	只与业主有合同关系	与业主有合同关系,同时与其他分包商签订合同
服务范围	从项目策划开始的建设全过程	设计和施工阶段	设计和施工阶段
介入时间	项目前期策划阶段	初步设计阶段	初步设计阶段
责任风险	承担管理承包责任,有一定风险	承担管理责任,风险较小	承担承包责任,风险较大
业主介入程度	较浅	一定程度	设计阶段较深
与其他模式共存	可与 EPC、DB 模式共存,不与 CM 模式共存	不与 PMC 共存	不与 PMC 共存
适用项目	投资规模大,工艺技术复杂的大型项目;业主内部资源短缺,对工程工艺技术不熟悉的项目	建设周期长、工期要求紧,不能等到设计全部完成后再招标施工的项目;投资规模大,同时很难准确定价的项目	

2.4.2.2　代建制与全过程工程咨询模式的对比

全过程工程咨询和代建制在设计前期、设计环节、施工环节以及竣工环节的服务内容方面具有诸多相同的地方,两者都需要对建设项目的质量、安全、成本、工期负责。两种模式对承包单位的资质和信誉也有一定的要求,这意味着参与过政府项目代建的企业参与全过程工程咨询将更具经验和优势。

两种模式在适用情形、服务范围、管理权限和职责划分上都有很多不同。表 2-4 对两者的不同进行了整理和对比。

表 2-4　全过程工程咨询与代建制的不同点

类别	全过程工程咨询	代建制
适用项目	所有项目	一般为非经营性政府投资项目
是否强制	倡导性推行	使用财政性资金投资建设,且工程费用达到规定数额以上的政府投资项目,应当使用代建制
扮演角色	咨询服务人员角色	代理人角色
管理权限	不作为项目法人,原则上不能代表业主签订合同	在政府授权范围内行使代理权限,可以作为建设期项目法人,可以代表业主对相关服务单位或施工单位进行招标、合同谈判和签订
介入时间	可行性研究方案批准之前	可行性研究方案批准之后

续表 2-4

类别	全过程工程咨询	代建制
履行义务	1+N+X,1 为项目管理,N 为自行实施的专项服务,X 为不自行实施但应协调管理的专项服务	代替建设单位行使建设期项目法人的职责
服务范围	涵盖前期策划咨询、施工前准备、施工过程、竣工验收、项目后评价、运营保修等全流程	代建单位完成验收移交手续后,不负责后期维护和运营
收费方式	1+X 叠加计费,1 为全过程工程项目管理费,X 为项目全过程各专业咨询服务费,参照相关收费标准或市场惯例	参照项目建设管理费标准,计入项目建设成本

2.4.3 各类融资模式对比

BOT 模式和 PPP 模式对比如下:

(1)政企之间的合作关系不同。

BOT 模式中是政府授予私人企业特许经营权,政府与企业更多是垂直关系,也就是领导与被领导的关系,而不是合作关系。

PPP 模式则是公私合作模式,强调政府与社会资本建立的利益共享、风险分担及长期合作关系。

(2)运行流程不同。

BOT 模式运行流程包括招标投标、成立项目公司、项目融资、项目建设、项目运营管理、项目移交等环节。

PPP 模式运行程序包括项目识别、项目准备、项目采购、项目执行、项目移交环节。

(3)政、企双方对项目的参与程度不同。

BOT 模式项目的规划完全由政府制定,企业没有参与权。项目交给企业建设经营后,政府无权干预企业,政企之间既不透明,又不信任。

PPP 模式政府对项目中后期建设管理运营过程参与更深,企业对项目前期科研、立项等阶段参与更深。政府和企业都是全程参与,双方合作的时间更长,信息也更对称。

(4)融资模式优劣势不同。

BOT 的主要优势是政府最大可能地避免了项目的投资损失,但投资风险全由企业承担,容易导致社会资本望而却步。

PPP 的优点在于政府将为项目背书,分担投资风险,降低融资难度,但同时增加了政府潜在的债务负担。

2.4.4 不同总承包模式所承担的阶段任务

从项目生命周期的角度看,不同类型总承包模式下承担阶段任务的范围对比见表 2-5。

表 2-5　不同类型总承包模式下承担阶段任务的范围对比

总承包模式	工程咨询阶段			工程实施阶段					说明
	可行性研究	项目融资	初步设计	施工图设计	物资设备采购	项目施工	试运营	运营	
BOT 模式	●	●	●	●	●	●	●	●	全面参与管理和实施,通过运营获取投资回报
EPC 交钥匙 Turnkey	●	提供指导	●	●	●	●	●		管理和实施
EPC 模式			●	●	●	●	●		管理和实施
DB 模式			●	●		●	●		管理和实施
EPCM 模式			○	○	○	○	○		提供管理和咨询服务
PMC 模式	○	○	○	○	○	○	○	○	提供管理和咨询服务

2.5　几种融合的建设管理模式

2.5.1　F+EPC 模式

2.5.1.1　模式概述

在 EPC 模式中,如果业主资金不足,还希望承包商进行项目的融资,便会出现"融资+EPC"(finance-engineering-procurement-construction,F+EPC)模式。

F+EPC 模式是在原有 EPC 模式的基础上,由总承包商筹集项目所需资金,是以投资项目并取得投资收益为条件,以总承包项目建设(及运营管理)为主要内容的一种新型建设模式。F+EPC 模式是工程总承包的延伸模式,该模式整合项目融资与承包发包环节,在解决项目建设资金来源问题的基础上,充分发挥设计的核心作用,在源头对项目整体进行方案优化,合理设置设计、采购、施工(及运营管理)各阶段的交叉以及协调,发挥企业在融资、项目管理和技术创新方面的优势,顺利实现工程建设目标。

在国内不强求设计施工一体化的环境下,F+EPC 模式也可以衍生出其他相关建设模式,如 F+PC 模式等。如承包商决定自行出资,成为项目投资人,F+EPC 模式会变为 BT(build and transfer)模式。如果业主还要把项目的运营权利有时限委托给承包商,便升级为 BOT(built-operate-transfer)模式。合法合规推行"F+EPC"建设模式,能够严控政府债务,落实国家政策要求。

2.5.1.2　模式特点

F+EPC 模式是对传统 EPC 模式的一种拓展和创新,即由施工企业负责解决项目建设资金并完成项目建设,业主方支付工程款及合理资金占用费。相比传统 EPC 模式,F+EPC模式具有项目推进速度快、经济指标好的优势。

从形式上而言,F+EPC 模式与 BT 模式比较类似,都属于一种"交钥匙工程",两者都不需要对项目进行运营,从而避免了运营的风险。F+EPC 模式与 BT 模式最大的区别在于,采用 F+EPC 模式的主体是项目的投资方,EPC 承包商负责对项目进行融资和施工。虽然项目的立项是由投资方负责,但是项目建议书和可行性研究报告可以委托承包商进行编写。项目的投资方在建设过程中全程参与,项目所属权并不发生转移。而在 BT 模式下,建设主体发生两次转移。

与"垫资承包"不同,F+EPC 模式强调项目融资与建设的整合,在源头对项目整体进行方案优化,合理设置设计、采购、施工各阶段的交叉及协调,发挥企业在融资、项目管理和技术创新方面的优势,顺利实现工程建设目标。合法合规推行 F+EPC 模式,能够严控政府债务,落实国家政策要求。

F+EPC 模式一般要求回购期为 5~10 年,且是设计、施工一体化,投资控制、质量控制和工期控制都因融资的约束及融资收益的逐利而得以强化。而相比 PPP 模式(一般是10 年以上),则具有项目合作周期短、资金回款快的优势(见表 2-6)。

表 2-6　F+EPC 模式与其他模式的对比

模式	人力资源	财力资源	风险	市场行情
EPC	设计/采购/施工	无资/垫资	取决于建设方支付情况,风险小,若建设方付款不及时可能产生垫资	成熟
F+EPC	设计/采购/施工/财务	融资	取决于前期融资谈判,如果采用项目融资模式,风险会降到最低	萌芽阶段
BOT/PPP	设计/采购/施工/财务/运营	融资	取决于前期融资谈判及后期运营效果,有一定风险	较为成熟
BT	设计/采购/施工/财务	融资	政府的债务偿还是否按合同约定	过时

2.5.1.3　存在问题

《政府投资条例》第二十二条规定,政府投资项目不得由施工单位垫资建设。而F+EPC模式中的融资比较容易与施工垫资混淆,在我国目前尚未有正式的 F+EPC 模式管理条例或相关的指引出台的情形下,容易造成实际操作过程中出现"违规风险",对F+EPC模式产生一定的避让心理。另外,由于没有明确的管理条例,F+EPC 模式运作过程中涉及的主要行业主管部门存在职责权不明确,这对于 F+EPC 模式运作和推广较为不利。

基于前述理由,在实行 F+EPC 模式时,应由项目法人提出,属地主管部门审核,属地政府在确认不增加政府债务的情况下批准许可。采用 F+EPC 模式时,可以要求融资方是总承包商中相对独立的一方,也可以约定由设计方作为融资方,避免与施工垫资混淆。最后,应选择有一定投资收益的项目推行 F+EPC 模式,以保证出资人的融资能够收回并取得一定的收益。

2.5.2　EPC+OM 模式

2.5.2.1　模式概述

《深圳市水务发展"十三五"规划》提出要创新投融资机制,开展政府和社会资本合作,通过特许经营、购买服务等方式,鼓励和引导社会资本参与。完善 BOT、TOT、BT、PPP 等水务投融资模式的配套政策,探索"F+EPC""EPC+OM"等新型投融资方式,适度提高社会投资比例。

EPC+OM(简称 EPCO)是 EPC(工程总承包)和 OM(委托运营)的打捆,是把项目的设计—采购—施工—运营等阶段整合后由一个承包商负责实施,而项目的决策和融资仍然由业主负责的项目建设管理模式。EPCO 模式通过将设计、施工和运营等环节集成,可以解决设计和施工脱节、建设和运营脱节的问题,强化运营责任主体,使得承包商在设计和施工阶段就必须考虑运营策划问题,通过 EPCO 模式实现建设运营一体化来实现项目全生命周期的高效管理。

项目采用 EPCO 模式可实现投资和建设运营的分离,项目资金筹措由政府通过专项债和市场化融资解决,建设运营由承包商和运营商负责实施,可以大幅度提高投资效率,促进设计、施工和运营各个环节的有效衔接。

EPCO 模式中的运营"O"模式主要有以下三种:

(1)直接运营。工程总承包单位直接负责竣工后的运营或运营维护工作。

(2)代融资+运营。工程总承包单位不仅负责项目建设,而且提供融资服务以及建成后的运营或运营维护服务。

(3)合作运营。工程总承包单位与业主合作,共同出资组建新的项目公司,并由新的项目公司负责竣工后运营或运营维护工作,建立伙伴关系、风险共担、利益共享,实现互利共赢。

2.5.2.2　模式特点

相对于 PPP 模式,EPCO 项目操作流程更灵活,在项目工程初设和设计阶段均可进行项目招标投标,有利于项目实施效率的提高。同时,由于 EPCO 项目全部由政府出资建设,参建的各单位只需满足相关资质和业绩要求即可,而无须考虑投融资问题。另外,政府投融资成本相比企业较低,也能够避免项目实施过程中资金缺口过大的情况出现。综上,EPCO 模式在项目立项层面具有较大的优势。

传统模式下项目需要设计完成后再进行项目招标投标工作,EPCO 模式下可以做到统筹项目全生命周期,边设计、边施工、边采购,由联合体牵头单位主导的项目全生命周期管理,从项目总体角度控制成本,又有利于缩短建设周期。

在当前体制机制下,为了项目预算书顺利完成批复,提高项目进度支付比例,EPCO 项目倾向于完成初步设计方案后再进行招标,这种情况下中标联合体只能够参与初步设计的优化,工程阶段的一些原则性的内容基本不能改变,这样就使设计单位从全生命周期高度参与项目的优势打了折扣。

第 3 章　我国水利工程建设管理的发展过程及现状

3.1　我国水利工程建设管理的历史沿革

3.1.1　计划经济时期

1961 年 4 月,国家计划委员会正式发出《关于成立基本建设指挥部》的通知,规定重点项目都要组织建设单位、设计单位、施工单位成立"基本建设指挥部",统一指挥重点项目的建设。因此,在该时期的大、中型水利建设项目(如南水北调工程)都组建了指挥部。

指挥部的主要负责人大多由当地党政领导干部担任,或由上级领导机关指派,然后从有关的政府职能部门、设计院、水利工程建设局(队)等中抽调一批技术与行政管理人员,组建水利工程建设指挥部,负责水利工程的建设,并在项目完工后,交予运行管理单位,由其负责运行与维护,而原建设指挥部则随即解散。

在该模式下,水利工程建设由政府系统内部的行政指令驱动,是一种是高度指令性、行政化的管理体制。这种相对封闭的模式往往造成水利工程建设过程中各方责任主体的"权、责、利"不清,以及各方主体间"政、事、企"不分。其虽然在一定程度上体现了计划经济体制下"集中力量办大事"的优势,但也导致水利工程进度、投资、质量不能满足设计要求,投资效益不能及时发挥等问题。

随着市场机制的逐步完善,指挥部的职能范围逐步在减小,能放手给市场管理的部分不再管,更多专注于当前体制中市场难以处理的问题。运作机制方面从政府直接实施、组织、管理,向中央顶层决策、政府行政协调、充分运用市场机制转变,运作方式随着工程建设管理体制的逐步完善而日益规范。

总体来看,指挥部是为组织协调某项建设工程而设置的临时议事协调机构,并且指挥部常常与重点建设项目联系在一起,发挥跨部门的议事协调作用。从中华人民共和国成立初到目前为止,指挥部仍然在重大工程的建设中发挥着重要作用。

3.1.2　改革开放初期到党的十八大之前

改革开放后我国的水利工程管理体经历了三次大的转变:

1984 年 10 月,党的十二届三中全会通过了《中共中央关于经济体制改革的决定》,明确提出实行政企职责分开,正确发挥政府机构管理经济的职能。在这个阶段,我国确定了水利工程项目管理的建设管理模式,明确了政府、水利工程项目的关系,试行通过招标选择施工单位承建工程。该阶段的标志性项目为使用世界银行贷款的云南鲁布革水电站建设项目,该项目采用了国际招标选择施工单位。

　　1993 年 11 月,党的十四届三中全会通过了《中共中央关于建立社会主义市场经济体制若干问题的决定》,提出深化投资体制改革,要求"企业法人对筹划、筹资、建设直至生产经营、归还贷款本息以及资产保值增值全过程负责"。在这个阶段,我国确定了水利工程项目法人责任制的建设管理模式,明确了政府、水利工程项目法人、水利工程项目、市场主体之间的关系,引入了建设监理制度,推进了招标投标制度。

　　1999 年 8 月,《中华人民共和国招标投标法》颁布实施,建立了水利建设市场准入制度,进一步完善了水利工程项目法人责任制的建设管理模式。

　　2003 年 10 月,党的十六届三中全会通过了《关于完善社会主义市场经济体制若干问题的决定》,提出"健全政府投资决策和项目法人约束机制。国家主要通过规划和政策指导、信息发布以及规范市场准入,引导社会投资方向,抑制无序竞争和盲目重复建设"。在这个阶段,进一步明确了中央政府、地方政府、水利工程项目法人、水利工程项目、市场主体之间的关系,在水利工程项目法人责任制的基础上,实行了政府投资为主体地位的水利工程项目法人的审批制度。

3.1.3　全面深化改革时期

　　2013 年 11 月,党的十八届三中全会通过了《中共中央关于全面深化改革的若干重大问题的决定》,提出:深化投资体制改革,确定企业投资主体地位……必须切实转变政府职能,深化行政体制改革,创新行政管理方式。水利部从具体的水利工程建设管理事务中彻底解放出来,转变为水利建设市场秩序和水利工程公共安全利益的维护者,以加强宏观调控。而地方水行政主管部门则逐渐减少对水利工程的参与程度,降低责任风险,转变到为水利工程筹措资金、推进征地拆迁移民安置、维护良好的工程建设外部环境。

　　2014 年 11 月 26 日,国务院发布的《国务院关于创新重点领域投融资机制鼓励社会投资的指导意见》提出:培育水利工程多元化投资主体……鼓励社会资本以特许经营、参股控股等多种形式参与具有一定收益的节水供水重大水利工程建设运营。社会资本愿意投入的重大水利工程,要积极鼓励社会资本投资建设。水利投资的多元化尤其是社会资本的参与,对以政府投资为主体地位的水利工程项目法人责任制的建设管理模式提出了挑战。

　　全面深化改革阶段对于工程项目发承包模式、投融资模式也提出了新的要求。水利工程项目法人的组建已不再是一个行政流程,而是一个自发的市场行为。考虑到部分水利工程较强的公益属性,当市场机制无法对这类资源进行有效配置时,也需要借助政府这只"看得见的手"进行补充。

3.2　国外水利工程建设管理对我国的启示

3.2.1　国际典型调水工程建设管理模式

3.2.1.1　美国水利工程建设管理体制

　　美国是联邦制国家,水资源属州所有,联邦政府没有统一的水资源管理法律,管理行为以州立法和州际协议为准绳。对于跨流域调水工程的建设和管理,联邦级的跨流域调水工程主要是通过联邦保留权或联邦特权与州政府协商达成,此外,联邦政府可以协调制定并监督执行跨州级调水工程。由于联邦政府没有统一的水资源管理法律,联邦级的跨流域调水工程管理通常需要制定专门的法律。美国以州内跨流域调水工程居多,许多州都制定了专门的跨流域调水管理法令,对州内跨流域调水进行统一管理,联邦政府对这些调水工程的管理基本上没有控制权。联邦政府主要负责制定水资源管理的总体政策和规章,由州负责实施。

美国虽然是市场经济国家,但在水利建设上体现了很强的政府行为,国家在大型水利建设上实行了垄断性经营管理。另外,每项联邦政府或州政府投资建设的工程都有一部相应的具体法案。从调水工程的立项、确定投资规模到项目施工管理,从水量分配、投资到工程质量标准,从工程良性运行管理机制到建成后的效益发挥,以及工程投资的偿还等都严格按照有关法规进行。在工程建设中,凡涉及社会和环境问题,上下游之间、左右岸之间、调出和调入地区之间、各州之间利益冲突和矛盾等问题,先由联邦政府进行协调,若长期协调不了,最终将动用国家机器,由联邦高级法院做出判决。

虽然水资源的开发利用工程一般都具有综合效益,但与其他基础设施和基础产业相比,社会效益和环境效益明显,经济效益相对较低。为此,美国政府对这类工程在基建投资的安排上给予了很多优惠。这是美国调水工程建设的一个特点,也是保证工程立项审批、施工建设顺利进行和正常管理运行的重要因素之一。工程建设资金来源渠道主要有以下两个:

一是联邦政府提供拨款和长期低息贷款。在具体实施中,联邦政府对防洪、环境保护和印第安人保护区的工程,给拨款投资;而对有经济收益的灌溉、供水和水力发电工程,政府给予 50 年的低息贷款,一般年利率在 3%~4%,建设期免还本息,灌溉工程只还本不付息。

二是发行建设债券。这是美国长距离调水工程的主要集资方式之一,购买此类债券所得收入免交各种税费。例如,加利福尼亚州政府于 1960 年发行公债 17.5 亿美元,使加利福尼亚州调水工程正式开工,并于 1962 年开始局部供水,1973 年建成第一期工程。中央河谷工程结合水库建设修建了许多水电站,在 1969 年时装机总容量为 132.2 万 kW。这些电站所发电能约有 1/3 用于泵站扬水,其余并入电网销售。水电收入也是偿还工程投资的重要来源。加利福尼亚州调水工程除防洪及旅游事业投资由政府负担外,其余投资由用水受益人负责偿还。

3.2.1.2 日本水利工程建设管理体制

日本以流域水资源管理体制为主,采取分部门管理和集中协调的水资源管理体制。日本一直把水利工程建设作为国家公益事业的重要组成部分,按照政府赋予的各项职责,农林水产省、建设省、通商产业省、国土厅等职能部门进行水利工程的开发和管理工作。日本将河流分为一级河流和二级河流,国土交通省大臣委托给督道府县知事管理,河川管理者负责河流上水利工程的建设和管理。按照一般原则,一级河流的建设管理的费用由国家承担,二级河流的建设和管理由都道府县承担,在进行管理和维修的时候,国家会相应的给予补助,除少数民族外,补助的比例不超过 50%。

3.2.1.3　以色列水利工程建设管理体制

以色列 60% 的国土是沙漠,千百年来都缺水,旱灾是常见现象。以色列在 1939 年就开始制订国家水务计划。

在水资源开发方面,以色列实行集权管理,实行国家统一开发利用水资源的政策,用水计划是根据每年的降水量、种植面积等因素由水利委员会统一分配。由于土质原因,以色列大部分地区持水力较弱,所以以色列实现了国家输水管道工程,这在一定程度上减少了输水过程中水量损失。

由于水资源短缺,以色列在调水工程建设外,也非常重视改进用水效率和科学创新,包括污水处理再利用、海水淡化技术、计算机实时控制滴灌、远程监控水质、微型水电发电机等。

3.2.2　国际工程建管模式的经验借鉴

在工程管理方面,由于各国管理体系的权能不同,工程建设及运营方式各有不同,本书选取几个具有代表性的国外调水工程案例进行描述。

3.2.2.1　美国加利福尼亚州调水工程

该工程于 1957 年动工,1973 年主体工程建成。1990 年,工程达到设计输水能力,工程建设总投资 50 亿美元。工程建设和运营管理单位为加利福尼亚州水资源管理局(主体工程)和用水户联合会(配套工程)。

该工程建设运营管理的特点是政府不直接介入工程建设,一切均由建设单位按法律操作。总干渠以下的配套工程由用水户自建。在受水区,大量分散的用水户自行组成了 29 个用水户联合会。每个联合会都是一个经济实体,负责各自范围内的配套工程建设和维护、计收水费,有一整套管理运行的机构。无论是工程建设阶段,还是运行阶段,加利福尼亚州水资源局均只与用水联合会打交道。

加利福尼亚州水资源管理局负责并管理工程的建设阶段和运行阶段。其配套设施相当完善,拥有最先进的 SCADA 水信息监控与数据采集计算机自动化技术对工程的运行进行监控,地方供水公司与干线调水公司的买卖水关系处理得当,在运营上还推行"水银行"制度,很好地解决了跨流域调水工程信息集成问题。

3.2.2.2　澳大利亚雪山工程

澳大利亚雪山工程是世界上比较著名的跨流域调水工程,该工程于 1949 年开工建设,从 1955 年开始就有单项工程投入运行,1974 年所有工程全部竣工运行,历时 25 年。雪山工程是一项跨州的调水工程,早在工程规划阶段就由联邦政府、新南威尔士州政府和维多利亚州政府三方共同签订协议组建了雪山委员会,并成立了雪山工程管理局,具体负责雪山调水工程规划、设计与施工,以及制定水量分配、电价、运行管理及流域保护等方面的章程。工程建成后,主要由雪山委员会负责运行管理,该委员会由来自联邦政府、两个相关州、雪山工程管理局的水利和电力专家组成。

工程建设单位为雪山工程管理局(1949 年),工程运营管理单位为雪山委员会(1974年)和雪山工程管理局。2002 年 6 月,澳大利亚国会和相关各州议会立法通过将雪山工程管理局改制为股份有限公司,由联邦及相关各州政府控股,实行股份制运作、企业化管理,实现了所有权与经营权分离,提高了企业和资本的运作效率,理顺了投资各方的产权关系和雪山工程公司与用水户的关系,保障了所有者的权益。该工程为解决如何提高运营单位运作效率,为运营单位准市场运作,提高工程利用率,发挥工程的综合利用效益提供了很好的示范。

3.2.2.3　以色列北水南调工程

以色列北水南调工程于1953年开工,1964年完工。其起始水源地位于以色列东北部的太巴列湖,直达内格夫沙漠。该工程由以色列塔哈尔公司设计,麦克洛公司负责建设和管理,该公司具有行政职能,工作范围涵盖了水资源的开发利用和管理各个方面,作为国有公司,麦克洛公司在政府的监督下独立运作,但附属于基础设施部和财政部。在财政方面,麦克洛公司约占以色列水务开支的80%。

工程建设和运营管理单位均为麦克洛公司。以色列北水南调工程主要由麦克洛公司负责,该国的主要水务都由该公司管理。该工程可以作为世界节水最成功地区的水资源管理模式,其调水工程"建运一体化"运营模式值得借鉴。

3.2.2.4　巴基斯坦西水东调工程

为开发利用印度河水资源和水电资源,发展经济,巴基斯坦政府于1958年仿照美国模式创建了国家水电总局(WAPDA),是半自治实体,全面负责发电、灌溉、供水、防洪、流域管理、内河航运、大型水利水电开发项目等水利水电事业的调查、规划、设计、建设与管理等。该国西水东调工程1960年开始,1977年基本完成,其建设与管理也归WAPDA负责。

巴基斯坦西水东调工程由国家水电总局(WAPDA)全面负责建设与经营,并在建设过程中能大量吸收国外先进技术与经验,使其大型工程施工水平有了很大的提高,并解决了"建—运"信息失真和信息损耗问题。

3.2.2.5　南非莱索托高原调水工程

南非莱索托高原调水工程是南非和莱索托合作的跨国工程,于1991年开工,2004年3月竣工。南非政府设立了中央直属的兰德水公司,直接从事水资源管理的事务,其中包括莱索托高原调水工程的建设与管理。莱索托境内全部水利工程基本上由南非投资建设,供给南非的水源全部由南非支付经费。兰德水公司作为中央直属的城市水务管理机构,主要职能除制定供水规划、兴建水利工程、保证供水外,还有一项突出的任务是协调南非和莱索托两国之间的水资源配置,并在其中发挥着积极作用。

南非莱索托高原调水工程的建设与管理在南非方面主要由兰德水公司负责,并且兰德水公司实行的是"建设—管理—供水"一体化经营模式。该工程为较发达国家集中式的水务制度及其"建运一体化"的调水工程运营管理模式提供了很好的参考。

3.3　我国水利工程建设管理的现状及存在的问题

从水利工程建设管理的发展现状来看,我国水利工程建设得到了国家政策和专项资金的大力扶持,水利工程的建设脚步逐渐加快,呈现"遍地开花"的局面。但是在水利工程的建设与管理中也存在各种问题亟须解决,包括以下几种。

3.3.1　法律、法规不健全

目前,关于水利工程建设的一些法律、法规还不健全,尤其在质量监督方面,难以发挥应有的效力,有些地方的水利工程建设质量监督不到位,执法不力;有些地方的工程质量检测机制不完善,质量评定不够权威,评定结果缺乏科学依据。

3.3.2　建设资金到位难

水利工程往往投资较大,大多数水利工程项目建设资金来源于中央、地方的配套资金,或通过 BOT、PPP 等模式引入社会资本。从当前实际情况来看,部分地方存在自筹资金不到位,或者对下拨资金使用不规范的现象;而水利项目由于其公益性的特点对社会资本吸引力偏弱,部分社会资本方也存在融资能力不足或融资到位不及时,很大程度上影响了工程建设进度和工程质量,甚至造成工程烂尾。

3.3.3　工程立项不规范

水利工程建设涉及的方面较多,立项时需要考虑自然、政治、环境、社会、经济等多方面因素。但部分地方盲目追求"大项目",未经过充分评估和调研,可行性研究报告流于形式,导致水利工程建设缺乏科学性,造成投资浪费。

3.3.4　招标管理不规范

部分水利工程项目在招标投标过程中,相关责任约定不清晰、招标程序不规范、招标资质审验不到位,部分建设单位甚至为了减少成本,委托资质较低的单位代理甚至没有资质的单位代理进行招标投标,使一些资质不达标的施工单位或者设计单位参与到工程建设中,导致在后期的项目施工中出现工程质量问题和安全隐患。

3.3.5　专业技术力量不足,专业管理能力缺乏

部分建设单位专业技术人员紧缺,存在管理人员配置不到位的现象;而部分建设单位未及时进行专业培训和技术引进,缺乏必要的工程管理专业能力和经验。

3.3.6　分工不明,权责不清

部分水利工程的建设项目法人组建不规范,有些工程甚至未组建项目法人,使得工程在实施过程中出现较多问题。而在工程建设管理过程中,一些机构的权责划分不清,多个部门共同管理一个项目的现象较多,一旦出现问题,多个部门往往相互推诿。而在委托专业的管理机构进行项目管理时,也可能出现权利和责任无法落实的情况。

3.3.7　信息化管理水平低

与其他行业相比,水利行业的信息化水平相对较低,项目的管理者缺乏信息化管理意识和管理理念,在实际的管理过程中信息化往往也流于形式。

3.3.8　缺乏创新机制

　　水利行业高精尖专业人才的缺乏,也导致我国水利工程管理的模式传统和老旧,缺乏创新。另外,由于基层水利服务机构一般都设立在各乡(镇),在县水务局和各乡(镇)的指导下工作,而地方在落实中央和省市的水利政策时,往往存在地方保护政策,造成最新的水利政策难以实施。

第 4 章　调水工程项目的特点分析

调水工程特别是长距离调水工程的规模较大,通常是跨流域跨地区修建,且不同地区、不同流域的地形、地质条件较为复杂,这就使调水工程建设管理的难度加大,运作的过程面临的风险也较复杂。通常,调水工程也可以被抽象地看作一个线性的串联系统,工程中的任何一部分出现问题都会对整个工程造成不利影响。工程项目建设实施过程中的人员、材料、技术、环境等因素都会随着调水工程线性长度的增加而不断变化,从而增加了工程项目的复杂性。因此,长距离调水工程项目的建设、实施、运作是一个复杂的过程。

4.1　调水工程项目特点

调水工程是一项调水距离相对较远、调水流量相对较大、调水历时相对较长的大型工程。调水工程通常需要连接远距离的水源和用水地,将水资源从丰富的地区转移到缺水的地区,大量的水资源需要从源头输送到需要的地方,这需要可靠和高效的输送及分配系统。因此,设计和建设需要考虑复杂的地理条件及环境因素。调水工程通常需要跨越山区、河流和大片平原等不同类型的地形,因此需要各种类型的结构和技术来实现。调水工程需要包括多个领域的技术,如水利工程、土木工程、机械工程、电气工程和自动控制等,需要集成这些技术来实现项目目标。另外,调水工程通常需要耗费巨额的资金和时间,在建设期间需要保证材料、设备和劳动力供应的稳定性。

4.1.1　调水工程自身特点

4.1.1.1　跨地区性

长距离调水工程基本为线性工程,工程涉及多个地区及流域。要实现水资源的合理统筹及再分配,则对各个地区及流域的水资源分布情况和供需状况进行准确、科学的评估就显得非常重要。同时,还要对各地区进行科学的规划与管理,妥善处理各种冲突及利益纠纷。

4.1.1.2　多目标性

大多数长距离调水工程并不是单一的作用而是集多种用途于一体的综合水资源开发利用项目,如供水、发电、防洪、灌溉、航运、旅游、养殖、改善环境等。工程若要实现社会经济效益最大化以及生态环境负效益最小化,需妥善处理目标与目标之间的水量分配冲突与矛盾。

4.1.1.3　水资源空间地域分布的差异性

我国水资源空间地域分布不均匀的特性导致了我国水资源供给的不平衡。所以,应充分了解我国现阶段水资源在空间地域分布上的差异性并在此基础上统一规划调配各省市、各流域的外调水、地表水、地下水等多种水资源,从而提高调水工程的水资源利用率,缓解由于水资源地域分布不均匀而导致的水资源紧缺问题。

4.1.1.4　利益主体的复杂性

调水工程的建设与运营涵盖了社会以及经济的众多方面,其利益相关者繁多且关系错综复杂。基于利益相关者这一理论,将利益相关者分为两类:直接利益相关者与间接利益相关者。调水工程中多而复杂的利益主体关系,导致这些利益主体间常常因利益而发生争执与矛盾。

4.1.1.5　投资运行费用高

调水工程的规模较大,线性跨度较长,所需的输调水水利工程建筑物以及机械设施种类繁多,数量较多,所需投资费用高,并且为满足调水工程的多目标所需的运行控制费用也较高。

4.1.1.6　不确定性

由于长距离调水工程的规模较大,建设期较长,相比于一般水利工程,调水工程在组织决策、管理等方面的不确定性更高,由此带来的风险也更高,影响也更大。

综上所述,调水工程规模庞大、涉及范围广、建设时间长、投资大,是一项多目标开发利用工程且涵盖的空间尺度极度广泛。调水工程要实现自身的经济效益、社会效益以及生态环境效益的最大化,必须对工程多方面实施统一规划、综合协调、合理及科学的评价与管理,如工程涉及的社会、政治、经济、文化、科技、民生以及生态环境等方面。同时,调水工程能很好地缓解我国水资源空间地域上分布不均匀的状况,实现水土资源合理配置,从而为满足人口增长以及社会经济发展提供所需要的高质量的水资源,以更好地促进经济的发展及人们生活水平的提高。

4.1.2　调水工程实施特点

调水工程项目除具有一般基建项目周期长、投入大、工序多等特点外,自身还存在以下特点:

(1)调水工程施工涉及区域广、线路长,且涉及各类水域,应对工程实施所处环境的需求、地基选取的需求以及水流环境所处的自然条件进行深入了解,以便于施工导流、截流和水下作业等工作能顺利开展。

(2)调水工程具有较强的季节性,需要合理并充分地利用环境处于枯水期施工,对环境具有较高的要求。受到气候、水文、地质的影响,部分工程还要运用温度控制方式,克服施工中的度汛、防洪存在的困难。

(3)调水工程一般规模较大,技术复杂,在实施中经常存在着平行或交叉进行的高空、地下、爆破、水上和水下等作业,施工作业的安全风险较高。

(4)调水工程的水源地与受水区的河、库降雨径流的时空量上往往存在差异,为实现科学合理江库联网联合调度,需要展开大范围、跨流域的深入调研。

(5)调水工程中的水库工程有挡、蓄、泄水的任务,对水工建筑物自身存在的耐磨性能、稳定性能、防渗性能、承压性能、抗裂性能、抗冲性能、抗冻性能等多个方面的功能都有较为特殊且较高的要求,工程质量控制的挑战性大。

（6）调水工程的供水沿线建（构）筑物包括明渠、管道、倒虹吸、渡槽、隧洞等多种类型，工程建设全面感知和管理难度大。

（7）调水工程采用深埋盾构等方式进行地下施工时，还面临着工程沿线地质复杂多变的风险，如存在断裂带、突泥涌水、高地应力、岩爆等。长距离隧洞施工地质超前预报、通风、物料运输和安全保障难度大，隧洞掘进与同步衬砌施工干扰大。

4.2　调水工程风险分析

4.2.1　项目资金风险

4.2.1.1　资金来源风险

调水工程建设需要大量的资金投入，当前地方政府普遍面临财政收入短缺的困境，面临一定的成本风险，如果采取合作开发的方式来进行建设，又会造成未来的收益分割等方面的风险。若不能确保资金充足，可能会出现施工进度款不能及时支付，对整个工程项目产生负面影响。

水利工程是政府部门向国家提供的公共物品，大都投资巨大、工期长，而公共物品的一个显著特征就是非竞争性。在我国，对于一些公益性非经营性水利项目，我国现有的水利政策缺少吸引私人资本参与的空间，限制了私人资本参与的积极性，也不利于水利项目通过资本的积累获得可持续发展。

4.2.1.2　投资回报风险

调水工程由于前期投资大且建设周期内的通货膨胀、汇率调整都会让工程的资金需求产生波动。当前国内经济面临下行压力较大，工程完工投产后的收入水平存在一定的不确定性，造成与预期收益产生偏差，给工程建设带来不良后果。

4.2.1.3　投资浪费风险

采用政府财政投资的水利工程项目，其建设和管理以政府的行政事业化管理为主，缺乏有效的监督管理机制以及投入产出和成本效益核算机制，从而使得水利工程项目，尤其是一些大型的水利水电项目成本高、投资浪费大、建设资金使用效率低下。

4.2.2　项目设计风险

设计风险是指由于设计、设计深度、设计人员等方面的因素造成工程设计方面的风险。水利工程的设计风险涉及选址风险、工程地质勘测风险、水文调查分析风险以及设计质量等。

4.2.2.1　图纸供应不及时

按照工程建设进度要求，及时提供相对完整配套、正确的施工图纸及工程变更图纸，是保证工程建设进度如期顺利进行的基础。若在合理时间内不能提供施工图纸及工程变更图纸，或者提供图纸不连续、相互不配套、错误百出，施工就缺乏依据和方向，则打乱工程施工计划，造成工期延误。

4.2.2.2　工程设计错误或缺陷

设计中采用不成熟的技术方案失当,设计中出现错、漏、补等问题,勘测设计工作不详细,特别是地质资料错误而引起的未能预料的技术障碍,都会给施工带来很多障碍和困难。

4.2.2.3　设计变更过于频繁

图纸设计不合理会造成大量设计变更,另外,即便工程设计已经进行过严格审核,施工过程中仍可能存在因气候变化、水文地质变化等无法避免的因素而造成的施工设计和方案变更,在对施工设计方案进行修改的过程中,产生的误差及偏差都会带来工程投资变化的风险。

4.2.3　项目成本风险

4.2.3.1　决策和设计成本风险

调水工程多为政府投资项目,项目建议书阶段估算、可行性研究阶段估算、初步设计阶段概算的浮动范围都有严格的要求,如果未能在项目决策期做出细致的成本风险分析,很可能导致建设实施阶段实际产生的投资不足或者过大。

4.2.3.2　移民征地成本风险

征地移民安置是调水工程全生命周期成本的重要组成部分,现有的调水工程投资虽然少有超概算情况发生,但由于其时间跨度长,经常会出现移民投资超概算很多,在动用预备费的情况下仍不满足条件,最后不得不调整概算的情况。

4.2.3.3　施工组织成本风险

由于调水工程的关键节点相互衔接,很多工程都无法提前或推后,如水利枢纽工程的施工道路、导流洞开挖、导截流、下闸蓄水、正常蓄水位运行等均是前一项工作做完下一项工作才能开始。这就使得调水工程在建设实施期一旦发生成本风险,就会牵一发而动全身,造成全生命周期成本风险提升或工期的大幅拖延,甚至需要调整概算。

4.2.3.4　施工人员成本风险

调水工程对施工人员的素质要求较高,特别是项目设计和有关特种作业人员,必须经过专业培训和考试后才能持证上岗。另外,调水工程也需要大量专业人员进行管理工作。在当前形势下,专业人才供不应求,人员成本也逐年攀升。

4.2.3.5　材料设备成本风险

伴随着水利行业快速发展以及工业水准的提升,行业技术标准也在不断提高,调水工程对于建设所需要材料、设备提出了更高要求,要求安全性更好、耐用功能性较强等。此外,通货膨胀带来的物价不断上涨,都使得材料和设备成本不断增长。

4.2.4　项目进度风险

与其他项目工程相比,水利工程项目施工过程中,较便利的施工时间较短,同时考虑到建设单位自身的经济利益和社会效益,真正施工时间可能大幅缩短,使得项目的进度风险成为不可忽略的因素。

4.2.4.1　自然环境恶劣

现场恶劣的施工条件、极端天气状况、洪水地震灾害、地质不稳定等因素,均可能对工程进度产生较大影响。

4.2.4.2　前期准备工作不足

一些水利临时工程设施的前期准备工作,比如施工便道、施工导流工程等,如果做得不够到位,不能满足下一步施工需求,很可能会使整个水利工程进度受到阻碍。特别是每年的 4 月 15 日至 10 月 15 日长达半年的汛期雨水天气的影响,很可能会使水利工程基础如堤防基础、水闸底部基础等分部工程不能及时完工,从而导致整体项目进一步推延。

4.2.4.3　资金保障不足

项目建设初期,需动用大量的流动资金用于征地移民、材料采购、设备订购与加工以及临时工作和其他准备工作,如果资金不足,必然会影响到施工任务计划完成的进度。在项目建设过程中,如果建设单位不能按期支付工程价款,也会造成施工资金短缺,影响项目施工进度。

4.2.4.4　内部进度管理不力

施工单位施工技术经验不足、现场施工管理不力;设计单位设计错误或缺陷、图纸供应不及时、技术规程不规范、设计变更过于频繁、地质勘探深度不足;建设单位未及时提供施工场地、频繁提出设计变更、工程款项支付不及时、组织协调能力不足;监理单位对工期认识不足、监理技术和手段落后、与施工方和业主方沟通不当、工作权责及监督检查不到位等。

4.2.5　项目质量风险

水利工程常见质量风险包括以下几方面:

(1)项目法人质量控制不力。包括项目法人质量管理责任落实不到位,对参建各方监管不足;质量管理制度不够完善,抓落实的力度不够等。

(2)设计单位质量控制不力。包括设计代表常驻工地指导现场施工不能贯彻始终;工程设计变更程序不规范、设计图纸和技术要求提供不及时等。

(3)施工单位质量控制不力。包括施工单位质量保证体系不完善,质量管理制度不健全,抓落实的力度不够;现场管理人员不足,存在与投标文件不相符的现象,甚至存在无证上岗现象;"三检制"落实不能善始善终,过程控制不严格,施工过程和施工记录无可追溯性;单元工程质量评定与工程施工不同步、质检表格填写不规范;施工技术措施不细、不具体,可操作性不强,新技术、新工艺未进行工艺性生产试验;为节约成本违背既定的施工标准,选择粗制滥造的材料,使质量目标难以达成;出于利益驱动,将主体工程"隐形转包"于没有同类资质的单位或个人,导致所建工程存在潜在的质量隐患等。

(4)监理单位质量控制不力。包括投入施工现场的监理人员数量不足,人员资质和素质与投标文件的要求不符,有时还存在无证上岗的情况;监理规划编制不规范,监理实施细则针对性不强,质量控制措施不具体,监管不到位;旁站监理不能善终;没有按规范要求进行平行检测,甚至存在漏项和频次不够等现象;单元工程质量评定不规范、数据不真实;未认真做好单项工程、分部工程及隐蔽工程的检查监督和质量验收等。

4.2.6 项目安全风险

4.2.6.1 安全措施风险

安全措施风险是指在施工过程中,由于安全措施不当引发的风险,设备、材料、施工用具等都会引发安全风险。该风险由两个因素造成:一是环境因素,水利工程项目建设中,水利工程施工方会进行现场考察,分析前期设计单位出具的设计方案是否可行,以此来减少现场环境对正常程序施工造成影响,例如现场条件是否支持设备安装、线路设备布置是否存在困难、材料石渣等进出道路设置等是否符合安全规范,避免造成损失。此外,施工企业还需要专门组织人员指导做好极端天气(如汛期)下施工应急处理措施,减少该环境下对设备、材料以及其他设施的影响,以免酿成损失。二是操作使用不当,是指水利施工过程中,因为错误操作或使用致使设备出现损坏以及对已施工断面进行破坏。水利扩建项目中涉及水利项目,设备造价昂贵、维修成本较大,费用占比较大。此外,水利扩建工程都是独一无二的,每个工程安装材料和设备不一,所以需要预留一点时间进行设备生产。其整个过程中涉及部分高技术含量或高价值设备,所以一旦出现损坏不仅造成损失,对工程进度也会产生严重影响。

4.2.6.2 人员安全风险

在所有工程建设中,应将人员安全放在首位。一旦项目施工过程中出现人员伤亡,对工程进度会产生一定的影响,对客户、建设单位等所有参与单位都会产生一定的影响。该风险也可被分成两类:一类是现场人员安全。水利扩建工程施工过程中参与人员较多,混乱产生较为容易。此外,施工队伍中人员素质水平不一,这对安全管理形成一定困难。所以,供电公司需要组建专门的安全小组监督施工单位现场安全工作,施工过程中,所有人员均需佩戴安全帽,还需要设置必要的防护措施,配备相应的防护器材,以保障施工人员安全,减少摔伤、触电等一系列安全事件。二是周边人员安全。这里涉及的周边人员是指与水利扩建项目无关的施工人员,例如附近住户、路人等。保障这类人员安全,也有利于项目正常开展。项目建设要严格按照相关要求开展安全设置,遵守施工要求,要做好施工人员和周边人员安全防护。此外,还需注意因施工产生的噪声、粉尘等对周边环境以及人员造成的影响,避免周边人员因为环境变化妨碍工程建设。

4.2.6.3 紧急状况安全

不可抗拒力、设备运行、资源保障等有可能引发突发性事故。例如,2015年某水利工程因为使用的是单电源供电,因考虑到使用需求无法达到要求而被终止供电,使得整个工期被延后,大量工作受到影响。这些突发事故都会对工程的施工过程的安全带来潜在的威胁。另外,大型事故的发生往往来自工作人员的疏忽大意,如果能够严格按照规章制度进行管理和细节把控,那么风险的概率将得到有效控制。因此,对相关责任人的权责意识进行教育加强,让每个人认识到安全问题的重要性,可以减少不当操作方式导致的人员伤害。由于项目可能会面临着各种各样突发的事件,项目的经验管理比较有限,很有可能会面对应对策略的风险。

4.2.7 项目技术风险

4.2.7.1 方案技术风险

方案技术风险包括总规划设计风险、规划设计风险等,是指水利工程建设因为工程涉及项目设计方案存在缺陷酿成的风险。因为水利施工方案只是一个原始草稿,并没有进行实际操作论证,可行性没有得到验证或者是方案存在缺陷、错误都会给整个工程造成重大损失。方案应当涵盖下列内容:水文基本情况,包含设计洪水情况以及验证洪水、水情测报等内容;工程地质情况,包含天然建筑材料相关参数,细化各项目选址、厂址处地质条件分析及相关内容;工程布置及建筑物相关情况,施工组织设计,包含材料选择与开采、施工过程施工导流方案等内容;施工总进度计划,包含施工进度计划以及施工关键时间节点、在该节点上可能会出现的技术难题等。

4.2.7.2 工程技术风险

工程技术风险包括设备技术风险、施工建筑技术等。水利工程建设项目规模体量大,这些因素决定了目标任务的困难度较高,需要有较好的技术保障。目前,已经有很多专家学者对风险经验进行了总结,比如在质监风险方面,有大量文献指出:质监过程中如果发生领导层面上的错误决策、指挥,会给项目后续建设带来困难。比如前期部分决策中对资金因素考虑不够周全,没有根据项目实际情况缩减整个项目的建设投资,导致最后因为体量问题失去竞争力,丧失了重要的经济效益,最终资金投入无法取得回报。而有的项目决策恰恰相反,因为不缺少项目资金,从而对项目盲目"上马"、盲目扩建,导致超过市场需求,造成产能浪费,最终也会导致成本无法回收。水利工程作为重要的民生工程,部分大型水利工程的具体建设需要征地拆迁,例如三峡工程,在征地拆迁当中是否征集了民意,水利工程施工是否会带来一定的噪声污染等,这些是否会引发群体性事件冲突,是否对社会稳定风险进行了充分的评估等,都是后续影响所需要着重关注的方面。

4.2.8 施工环境风险

4.2.8.1 工地环境风险

环境包括两个方面:一是项目施工环境,二是作业环境。比如,施工单位没有遵守相关操作准则对施工场地进行合理划分,水利相关设备和有毒、易燃易爆物品存储在一起,并没有严格按照规范进行管理,存储条件不符合要求等,均会对施工现场产生隐患。此外,作业环境还涉及作业空间、高空作业或者是极端天气环境下作业等,在施工环境层面存在着诸多隐患点,一旦引发风险会造成严重事故,酿成重大损失,需要制订行之有效的管理应急方案或安全标准等。

4.2.8.2 配套道路环境方面风险

配套道路环境方面风险指施工需要临时占地或者永久性占地时,涉及手续在实际建设过程中占地问题并没有得到完整解决就开始建设施工,最终因为产权和占地问题产生纠纷,阻碍工程建设开展。

4.2.8.3 周边居民风险

周围民众对水利项目建设态度也会对项目建设产生必要影响。在项目建设过程中,民众一旦认为水利施工会影响周边居民房屋结构安全,损害财产安全,便会妨碍项目建设,此前曾出现过类似案例。

4.2.9 项目组织风险

在水利工程投资建设的过程中,如果工程施工组织管理不到位,则会产生材料供应缺失、施工质量不达标、施工人员协调组织欠缺合理性等影响工程施工进度、施工质量及投资成本的风险。

4.2.9.1 项目招标风险

招标过程决定了选择承包商、监理方、供应商,只有良好的工程施工队伍、设备制造厂家等,才可以保证以较好的质量、较短的工期、较低的价格完成项目建设,从而使工程项目整体达到最优。通常情况下,工程招标文件一般由设计单位负责起草,但也有不少合同是由业主根据政府规定的格式拟订。即便是国际通用的合同条款都难免有不严谨或漏洞之处,实施过程中又常常发生不少超出预见的情况。

4.2.9.2 工程建设手续不完备

首先,在许多大型建设工程建设中会存在相关证件获批不完整的情况。按照相关程序和规定,在水利工程施工前需要有以下证件的准备:"国有土地使用证""建设工程规划许可证""建设用地规划许可证""建筑工程施工许可证"。需要注意的是,这几个证件的办理顺序,如果越过前一个是没法达到下一证件的要求条件的。因此,办理过程中要按照相关规定一步步解决相关问题,提供对应的资质,以保障后续施工进程的顺利进行,不会因为证件不足而使工期延误,最终产生经济损失。

4.2.9.3 施工场地未及时提供

业主应提供的场地条件不能及时或不能正常满足工程需要,如施工临时占地申请手续未及时办妥等或是工程用地征收受阻。移民征地作为业主向承包商提供及时开始的施工,对工程的投资、进度有重要的影响,征地、移民本身涉及大量的费用,如征地费、移民费等,征地移民费用的增加意味着工程投资增加,投资风险变大。同时,征地、移民的顺利与否直接影响到工程能否按期开工以及中途的施工,影响工程的进度。在很多工程项目的建设中,移民征地往往遇到大量的棘手问题,并且很容易导致投资增加、工程延期。

4.2.9.4 施工组织风险

施工组织风险包括施工组织计划不当导致停工待料和相关作业脱节,施工方案不当造成施工工序安排不合理、施工缺乏效率,施工人员缺乏培训导致相应工种不熟练,机械设备落后导致生产效率低,施工管理制度不完善导致信息沟通存在障碍和断裂,项目分包划分不合理导致出现不必要的交叉混乱等。

4.2.10 自然风险

自然风险是指工程项目所在地区客观存在的恶劣自然条件、工程实施期间可能碰上的恶劣气候、工程项目所在地的周围环境和恶劣的现场条件等因素可能给项目施工进度等正常进行构成的威胁和影响。

(1)不利的气象条件。是指偶尔突发的超出正常规律的气候变化,如长时间的暴雨、台风、暴风雪、冰雹、沙尘暴、酷暑、严寒等给工程实施过程带来不便,甚至破坏,造成工期时间和经济的损失。

（2）不利的水文条件。是指突发的洪水、海啸、泥石流、大量的地下水等可能形成对工程破坏和影响。

（3）不利的地质条件。是指超出常规勘察设计的地质变化,包括软弱夹层、孤石、破碎岩层带、岩溶空洞、潜藏有毒气体、危害生命化学物质等,这些不利的地质情况影响工程安全、质量,增加额外的工作量和工程处理难度。

（4）地震。虽然工程主体结构根据项目所在地区地震烈度要求进行相应防震设计,但在施工过程中,结构组成内部化合、固结未达到所需时间,强度等指标未达到设计要求,而且施工过程中存在大量临时工作面、支撑系统,此时若发生地震,必然对正在成形主体结构、临时设施造成不利影响和破坏,工程项目可能出现质量、安全事故,工程须停工处理,导致工期拖延。

（5）如工程所在位置的环境污染和生态恶化,正常供水、供电、生活等受影响。

4.2.11　其他风险

其他风险包括政策法规风险、廉政风险、其他不可抗力风险等。

第5章 调水工程建设管理模式与建设管理制度

5.1 调水工程建设管理模式的选择

5.1.1 各类项目管理模式适用性分析

5.1.1.1 EPC 模式

1.EPC 模式应用于水利工程的优势

近年来,山东省在水利工程建设的投入非常大,省调水中心管理人员严重不足。要管理几十个、上百个项目,单靠业主的技术水平和力量,无法满足工程建设的需要。采用EPC 总承包模式,不需要业主具备工程项目实施阶段的管理能力和经验,可以使业主在工程项目实施阶段的工作大大简化,省去大量用于协调设计、采购、施工、试车、验收之间关系的人力、物力投入。

EPC 总承包模式可以有效地缩短建设周期。在水利工程中,由于受汛期等因素的影响,很多水利工程只有利用枯水期进行施工,每年最适宜水利工程进行施工只有半年的时间。如果采用传统的建设模式,即先通过公开招标确定设计单位,接着由设计单位进行设计并经相关部门评审批准后,再进行施工的招标确定施工队伍,一个建设项目从设计到进场施工,至少需要 4~5 个月的时间,经常造成项目施工工期非常紧张,甚至错过了枯水期施工的机会,而不得不延长建设周期,造成建设成本增加,风险增大。因而,在水利工程建设中采用 EPC 总承包模式,可以使得设计和施工互相协调,深度交叉作业,合理地安排设计和施工的工期,达到缩短建设周期的目的。另外,由于水利工程不同于房屋建筑工程,水利工程的施工很难实现标准化的操作,水利工程项目有较强的单一性,往往需要水上作业,技术含量高、风险大,在施工过程中需要设计的配合更为迫切,因此采用 EPC 总承包模式更能满足水利工程建设的需求。

水利工程是国家的基础设施建设项目,一般资金来源均为财政支出,不以商业营利为目的,而更注重社会效益,因此如何对水利工程的投资进行有效的控制显得尤为重要。一般来讲,工程投资的 80%~90% 是在设计阶段确定的。采用以设计为龙头的 EPC 项目管理模式,强化了设计单位的责任,使设计人员转变观念,最大限度地发挥主动性,提高设计效率和效益,使设计产品更符合工程实际,更具有可实施性,使项目投资得到有效控制。

2.EPC 模式应用于水利工程存在的问题

从水利工程采用 EPC 总承包模式的情况来看,该模式在解决发包方专业管理人员紧缺,发挥总承包方推动设计与施工、采购的协同管理优势,确保工程投资总体控制方面,起到了一定的效果。但该模式仍然存在着以下一些需要解决的问题:

（1）对于不确定性较大的水利建设项目，EPC模式采用总承包合同计价方式存在较大的风险。该风险无论是由承包方还是发包方承担，对工程建设均是不利的；若采用单价合同，对EPC总承包商又无法产生激励作用。因此，无论采用经典的单价合同还是总价合同，均存在明显缺陷。另外，在现行工程审计和工程竣工移交的相关规定中，基本上只承认单价计价方式，而不承认总价计价方式，市场规则与现行管理制度存在冲突。

（2）按照现行建筑市场准入条件，水利工程EPC总承包商组成设计施工联合体投标是一种常见方式。由于大多数项目联合体属于投标临时组织，联合体协议对各承包主体责权利难细化，设计与施工协同协调难度大。在一些联合体中，联合体各方各自为政，使得整个项目的管理一片松散，不能形成一个有机的整体；有的联合体的内部责任不清，在遇到问题时互相推诿，既耽误了工期，又提高了成本。

（3）水利工程建设过程中发包、承包、监理等参建各方职责，对于平行发包模式，相关法规有较明确的界定，而对于EPC总承包模式，由于总承包方按合同约定采取交钥匙方式组织实施和管理，各方角色在客观上发生了相应变化，参建各方在实施过程中的管理权限、工作分工易发生分歧，从而导致工程质量、安全、工期、投资等目标管控的接口关系难以理顺。

（4）EPC总承包与监理工作存在一定的交叉。EPC总承包商按合同关系属于施工单位，但实际运行中含有项目管理的成分，在管理工作中与监理单位既有交叉又有错位，工作开展也需要双方的磨合。

总体而言，EPC模式在水利行业内的认可度还存在较大的提升空间。在实践中，由于业主操作不规范，真正意义上的EPC总承包难以实现。有些业主即使采取了EPC模式，在具体实施和操作中也仍然沿用传统项目管理方式。

若选择EPC模式，项目法人应加强设计管理，要求EPC总承包商围绕项目功能目标，以设计管理为主线，建立设计与施工、设备采购的技术融合协调机制，强化设计创新技术管理措施"落地"，从根本上解决发挥EPC总承包优势的关键路径。

5.1.1.2　代建制的适用性

虽然《水利部关于印发水利工程建设项目代建制管理指导意见的通知》（水建管〔2015〕91号）文提出"在水利建设项目特别是基层中小型项目中推行代建制等新型建设管理模式……十分必要"，但也应该看到，代建制在实际操作过程中仍然存在诸多问题。

1.代建单位选择难

由于代建制在水利行业实行时间短，建设单位很难选择到合适的代建企业。从我国近年实施代建制的水利工程项目来看，代建单位多为一些施工、监理单位，部分设计单位也参与代建工作。

以山东省黄水东调应急工程为例，山东水发集团有限公司组建了山东水发黄水东调工程有限公司作为项目的项目法人，负责项目工程建设管理。由于该工程跨东营、潍坊两市，山东水发黄水东调工程有限公司分别委托东营市政府和山东省淮河流域水利管理局规划设计院作为东营段、潍坊段工程的委托建管单位和代建单位。山东省淮河流域水利管理局规划设计院成立了山东省淮河流域水利管理局规划设计院黄水东调应急工程（潍坊段）代建项目部，具体负责工程代建管理工作。代建单位相关管理人员身兼数职，对项目的具体实施也会带来一定的不利影响。

在代建单位的选择中,仅仅将国有大型企业作为主要代建单位轮流坐庄,而未考虑引进以技术服务为主营业务的社会化、职业化机构,如工程项目管理公司、监理企业、造价咨询企业、工程咨询企业,这样并无法真正提高项目的投资效益和社会效益。

2.项目法人和代建单位权责不清

传统的水利工程建设管理中,以项目法人负责、监理单位控制、设计施工单位保证、政府部门监督,确保工程质量进度。在代建制实施后,项目法人仍会组建工程项目建设管理专班,对一切决策"最后把关",这使得代建制名不副实,无法发挥其真正作用,代建实施流于形式。代建单位地位弱势、管理责任大、权力相对小,其无法正常履行工程项目管理权力,主动性也会降低。

3.代建单位和监理单位职责交叉

代建单位受业主委托对在建工程项目进行全面管理,而监理单位同样是受业主委托,对在建项目进行施工现场的监督管理,两者的职责存在一定的重复性,容易造成工程管理程序烦琐复杂化,进而降低建设工程的工作效率,增加不必要的财政支出和管理混乱局面。

总之,在代建制模式下,业主方面临较大的管理风险,若业主方过多干涉代建单位工作,则制约项目整体进度,若业主方授权代建单位过多话语权,则主观上将会降低或限制多管理角色发挥空间,如监理职能在代建单位的专业化管理中将被弱化或主动弱化,甚至可能会出现代建单位与项目施工单位、材料设备供货商、监理串谋,做出对业主方利益不利的行为。若代建工程出现推诿等责任经济纠纷,也会降低业主方监督公信力,增加工程建设成本。

综上所述,对于调水工程,应结合项目实际情况选择是否采用代建模式。若选择实施代建模式,项目法人应做到如下几点:

(1)拟实施代建制的项目应在可行性研究报告中提出实行代建制管理的方案,经批复后在施工准备前选定代建单位。

(2)协调落实地方配套资金和征地移民等工作,为工程建设创造良好的外部环境。

(3)通过招标等方式选择具有水利工程建设管理经验、技术和能力的代建单位。代建单位应具有满足代建项目规模等级要求的水利工程勘测设计、咨询、施工总承包一项或多项资质以及相应的业绩;或者是由政府专门设立(或授权)的水利工程建设管理机构并具有同等规模等级项目的建设管理业绩;或者是承担过大型水利工程项目法人职责的单位。

(4)协调做好项目重大设计变更、概算调整相关文件编报工作。

(5)监督检查工程建设的质量、安全、进度和资金使用管理情况,并协助做好上级有关部门(单位)的稽查、检查、审计等工作。

(6)条件允许的情况下,派1~2名专业人员全程配合代建单位开展工作,见证和监督工程建设的全过程。

5.1.1.3 CM 模式的适用性

对大型调水工程项目业主来说,采用传统工程项目管理模式存在的最大风险是,在整个工程项目开始前没有一个确定的工程总投资额。很多水利工程项目从工程开始到结束,工程的最终投资额是多少,建设单位心里根本没有特别具体的数额,工程投资控制也成为项目建设实施过程中最重要的事情,合同执行效果好坏也往往因为实施过程中的工程费用处理不恰当而受到极大影响,甚至导致工程延期等后果。

如前文所述,采用 CM 模式可以通过 GMP 将业主承担的工程费用控制风险转嫁给 CM 单位。然而,由于大型调水工程大都涉及地下工程,受工程所在地的地质和水文气象、地理环境、环境保护以及物价因素的影响比较大,且建设周期一般较长,GMP 的确定本身就是个难题。另外,与施工总承包的合同价格形成方式不同,GMP 不是在投标时由合同双方商定确定,而是在合同签订后,当设计图纸和文件达到一定深度时,由 CM 单位在某一规定时间内提出大概数额,通过与业主的谈判磋商,并最终由业主确认。

因此,当业主在进行发包和谈判及确定 GMP 时,应充分考虑 CM 承包商工作职责划分和工程项目业主保留部分权力带来的不利影响,以保证合同的最终实施效果。对于大型调水工程而言,建议 GMP 不包含土地征用费用、设计费用、项目前期工作及报审费用、环境保护费用、移民费用和业主方管理费用等,只包含由 CM 单位负责管理或负责具体实施的建筑安装工程费用和设备费用两个方面。同时,业主对于 GMP 的过程管理应当是一个动态的过程,可以有条件地调整和修改 GMP。最后,建议业主在合同谈判中应就 CM 单位承担工程费用控制风险带来投资节约时给予 CM 单位一定的提成比例,以激发 CM 单位控制工程费用的积极性。

总而言之,CM 模式在缩短建设工期、减少工程费用、提高工程质量等方面有显著的优势。结合山东省实际情况,在大型调水工程中尝试引进和研究 CM 模式,有利于弥补山东省在水利工程承发包方式和项目管理模式选择上的局限性,促进山东省水利工程建设管理国际化,提高项目投资效益。然而,同时应看到,目前在我国还缺少与该模式相适应的法律、法规。比如采用代理型 CM 模式会出现肢解分包的情形,这与我国建筑法中禁止将建设工程肢解分包的规定相违背。另外,只有设计变更可能性较大、时间因素最为重要的工程,因总范围和规模不确定而无法准确定价的工程才适合采用 CM 模式,山东省调水中心所承建的项目以改造项目为主,大部分项目规模小、工期短、设计标准化,此类项目不应选择 CM 模式。

5.1.1.4　Partnering 模式

水利工程建设管理涉及众多的利益相关方,项目管理单位应充分考虑政府、建设单位、设计方、施工方、材料设备供应商、运营方、用水方和生态环境部门的利益诉求。国际上主要流域的水利工程都非常注重各方的利益协调,利益相关方管理方式从知会逐渐演变为参与和建立合作伙伴关系。

Partnering 模式(见图 5-1)作为一种有效的利益相关方合作伙伴关系,可以从理论上系统地指导对水利工程建设管理的绩效评价,以发现问题、持续改进。同时,水利工程利益相关方合作也有助于信息共享,从而减少监控成本和提高管理决策水平。因此,Partnering 模式在水利工程中的应用前景也被很看好。

在应用 Partnering 模式时,为建立基于伙伴关系的利益相关方合作共赢机制,项目管理单位应充分了解水利工程各利益相关方的需求,明确各方目标的差异性和一致性,并辨识水利工程的风险因素,明确各利益相关方所面临的主要风险。

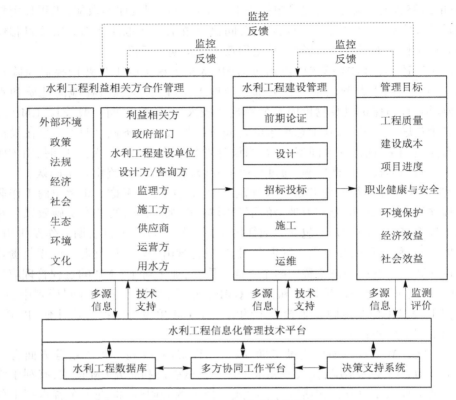

图 5-1　Partnering 模式运行系统

在水利工程建设过程中,应明确在项目前期论证、设计、招标投标、施工和运维中各利益相关方中责权分配;建立利益相关方合作伙伴关系,以促进各方互信,积极解决问题,降低项目实施监控成本,并提升项目实施效率;设置公平的利益分配机制,以调动各利益相关方的积极性,提高工程建设绩效。同时,应耦合水利工程利益相关方管理组织平台与信息技术平台,使组织平台为信息技术平台提供信息、资源和组织保障,并运用信息技术平台支持各方高效处理信息、协同工作和科学决策,包括:

(1)在市场中选择优质的参建队伍,并建立各方合作机制,明确管理过程中的责权边界、协调流程和公平的利益风险分配,以调动各参与方的积极性,提升工程建设效率。

(2)建立项目前期论证、设计、招标投标施工、验收和运营等环节合理的组织模式和业务流程,并合理配置资源。

(3)根据水利工程建设绩效链建立多视角、多层次考核体系,评价项目实施过程与结果,包括设计、采购、施工和信息管理过程,以及质量、安全、成本、进度、环保、社会经济效益等目标的实现。

(4)建设水利工程建设信息技术平台,与利益相关方合作管理组织平台耦合,使性质不同、作用不同、地理空间分布的参建方间形成高效的协同工作流程,支持各方高效处理信息、协同工作、决策和应对各种风险。

5.1.1.5　全过程工程咨询

调水工程等重大水利项目的前期工作为项目实施提供了技术和政策支撑,起着至关重要的作用。项目前期工作涉及规划、土地、环保、财政等多个部门,行政许可环节多,客观上造成项目前期工作周期一般较长。

项目推进过程中出现的大部分矛盾和问题,其根源都在于项目前期工作缺乏科学化管理、工作不深入,导致项目建设的连续性难以为继,无法保证项目顺利推进。而项目业主对前期工作艰巨性普遍认识不足,容易导致人员投入不足、技术力量不足、主动汇报不足、政策把握不准等一系列问题,最终导致前期工作质量不高,严重影响前期工作推进。

现阶段项目业主通常按照服务的专业来委托咨询任务,咨询服务往往处于项目某一个阶段,各阶段各自为政,对工作缺乏整体谋划和统筹。由于各阶段划分明确,且具有明确的开始时间和结束时间,导致信息传递被阻隔,无法实现信息的穿透性,容易导致意图把握不准,造成工作反复,难以充分发挥工程咨询的最大价值。

调水工程等重大水利项目前期推进面临的问题,在未来较长时间内将长期存在。要改变此种局面,唯有将"专业的事交给专业的人办"。全过程工程咨询以决策管理、设计管理和投资管理为主线的技术体系,服务范围不仅局限于相对完整的服务内容,如可行性研究,还可以深化到项目交付工程中的一些单项领域,如工期管理,甚至可以延伸到设计合同审查等专业领域,充分发挥全过程工程咨询价值;可以克服阶段性、片段性服务的不足,实现通盘考虑。项目业主可以从一个想法、一个创意开始,由专业机构提供专业服务。实行全过程工程咨询,其高度整合的服务内容在节约投资成本的同时有助于缩短项目工期,提高服务质量和项目品质,有效地规避风险,这是政策导向,也是行业进步的体现。

但是同时应注意到,在实际操作中,是否采用全过程工程咨询,也需要结合业主的实际情况而定。全过程工程咨询包括设计类咨询与项目管理类咨询业务,如果与一家单位签订全过程工程咨询服务合同,包括设计业务和项目管理,需要建设单位具备较强技术力量和管控能力。而从目前水利项目建设管理看,前期多是水利部门公职人员负责,后期多是临时组建工作班子,同时由于水利工程一般占地大、周期长、范围广、不确定因素多,后期设计变更难以避免。因此,很多情况下,不一定适合该种模式。

反之,如果将设计类业务和管理类业务分开,项目业主分别与两家咨询单位签订合同,双方独立开展工作,则形成专业上的协作与制衡,避免运动员和裁判员一体化。

5.1.2　各类投融资模式适用性分析

5.1.2.1　PPP 模式

调水工程项目公益性属性较强,且建设规模大、建设周期长、资金需求量大,仅依靠传统的融资模式或者政府财政支出,有时会难以满足工程建设的需要,出现资金短缺的问题。而通过 PPP 模式引进社会资本参与,可以为水利工程提供多元、可持续的资金来源,有利于充分利用社会资源,拓宽融资渠道,增强资金配置的科学性,有效降低政府财政压力,促进经济发展和经济结构转型升级。

2017 年 12 月,国家发展和改革委员会、水利部关于印发《政府和社会资本合作建设重大水利工程操作指南(试行)》的通知(发改农经〔2017〕2119 号)(简称《通知》)提出,重大水利工程(包括重点水源工程、重大引调水工程、大型灌区工程、江河湖泊治理骨干工程)适宜采用 PPP 模式建设运营,除特殊情形外,水利工程建设运营一律向社会资本开放,原则上优先考虑由社会资本参与建设运营,包括:

(1)对于经济效益较好,能够通过使用者付费方式平衡建设经营成本并获取合理收益的经营性水利工程,一般采用特许经营合作方式。

(2)对于社会效益和生态效益显著,以向社会公众提供公共服务为主的公益性水利工程,可通过与经营性较强项目组合开发、授予与项目实施相关的资源开发收益权、按流域或区域统一规划项目实施等方式,提高项目综合盈利能力,吸引社会资本参与工程建设与管护。

(3)对于既有显著的社会效益和生态效益,又具有一定经济效益的准公益性水利工程,一般采用政府特许经营附加部分投资补助、运营补贴或直接投资参股的合作方式,也可按照模块化设计的思路,在保持项目完整性、连续性的前提下,将主体工程、配套工程等不同建设内容划分为单独的模块,根据各模块的主要功能和投资收益水平,相应采用适宜的合作方式。

(4)对于已建成项目,可通过项目资产转让、改建、委托运营、股权合作等方式将项目资产所有权、股权、经营权、收费权等全部或部分转让给社会资本,规范有序盘活基础设施存量资产,提高项目运营管理效率和效益。对于在建项目,也可积极探索引入社会资本负责项目投资、建设、运营和管理。

《通知》同时指出,对于项目合作期低于 10 年及没有现金流,或通过保底承诺、回购安排等方式违法违规融资、变相举债的项目,不得纳入 PPP 项目库。

2022 年以来,国家更是从政策层面大力推进 PPP 模式的应用。以中国农业发展银行为例,考虑到水利基础设施项目公益性强、投资规模大、建设工期长、回报周期长等特点,中国农业发展银行进一步发挥"水利银行"品牌特色和专项水利建设贷款产品优势,加大信贷政策支持力度。在贷款期限方面,由原来的 20~25 年进一步延长,对国家重大水利工程最长可达 45 年,对水利部和中国农业发展银行联合确定的重点水利项目、纳入国家及省级相关水利规划中的重点项目和中小型水利工程以及水利领域政府和社会资本合作(PPP)项目,最长可达 30 年,具体根据项目类型、现金流测算等因素合理确定,宽限期可基于项目建设期合理设定。在贷款利率方面,对水利建设贷款执行优惠利率,对国家重大水利工程进一步加大利率优惠力度。在资本金比例方面,水利项目一般执行最低要求的 20%,对符合国家有关规定的社会民生补短板水利基础设施项目,在投资回报机制明确、收益可靠、风险可控前提下,可再降低不超过 5 个百分点。在资金筹集方面,积极发行以水利基础设施建设、重大水利工程等为主题的政策性金融债券,吸引更多社会资金投向水利领域。在担保方式方面,根据项目实际,设计保证担保、抵押担保、供水供电收费权质押担保、PPP 协议项下应收账款质押担保等多种方式。在贷款办理方面,建立水利建设贷款"绿色通道",执行优先受理、优先入库、优先调查、优先审查、优先审议、优先审批、优先发放等"七优先"政策,优先保障信贷规模。

5.1.2.2 BOT 模式

调水工程一般具有以下特点:调水工程一般需要的资金量较大,应用的技术也比较先进,建设周期长。调水工程建成后,需要长期稳定的运营和管理,因此管理和运营方面的专业技术和管理水平至关重要。调水工程属于严格的公益性工程,考虑到人民生命安全和健康,水资源的供给必须被普及化、均等化、社会化以及优化服务,这就要求政府必须在水资源调配方面有监管权和应有的直接管理责任。调水工程建成后,需要为广大人民供水,因此配水管网建设、水厂设计、调配水质等都需要普及化和提高服从性,以满足大众的需求。

BOT 投融资模式作为一种新兴的融资形式,具有良好的适应性,可以帮助调水工程获得足够的资金支持,并实现项目可持续发展。BOT 模式是指政府向私营部门或外国投资者提供政府权力,将建设、运营和管理权委托给其独立运营,并在一定期限后转移回政府的一种投融资模式。BOT 模式是 PPP(公-私合作)模式的一种形式,它不同于传统政府采购方式和全权委托方式,而是在公共实用设施建设当中实现政府与企业的合作,充分发挥政府和市场的优势,分摊风险和责任,实现资源的合理分配并获得最大化的社会效益。

BOT 模式具有以下优点:

(1)政府不需承担全部投资风险。在 BOT 模式下,企业将面临建设、经营和维护的所有风险,政府只需在规划和初期建设阶段承担一定风险,而建成后,政府可以通过特许经营管制机制去规范企业经营行为,以创造安全、可靠的公共服务。

(2)民营企业能够发挥其效率优势,建设周期更短。民营企业具有市场竞争优势,能够更加高效地组织生产、管理和服务,从而提高项目质量、缩短建设周期、降低建设成本。

(3)项目获得专业管理和运营。BOT 模式下,专业水平更高的民营企业会对建设工程和相关设备进行高质量管理和运营,以确保项目的有效运转和维护。

(4)项目可持续发展。BOT 模式在经济、环境、社会等方面有利于推动可持续发展。企业将考虑到项目在长期运营期间与社会、环境的和谐发展,因此项目获得的可持续性优势也是显著的。

BOT 模式对调水工程的适应性分析:

(1)资金筹备问题。发包方通常需要承担高额的投资风险,采用传统的投资方式,项目的资金来源主要是政府财政拨款和银行贷款。然而,由于调水工程工程量大、周期长,如果仅仅依靠政府财政拨款和银行贷款,往往难以满足资金需求。相对而言,BOT 模式采用特许经营的方式,使得 BOT 设施的建造、运营和转移都由企业完成,使得资金的筹备问题大大降低。

(2)建设周期问题。调水工程建设周期长,建设阶段通常存在诸多困难,如施工现场复杂、投资成本高、短期利润欠缺等问题,因此传统的建设方式难以满足调水工程建设的需求。而 BOT 模式下,民营企业具有快捷高效组织生产的能力,加上其市场竞争的优势,使得调水工程建设的周期得到极大的缩减,有效地提高了项目建设的效率。

(3)运营管理问题。调水工程建成后需要长期的稳定运营和管理,保证水的质量和供应稳定。而民营企业在运营管理方面具有很大的优势。民营企业具有丰富的管理经验和市场竞争的优势,可以有效地提高管理水平和运营效率,从而为项目的长期发展打下良好的基础。

(4)社会效益问题。调水工程的建设和运营对于社会的福利和发展具有极高的意义,尤其是对于国家和民族的生产和生活的发展。在 BOT 模式下,民营企业在进行项目设计、建设和运营时,会充分考虑到项目在长期运营期间与社会、环境的和谐发展,因此项目获得的可持续性优势也是显著的。

综上所述,BOT 模式作为新兴的融资方式,对调水工程具有良好的适应性。采用 BOT 模式可以有效地解决调水工程建设和运营过程中的各种问题,可以使得调水工程项目得到较快的推进和实施,同时可以提高项目的长期经济效益和社会效益。因此,调水工程在采用 BOT 模式时应充分评估 BOT 融资模式的优越性和风险,以便更好地实现调水工程的可持续发展。

5.1.2.3 ABS 模式

ABS 投融资模式可以帮助调水工程获得足够的资金支持,并实现项目可持续发展。ABS 全称为 asset-backed securities,即资产支持证券化。ABS 投融资模式是一种金融创新,它将一类现有的资产,例如房产、汽车、信用卡等,转化成一种优先级与次优先级等多类证券,然后将这些证券进行资产组合化。ABS 模式与传统的固定收益证券不同,其收益与非金融资产有关,是以所支持的资产为基础的。ABS 投融资模式的基本组成包括资产池、证券化公司、投资者以及相关的审核和评级机构等。

ABS 投融资模式具有以下优点:

(1)多元化的投资方式。投资者可以根据自身情况选择资产组合中的不同证券,以实现对风险和收益的不同需求。

(2)轻资产的交易方式。ABS 模式下,资产的所有权不会转移给另一个实体或交易参与者,而是建立在证券化安排和权益人特定合同规则的基础上。

(3)分散化的风险管理。ABS 模式下的资产池是由多种资产组成的,如房屋、汽车、信用卡等,从而降低了单个资产的风险和市场波动的风险。

(4)提高资产流动性。ABS 模式允许投资者在二级市场快速买卖证券,从而提高了资产流动性。

ABS 模式对调水工程的适用性分析:

(1)资金筹备问题。ABS 模式可以通过证券化手段,将调水工程的资产转化为支持证券,通过股权、债券、资产证券化等方式发行,从而获得资金支持。ABS 模式可以帮助调水工程获得足够的资金支持,从而在缓解资金压力以及支持项目融资方面具有较好的适用性。

(2)分散化的风险管理。ABS 模式的证券化结构可以帮助分散调水工程项目的风险。在 ABS 模式下,调水工程可以转化为支持证券,通过资产池的方式实现证券多元化,降低单一资产风险,提高证券流动性,从而大幅降低调水工程项目的风险。

(3)流动性的提高。ABS 模式可以提高调水工程项目的流动性。由于调水工程支持证券是通过资金证券化实现的,因此具有更好的流动性。政府或企业可以将资产转化为支持证券,从而通过自身流动性融资,或在二级市场进行交易。

(4)可持续发展。ABS 模式的证券化结构可以促进调水工程项目的可持续发展。资产池设置得优秀,可以确保资产的质量和证券化后的流动性得到提高,从而采取更为高效的利用率。

综上所述,ABS 投融资模式作为新兴的融资方式,对调水工程具有良好的适用性。采用 ABS 模式可以有效地解决调水工程建设和运营过程中的各种问题,可以使调水工程项目得到足够资金的支持,并实现项目可持续发展。

5.1.3　综合选用各种建管模式

考虑到调水工程既具有典型的公益性特征,又具有部分经营性特点,在工程建设与运行管理中,应综合运用政府宏观调控和市场机制配置的双重手段,积极引入市场化手段,采取项目委托、代建和招标等方式吸纳专业化的社会资源进行建设和管理,同时在运营层面充分发挥市场配置资源的作用,探索应用 PPP、BOT、ABS 等特许经营模式,并通过REITs 等多种经营、用水权益转换和交易等进一步提高水资源的使用价值。

5.1.3.1　综合采用多种发包模式

前面章节所述的各种建设管理模式,本身都有一定的适应性,存在优势和劣势,尤其是传统意义上的管理模式,在新的形势下必须进行一定的创新和发展,以适应或更好地组织大型复杂水利工程建设。随着法人主体经营管理模式成熟,工程总承包不断推进,单一的建设管理模式已经不能满足水利工程建设管理的需求。特别是对于大型复杂水利工程,尤其是灌区工程和引调水工程,对管理和组织要求更高。

以涔天河灌区工程为例,该工程是国务院确定的 172 个节水供水重大水利项目之一,是湖南省最大灌区工程。工程计划总工期 42 个月,设计灌溉面积 111.46 万亩(1 亩 = 1/15 hm², 全书同)。新建干渠以上渠道 240.04 km,支渠 169.61 km,涉及江华、江水、道县、宁远 4 县。工程具有点多(水工建筑物 200 多座且施工作业面极度分散,工程涉及专业多)、线长(渠道总长超过 400 km)、面广(工程遍布江华、江永、道县、宁远 4 个县,征地拆迁及协调管理难度大)的特点,属于典型复杂线性水利工程。

涔天河灌区工程采用地方政府主导,强调法人主体地位,创新型建设管理的模式。工程综合采用直管制、代建制、委托制等模式对工程建设进行管理。其中,干渠建设采用市级项目法人直管或专业公司代建;支渠建设、老灌区改造及排水沟整治工程委托"四县一局"进行建设实施阶段全过程(初步设计批复后至项目竣工验收)的管理;涉及的铁路、交通、电信等专项设施委托各自主管部门建设;田间工程由 4 个灌区县自行负责建设。

该工程管理模式上的创新体现在同一大型复杂水利工程项目,设置干渠法人和支渠(县政府直管)或委托代建集成管理模式,而且"四县一局"分别为独立法人单位,不同法人采用不同建设管理模式,干渠采用传统的 DBB 模式,支渠工程或阶段性工程采用代建(CM)或 BOT 模式,确保复杂工程得到简化,充分发挥地方政府资源和优势,做到集成项目开发或交付,推动工程建设。

大型调水工程的建设管理模式可以参照上述案例,在同一个项目中采用多种建管模式结合的方式进行实施。

5.1.3.2　综合采用多种投融资模式

如图 5-2 所示,根据项目实际情况,通过 PPP、BOT、TOT 等多种方式引入社会资本,充分发挥政策性金融机构对水利项目的支撑作用,建立地方政府水利投融资平台并完善水利融资担保体系。

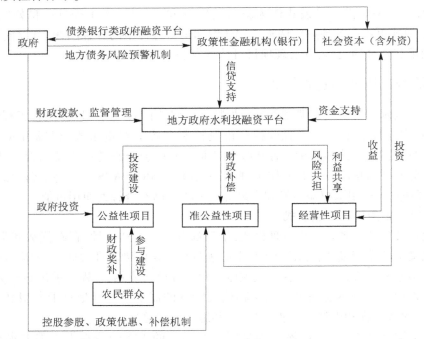

图 5-2 PPP、BOT、TOT 模式市场融资模式

5.2   调水工程建设管理体制

根据前文所述的调水工程项目特点及风险分析,除了选择合适的投融资/承发包/管理模式,更重要的是在项目建设的全生命周期,将项目管理的方方面面落到实处,让各类建设管理模式发挥最大的效用。

根据我国基本建设程序,政府投资项目应全面实行项目法人责任制、招标投标制、建设监理制和合同管理制(建设管理"四制")。下文从建设管理"四制"的要求出发,结合工程项目质量、进度、安全、验收管理等方面,阐述调水工程建设管理制度的执行。

5.2.1   项目法人责任制

建设管理"四制"中,最关键、最核心的是项目法人责任制。项目法人的素质和能力,关系到工程建设的安全、质量、进度和造价。没有一个优秀的项目法人做支撑,招标投标将陷于混乱,合同管理将形同虚设,建设监理将流于形式。只有在项目法人责任制落实的基础上,招标投标、建设监理、合同管理才能发挥出应有的效果。

5.2.1.1   项目法人的组建

根据《山东省水利工程建设项目法人管理办法》,大型调水工程建设应在可行性研究报告(或相当于可行性研究阶段的技术文件)中明确项目法人组建主体,提出项目法人机构设置方案。原则上在可行性研究报告批准后、初步设计开展之前完成项目法人组建。

政府出资的水利工程建设项目,应由县级以上地方人民政府或其授权的水行政主管部门或其他部门负责组建项目法人;政府与社会资本方共同出资的水利工程建设项目,由双方协商组建项目法人;社会资本方出资的水利工程建设项目,由社会资本方组建项目法人,但组建方案应经工程所在地县级以上地方人民政府或其授权部门同意。

对于跨行政区域的水利工程建设项目,建议由工程所在地共同的上一级政府或其授权部门组建项目法人,也可根据项目特点,按职责、区域分别组建项目法人。建议各级政府或其授权部门组建常设专职机构,履行项目法人职责,集中承担本级政府负责的水利工程建设。对已有工程实施改、扩建或除险加固的项目,可以以已有的运行管理单位为基础组建项目法人。

以山东省调水中心为例,实行"一分中心一法人"专职项目法人集中管理模式。滨州、东营、潍坊、青岛、烟台、威海分中心承担本辖区内工程建设项目法人职责。对于技术复杂、涉及面广、建设难度大的工程,或跨市的调水工程,由山东省调水中心根据项目实际情况组建项目法人。

5.2.1.2　项目法人的要求

项目法人应配备与所承担工程规模、重要性和技术复杂程度相适应的工作人员,主要负责人应熟悉水利工程建设的方针、政策和法规,掌握有关水利工程建设管理要求,有较强的组织协调能力。

(1)技术负责人应具有从事类似水利工程建设技术管理经历和经验,能够独立处理工程建设中的专业问题。大型水利工程和坝高大于 70 m 的水库工程的技术负责人具备水利或相关专业高级技术职称或执业资格,其他水利工程技术负责人具备水利或相关专业中级以上职称或执业资格。

(2)财务负责人应具备相应的管理能力和经济财务管理经验,具备与工程项目相适应的财务或经济专业技术职称或执业资格。

(3)人员结构满足工程建设在技术、质量、安全、财务、合同、档案等方面的管理需要。大、中、小型水利工程人员数量一般分别不少于 30 人、12 人、6 人,其中工程专业技术人员原则上不少于总人数的 50%。

若项目法人自身人员组成无法满足上述要求,建议通过委托代建、项目管理总承包、全过程咨询等方式,引入专业技术力量,协助项目法人履行相应职责。项目法人和被委托单位的人员总数量及专业要求应不低于项目法人应具备的基本条件。代建、项目管理总承包、全过程咨询等单位应按照合同约定承担相应责任,不能替代项目法人的责任和义务。

5.2.2　招标投标制

调水工程项目实行招标投标制,项目法人应依法依规,择优确定工程建设项目的勘察设计、监理、施工单位,以及设备、材料供应商。项目法人应做到:

(1)按照招标投标有关政策文件及管理办法组织招标工作。

(2)必要时,组织招标前期考察、市场调研。

(3)编制招标方案,确定工程招标范围、标段划分、分标段工程量清单、分标段招标控制价等。标段划分应便于工程项目管理,不应过细、过小。

(4)择优选择代理机构,委托实施工程项目的勘察设计、监理、施工、检测、重要材料设备等招标工作。

(5)组织编制招标文件,必要时聘请专家对招标文件进行评审,并办理内部审批手续。组织编制招标文件补充、澄清和答疑文件。

(6)参与招标项目资格预审(如有)、评标工作,组织抽取评标专家。

(7)组织评标后技术、商务谈判,确定合同技术文件。

(8)招标结束后,将招标总结报告报上级水行政主管部门备案,完成项目全部相关资料的备案及归档。

(9)工程建设期间,做好中标单位履约考核和项目信息公开工作。

(10)负责对招标代理机构的监督,协调或处理项目招标的其他事宜。

5.2.3 建设监理制

调水工程实行建设监理制,项目法人应依法依规选择具有相应资质的监理单位实行工程监理。

(1)监理单位受项目法人委托,根据法律、法规,工程建设标准,勘察设计文件及合同,在建设实施阶段对工程质量、进度、安全、投资进行控制,对合同、信息进行管理,对工程建设相关方的关系进行协调,并履行建设工程安全生产管理法定职责的服务活动。在缺陷责任期,监督施工单位对已完工程存在的施工质量缺陷进行修复。

(2)项目法人可根据项目需要委托设计监理,对设计文件(包括设计说明、图纸等)进行监督和审查,提出优化设计方案,监督设计单位的设计进度和设计工作质量。

(3)监理单位应当按照合同约定,组建项目监理机构,向施工现场派驻满足项目监理工作要求的监理人员;总监理工程师、专业监理工程师等主要监理人员应由本单位注册人员承担。更换现场主要监理人员,须经项目法人同意。

(4)监理单位应根据工程实际,编制监理规划,制定切实可行的监理实施细则;按照监理规划和监理实施细则开展监理工作,编制并提交监理报告;监理业务完成后,按照监理合同向项目法人提交监理工作报告、移交档案资料。项目法人应督促监理单位定期上报监理月报,报告工程施工质量、进度、投资、安全和合同管理情况,以及监理大事记等。

(5)监理人员应当认真履行监理职责,按照《水利工程施工监理规范》(SL 288—2014)等规定,采取旁站、巡视、跟踪检测和平行检测等方式实施监理。平行检测的项目、数量和费用应在监理合同中约定。

(6)监理单位应当审查被监理单位提出的安全技术措施、专项施工方案、安全生产费用使用计划和环境保护措施是否符合工程建设强制性标准和环境保护要求并监督实施。监理单位发现未按专项施工方案实施的,应责令整改;施工单位拒不整改的,应及时向项目法人报告;如有必要,可直接向主管部门报告。

(7)项目法人应加强对监理单位的管理和考核。如监理单位不能按照监理合同的约定履职,应及时纠正、制止、补救并追究监理单位的违约责任。

5.2.4　合同管理制

合同管理是项目管理的核心,管项目主要是管合同。项目法人应切实做好合同管理工作,主要包括以下几方面:

(1)依法将工程发包给具有相应资质等级的单位。按照法律、法规和批准的设计文件进行招标,合理划分标段,避免标段划分得过细、过小,不得迫使参与方以低于成本的价格竞争。

(2)加强对招标代理机构的管理,确保招标投标活动依法依规进行。检查投标人是否存在围标、串标及提交虚假信息等情况,对存在违法违规的行为,及时报主管部门进行查处。

(3)严格按照国家有关规定及标准合同示范文本签订工程建设合同。在工程施工承包合同中,应明确各方质量安全责任及违约责任等内容,明确安全生产所需费用、支付计划、使用要求、调整方式等。

(4)加强施工图设计审查及设计变更管理,强化合同管理和风险管控,确保质量、安全标准不降低。

(5)在合同中约定奖惩措施。奖励资金可以列入工程成本,合同违约金可用于弥补工程损失及对先进单位的奖励。鼓励创建优质工程,可根据招标文件要求在施工合同中进行约定,获得市级以上工程奖项的,计取优质优价费用,作为不可竞争费用,用于工程创优。

(6)严格履行合同,对参建单位合同履约情况进行评价。对参建单位合同履行及有关法律、法规、制度标准执行情况进行检查,重点检查是否存在转包、违法分包等行为。对检查发现的问题,可采取责令整改、约谈、停工整改、追究经济责任、解除合同、向相关主管部门提出责任追究等措施进行追责问责。

5.2.5　调水工程质量管理

调水工程应实行项目法人负责、监理单位控制、施工单位保证和水行政主管部门监督相结合的质量管理体系。项目法人对工程建设质量负责;施工单位对所承担工程的施工质量负直接责任;勘察设计、监理、设备材料供应商等单位承担相应的工程质量责任。

项目法人和各参建单位应加强质量管理体系建设,积极推行全面质量管理,采用科学的质量管理模式和管理手段,确保工程质量。

5.2.5.1　项目法人质量管理

(1)建立健全施工质量检查体系,根据工程特点建立质量管理机构和制度,配备相应质量管理人员。

(2)在合同文件中明确约定工程、材料、设备等的质量标准及合同双方的质量责任;工程开工前,应当及时办理质量监督手续。

(3)制订质量管理计划,与参建单位签订工程质量管理责任书(承诺书),组织设计、监理、施工、检测等单位进行设计技术交底,并定期对工程质量进行检查。

(4)加强质量风险管理,督促各参建单位制订质量事故应急预案,加大工程质量隐患整治力度,对质量风险要做到早发现、早研判、早预警、早处置,有效预防、及时控制和消除质量事故的危害,将工程质量风险降到最低

(5)严格执行工程质量评定和验收标准,未经验收或验收不通过的,不得进行后续施工或投入使用。工程验收后,应当及时办理关键部位、重要隐蔽单元工程、分部工程、单位工程等质量等级结论的核备。

(6)积极开展对参建各方质量责任落实和质量管理行为的监督检查。检查勘察、设计、施工、监理、检测等参建单位的现场组织机构、管理制度及技术文件的建立和执行情况。对工程主要原材料、中间产品和实体质量进行必要的抽检,对发现的问题组织责任单位落实整改。

(7)严肃查处质量违规违法行为,对项目施工过程中存在的人员不到位、工作失职渎职、造成工程质量事故、将不合格工程按照合格工程验收等违规违法行为,依法依规严肃查处。

5.2.5.2　监理单位质量管理

(1)按合同要求,配备足额的与合同要求一致的监理人员和监理设备。

(2)编制切实可行且具针对性、可操作性的监理规划和监理实施细则,对工程质量按照旁站、巡视、跟踪检测、平行检测等方法实行全程监控。

(3)从保证工程质量出发,签发施工图纸,审查施工单位的施工组织设计和技术措施,指导监督合同中有关质量标准、要求的实施。

(4)根据工程特点,针对不同工序(工种)设置工序质量控制点,在过程质量控制中,加大质量检查力度和检测频率,并将其作为重点检控环节进行质量监控。

(5)对工程实施过程中出现的质量问题按照事前检查、事中监督、事后验收的流程进行管控,确保工程质量全程得到监控。

(6)建立监理日记和监理工作档案,如实记录现场情况,对工程质量事故和处理情况登记造册。

5.2.5.3　设计单位质量管理

(1)应根据工程特点做好方案比选,优化工程设计,对设计质量负责。

(2)加强设计过程质量控制,做到设计论证充分、计算成果可靠,设计文件深度和质量满足工程技术、质量和安全的需要。

(3)认真做好施工图技术交底工作,按合同要求设立设计代表机构或派驻设计代表,认真做好施工过程中的设计服务。

(4)按规定参加相关项目的质量评定和验收,并对施工质量是否满足设计要求提出评价意见。

5.2.5.4　施工单位质量管理

(1)按投标文件承诺,配备符合资质要求的项目经理和主要专业技术人员以及施工设备,特殊工种作业人员必须持证上岗。

(2)推行全面质量管理,制定和完善岗位质量规范、质量责任及考核办法,落实质量责任制。严格材料准入清出制度,对进场的原材料、中间产品、设备等进行取样检验,检验合格后方可使用。在施工全过程中应加强质量自检工作,认真执行"三检制",切实做好

工程质量的全过程控制。

（3）工程开工后，在工程现场醒目位置设立质量责任公示牌，公示项目法人、勘察、设计、施工、监理、检测等单位名称和项目负责人姓名；竣工后设置工程永久性标识牌，载明各参建单位名称、项目负责人姓名及开工日期、竣工日期。

（4）严格按照工程设计文件和有关规范、规程和技术标准进行施工，不得擅自修改工程设计，不得偷工减料；施工中发现设计文件和图纸有差错或不一致的，应及时提出意见和建议。

（5）应根据水利工程项目的类型、项目特点、外部环境，采用有效的施工工艺和施工方法。对项目实施中采用的新材料、新技术、新工艺，必须做现场工艺试验，只有在得到业主和监理单位的认可后方可使用。

（6）严把工序质量关。工序是"单元工程—分部工程—单位工程"质量评定中最基础、最小的单元，也是质量管理的源头和关键环节。应做到上道工序不合格决不允许进入下道工序，以工序的高质量确保工程的高质量。

（7）及时进行质量评定，对工程质量情况进行统计、分析和评价，定期向监理单位报送施工质量统计报表。

（8）工程发生质量事故时，须按有关规定向监理单位、项目法人报告，并保护好现场，接受工程质量事故调查，认真进行事故处理。

5.2.6　调水工程安全管理

安全管理的根本任务是实现人、机、环境系统安全化，预防和消除事故。大型调水工程应开展安全生产责任体系、风险分级管控体系、隐患排查治理体系、标准化体系、应急管理体系建设，保证大型调水工程建设生产安全。具体包括以下几项措施：

（1）确立高标准的安全管理目标。安全管理应以预防为主，杜绝工程施工中发生任何一例安全责任死亡事故，防止重大机械设备事故的发生。

（2）工程开工前，应当及时办理安全监督手续，在办理手续时，应提供危险性较大的单项工程清单和安全生产管理措施。应及时组织编制保证安全生产的措施方案，建设过程中情况发生变化时，应及时调整，保证安全生产的措施方案。

（3）组建由参建各方的负责人组成的现场安全管理机构，形成项目法人、监理单位、施工单位的三级管理体系，落实安全责任和措施，组织参建各方做好安全生产工作。同时，应完善保安制度，加强地方各级党政机关、公安部门与参建单位的联系，协助参建单位搞好本工程范围内的治安社群工作。

（4）对工程施工过程的安全生产管理情况进行定期监督检查，检查实行项目法人抽查和施工单位自查相结合的形式。项目法人应组织开展安全检查，每月主持召开一次各参建单位参加的安全生产例会，并形成会议纪要。

（5）做好日常安全检查，建立健全安全生产检查台账，并做好整改。对安全检查中发现的重大隐患，被检单位应制订整改措施计划并限期整改。整改完毕后，被检单位应向检查组上报检查问题整改报告书。

（6）严格执行事故报告制度。建立伤亡事故报告制度和月伤（亡）事故报表制度，要求施工单位按时报送监理,由监理审核签署意见后报项目法人,严格履行各自的岗位职责。

(7)加强人员安全化建设。坚持持证上岗制度,对不同的工种和作业要求的人员进行安全素质考核;加强教育与培训,组织学习国家和省的有关安全生产的法令、法规、条例等,更新安全管理知识;开展安全技能、知识竞赛和演讲比赛等活动,提高员工对安全生产工作重要性的认识。

(8)采取足够的技术措施和资源投入,确保机具和作业环境安全化。要求施工单位投入使用的机具要注重日常检查、维护和保养,提高机具的安全性、防护性和可靠性。

(9)成立应急抢险专业队,制订各种应急预案,对工程施工中的突发事件采取应急措施。

(10)对检查出的各种事故隐患,采取单项隐患综合治理,事故直接隐患与间接隐患并治,预防事故与减灾并重,重点治理与动态治理相结合。通过分析隐患产生的原因,对系统中的人、机、环境进行整合,达到三者安全匹配,消除安全隐患,预防安全事故。

5.2.7 调水工程成本管理

(1)项目决策阶段,应扎实工程选址、规模论证、移民调查、建设期规划、工程功能、地质勘探、经济评价、效益论证等前期工作,以保证项目建设书和可行性研究阶段的各项工程数据及投资和移民实物能够满足后期初步设计阶段批复预算的需求。

(2)初步设计阶段,对工程选址、工程规模、工程效益、经济评价、移民规划、移民投资、环境影响、节约集约用地、水环境保护等做结论性的确定工作,编制初步设计报告,确定工程投资概算。对报告编制过程中可能出现的成本风险因素,进行有效的识别和筛选,以保证批复概算足额用于工程建设之中。

(3)施工图设计阶段,确保编制出的施工图设计及其预算不超过批复的概算限额。

(4)合理编制招标投标方案、标书,确定标底和中标单位,从全生命周期的角度选择最优的施工企业或承包单位,并选择相对合理的建筑材料和结构方案。

(5)建设实施阶段,扎实做好移民工作,保证移民投资足额发放,保证供地计划,保证工程移民利益,控制建设实施期的成本风险。

(6)加大对工程建设实施期的管理力度,严格控制工程进度、工程质量,提高资金使用效率,杜绝因工程质量引起的工程不合格、后期运行维护成本大、不断返工等情况引起的成本风险。

5.2.8 调水工程进度管理

科学控制施工进度,应做到以下几点:

(1)项目决策阶段,全面掌握工程成本预算、整体布局及建设规模,系统收集环境、地质和水文资料,进行风险识别,对可能引起进度延误的因素采用逆向思维法进行分析,及时转移、发现和预防进度风险,科学预防控制,确保项目按时交工使用。

(2)遵循全面考虑、统筹兼顾、合理安排、科学组织的原则,从工程建设的各个方面编制总进度计划和总目标,充分分析调水工程建设可能遇到的塌陷、滑坡等地质问题,尽量选择在低风险地段施工。

（3）选择有实力、有信誉的施工单位，在工程建设过程中实行有效的进度管理措施，充分发挥监理的监督职能，保证项目的顺利施工。

（4）全程监控施工进度，对于滞后或者加快的工程施工进度应查找原因，及时实施补救措施加以修正。

（5）合理搭接调水工程各参建单位之间的进度，从空间和时间上协调各方交叉作业，通过合理协调控制，保障建设项目实际进度。

（6）依据工程验收标准和合同约定的质量、数量，对调水工程进行竣工验收，尽量避免出现质量不合格返工及安全危险因素，确保建设项目按期交付使用。

5.2.9 调水工程投融资管理

水利工程投融资管理主要体现在以下两个方面：

（1）项目资金筹措。需要突破长期以来依赖政府直接投资和无偿投资补助为主的局面，积极引入社会资本参与，实现多渠道多主体的多元化资金筹措，在项目资金来源方面由"政府办水利"转变为在政府引导下的"社会办水利"。

（2）工程项目管理。与多元化资金筹措变革相适应和相配套，需要按市场化和法治化原则，突破长期以来由政府部门设立水利事业单位作为项目业主、以政府自建自营为特征的项目投资建设和运营管理模式，落实政府和市场"两手发力"治水方针，充分发挥社会资本专业能动性和各方积极性，最终实现提高水利公共服务的供给质量和效率的目标。

基于重大水利工程的基础性、公益性和战略性特点，在可见的未来，重大水利工程资金筹措仍然会维持以财政资金为主导的格局，依然需要得到中央预算内投资的大力支持。在此意义上，可以认为包括中央预算内投资和各级地方政府财政资金的持续支持和投入，是水利工程不断探索和开展模式创新的基石和基础。但是，国家支持重大水利工程的方式正在发生深刻的变化。

在上述政策背景下，项目管理单位应做好如下几点：

（1）充分发挥水利投资主体作用，加大财政投入力度，确保水利建设的可持续发展。做好水利骨干工程申报工作，积极争取中央专项财政资金支持，逐步提高省级财政预算中水利投资占固定资产投资的比例，推动完善政府性水利基金政策，加大水利规费、重大水利工程建设基金等征收力度。

（2）根据水利工程项目的不同类别实行差别化贷款贴息制度，适当向调水工程等战略性项目倾斜。完善小流域防洪排涝整治、海堤强化加固、水库（山围塘）除险加固、引供水工程、水闸等重点水利项目的市、镇两级资金分担机制，明确项目资金投入责任，保障项目配套资金需求，形成以市、镇财政为主的重点水利项目投资模式。

（3）努力构建符合市场经济规律的多元化、多渠道、多层次水利融资机制。运用市场化手段，把供水、发电等有效益的经营性项目作为引进外资、启动民资、社会捐资的项目。进一步放开放活水利基础设施经营市场，积极探索将城镇建设中的经营性项目和水利建设中的公益性项目大胆捆绑，逐步把公益性水利项目的建设推向市场。积极借鉴交通、电站等基础设施建设引进外资的成功经验，适度扩大外资，特别是我国台湾资本的投资范围,合理利用国际金融组织贷款,投入到水利建设中。各级地方政府融资平台要充分利用政策优惠,盘活存量资产,逐步延伸投资建设和经营管理一体化的水利产业链,提升平台资本实力。

（4）积极发展 PPP、BOT、TOT 等新型融资方式,通过放宽市场准入门槛、消除各种隐性壁垒等方式,多措并举,吸引社会资本投资。切实发挥国家开发银行、中国农业发展银行、中国农业银行、中国邮政储蓄银行等政策性金融机构对水利建设的支持作用,适当加大重大水利工程项目的信贷倾斜力度。充分利用国有大行的资金、人才、技术优势,根据水利工程项目的不同类别,"点对点"创新水利金融产品。适当增加防洪排涝、水土保持等纯公益性项目中长期贷款年限,并给予利率优惠,针对省级重大水利工程项目可尝试探索发放 1~3 年的短期信用贷款。

（5）充分落实财政贴息政策,对不同类别的水利项目在财政贴息的额度、期限和贴息率等方面实行差异化补贴制度,适当向公益性和准公益性项目倾斜,并逐步扩大水利项目财政贴息规模。对于防洪灌溉、除险加固等具有重大社会效益的准公益性项目建设,可通过财全额担保或免息的方式进行补助。

（6）进一步完善水土保持、农业灌溉、建设项目占用水利设施和水域等补偿制度,探索政府征收的水利规费、土地出让收益、水利基金等划拨一定比例资金用于投资补偿专项基金。经营性项目（供排水、水力发电等）和准公益性项目（农业灌溉、防洪蓄水等）的维护与管理费用按照"谁投资、谁受益、谁收费、谁补偿"的原则,由管理单位向受益用户征收水电费补偿。对于农业灌溉用水、低保家庭用水、园林绿化用水等给予适当财政补贴,充分发挥水价的经济杠杆作用;防洪、河道治理等纯公益性项目的维护与管理费用,由各级政府从投资补偿专项基金拨款或向受益区征收地产税。

（7）鉴于水利项目特别是重大水利工程项目建设周期长,极易受经济风险、技术风险、政策风险等影响,项目主体可根据自身承担风险的程度按一定比例出资设立项目风险准备金用于补偿项目违约方带来的损失。

5.3 调水工程几个关键问题的探讨

5.3.1 移民征迁

移民是复杂的系统工程,参与移民工作的各类主体关系十分复杂,各方的权利、责任、利益如何合理划分存在很多争议,也尚未在法律上得到界定。我国水利工程移民管理尚未形成统一的管理体制,如小浪底移民管理体制是"水利部领导、业主管理、两省包干负责、县为基础",三峡移民管理体制是"中央统一领导、分省负责、县为基础",广西龙滩水电站移民管理体制是"政府负责,投资包干,业主参与,移民监理",云南省在向家坝电站、溪洛渡电站建设中实行"政府负责、投资包干、业主参与、综合监理"的移民管理体制,江西实行"政府领导、部门管理、业主参与、分级负责、县为基础"的移民工作管理体制等。

以上工程中,参与移民工作的地方政府及国土部门、林业部门、业主、设计、监理等参与移民工作的各方都感到移民管理体制不顺,工作难度大。即使是同一个工程,移民有关政策也出自多部门、相互矛盾。探索一套行之有效的、适应市场经济体制的移民管理体制尤为重要。

结合山东省实际情况,现阶段,既不能简单地把移民工作完全当成政治任务,用计划指令性完成征地移民工作,也不能把移民工作当成完全市场行为,完全推行项目法人责任制。应按照经济发展规律,在推进项目法人参与的同时,加强政府的领导。建议大型调水工程建立以契约管理为主要形式的项目法人参与制,继续完善执行政府负责制、投资包干制、移民监理制等制度。

我国实行的是社会主义制度,移民最主要的生产资料——土地属于国有或集体所有,推行的是前期补偿、补助与后期扶持相结合的移民政策。这一现实决定了我国目前还难以实现移民工作的市场化运作,单纯的项目法人参与不能完全承担起移民工作管理的重任。地方政府必须介入并承担重要角色,很多时候,地方政府承担着移民的唯一承包商的角色。地方人民政府应密切配合移民前期工作和安置规划的编制并负责组织实施,有关专业项目和城市的迁建规划必须由移民主管单位会同有关行业以及地方共同负责编制。

对于项目法人而言,应自始至终参与移民工程的全过程,对国家资金负责,使移民实施工作自始至终地按照基本建设管理程序的要求进行,通过招标投标、建设监理等工作对移民工作进行规范化管理。

在工程前期规划设计阶段,项目法人应通过招标方式择优选择勘察设计单位,做好移民安置规划和专项设施改建的设计工作。移民安置规划和专项设施改建涵盖城镇迁建和供水、公路、通信、电力、广播电视、企业、文物等专项设施处理,设计单位作为各方利益的代表,承担的不仅仅是简单的设计任务,而且肩负着协调、保障各方利益的重大责任。项目法人应选择具有综合甲级资质的主体勘察设计单位,明确主体勘察设计单位的责任与权利,保证设计成果的延续性以及符合政策依据。

在移民安置实施阶段,项目法人应聘请移民工程监理进行强化管理,保证移民工作顺利实施,提高工程投资效益。大型调水工程移民监理应以落实经济责任为核心的投资包干制和以动态目标控制为主要内容,彻底摆脱以往移民工程"花钱大敞口、投资无底洞"的顽症。

同时,项目法人应该筹措足够的移民征迁资金,并在项目实施阶段按合同的要求及年度移民经费使用计划按时向移民主管部门拨付经费,以保证移民安置任务顺利实施;同时,应配合政府移民主管部门进行移民工程实施过程中的检查、协调和验收。

5.3.2　设计监理

5.3.2.1　设计监理的必要性

设计是工程的灵魂,设计产品的好坏直接关系到工程产品质量。我国调水工程主要是以国家或地方政府为投资主体。在传统的建设管理体制下,很多行业设计院所附属于政府行业部门,承担着很多行业项目的规划与决策建议的任务。受地方政府或行业部门保护主义的影响,工程设计基本上还是指令或委托,未能形成公开招标设计单位的局面,建设单位也多在工程决策"上马"后开始组建,并多挂靠或部分挂靠在政府部门,工程技术专家少,没有形成一个有效的设计技术监督或制约机制。在建设单位和设计单位同属一个政府部门领导的情况下,建设单位更难以对工程勘测设计进行有效的技术监督,致使许多调水工程项目设计水平不高,甚至存在着隐患和严重的浪费现象。

另外,在工程设计过程中,由于设计人员对设计阶段的认识不同,可能造成设计图纸中部分内容遗漏,只提供设计要求,缺少施工措施;对结构模型划分方式不同,在设计成果中可能出现安全隐患;设计单位与施工单位的分工不同,考虑问题的侧重点不同,加上部分施工资料的缺乏等,均会使设计文件或多或少地发生偏颇。因缺乏监督设计成果的机制,若过多考虑施工的不确定因素,往往又会过于保守。

在一般工程建设中,对设计质量的审核主要依靠业主的技术部门和施工监理的图纸审查部门,由于业主主要侧重于管理,而施工监理主要审查施工图纸的可实施程度,设计院作为工程建设的一方,也不可能全面考虑业主和施工等因素,因此对设计院设计成果的审查和监督就不容易实现。

因此,引进设计监理制,通过机制提升设计阶段质量,在设计成果的安全与经济合理上实现平衡,不失为一种有益的尝试。

5.3.2.2 设计监理的价值

1.保障工程质量

由于设计单位设计水平不一、质量管理参差不齐、内部审核不严等,出现过很多设计质量问题,而工程设计质量直接影响着工程产品质量。因此,必须有一个有效的监督管理机制,以保证设计产品质量。通过开展设计监理,可以帮助勘测设计单位减少或避免勘测设计工作中可能出现的失误,优化工程设计,从而保障设计产品质量,提高工程建设质量。

2.降低工程造价

工程勘测设计阶段虽然投资费用较小,但节省工程造价的潜力却很大,一般情况可占节省工程造价潜力的80%~90%。我国工程设计费取值多以工程造价为基数,有的设计单位缺乏相关经验或设计者责任心不强,甚至为了自身利益人为提高设计标准,造成工程造价过高,严重浪费。通过开展设计监理、审查和监督工程设计,可避免或减少不必要的损失,从而可节约工程投资。

3.规范设计市场

通过设计监理,增强技术交流,打破设计封锁,可帮助中小设计单位提高设计水平,甚至可以杜绝无证设计、越级设计乃至出卖设计资质等不良现象,促进设计市场的规范化。

5.3.2.3 设计监理工作模式

目前,设计监理在国内还处于摸索阶段,没有比较统一的做法。一般而言,可采用三种模式:融合型、参与型、独立型。

1.融合型

该工作模式指设计监理融合在设计的全过程中,边设计、边审核。优点是能及时了解设计意图和要求,发现问题及时更改;缺点是设计监理独立性不强,一般设计单位也不愿意接受。

2.参与型

该工作模式指设计监理不参与设计的每个环节,但参与设计中重大技术问题、方案问题的讨论与研究。这种方式可了解设计单位总体设计思想,抓住关键技术问题,设计单位接受度相对较高。

3.独立型

该工作模式指设计监理只对设计单位提供的施工图纸或文件进行审核,不参与设计过程的审查或设计技术问题的研究。优点是设计监理独立性强,可从不同的角度研究问题;缺点是交流不方便,有时设计监理难以充分了解设计意图或要求。

5.3.2.4　设计监理工作内容

在不同的设计阶段,监理工作内容也各有侧重。决策阶段主要就工程选址、规模、设计标准、功能要求、投资分析等向业主提出科学的建议,并协助业主选择设计方案和设计单位。初步设计阶段初审总体设计、督促设计进度、检查设计质量、初审初步设计并报批。施工图阶段补充细化设计要求、协调业主与设计单位或多个设计单位间的关系、审查施工图和供图计划、督促设计进度等。

5.3.2.5　设计监理质量控制

设计监理与施工监理控制要求是相同的,包括进度控制、质量控制、投资控制,但实施过程有许多不同之处。

1.进度控制

由于施工现场地质、水流条件的限制,往往不能保证设计成果在施工前 3~6 个月前提交,因此对设计进度的要求主要是保证施工的总进度。相比于施工监理的任务是在收到设计图纸后进行施工进度控制,设计监理则按照工程的总工期,协调设计和施工的关系,加快设计文件的提交进度。

2.质量控制

相比于施工监理主要是要求施工单位按图纸和技术要求施工,设计监理则主要是对每个设计成果进行审核,保证成果满足设计规范要求,安全适用。同时,参照其他工程,对设计成果的经济合理性、可实施程度进行复核。

3.投资控制

相比于施工监理主要从施工角度完善设计,在工程投资方面难以要求设计做较大的变更,设计监理则在设计文件提交施工之前进行审核,对不合理的设计内容可以要求设计单位做出相应的修改,即可通过设计过程发挥投资控制作用。

5.3.3　项目后评价

5.3.3.1　项目后评价开展的政策依据

项目后评价源于 20 世纪 30 年代的美国。20 世纪 70 年代中期以后广泛在许多国家和世界银行、亚洲开发银行等多边国际组织的项目管理中采用。20 世纪 80 年代中后期,我国开始进行项目后评价工作。1996 年,国家计划委员会发布了《国家重点建设项目管理办法》(计建设〔1996〕1105 号),正式规定国家重点建设项目应进行后评价。1998 年,水利部颁布了《水利工程建设程序管理暂行规定》(水建〔1998〕16 号),规定项目后评价是水利工程建设程序的重要阶段。2010 年 2 月,水利部印发了《水利建设项目后评价管理办法(试行)》(水规计〔2010〕51 号),目的是加强和改进政府投资水利建设项目的管理,建立和完善政府投资水利建设项目后评价制度,规范水利建设项目后评价工作,提高投资决策水平和投资效益;同年,发布了《水利建设项目后评价报告编制规程》(SL 489—2010),规定了水利项目后评价程序和内容。2014 年 9 月,《国家发展改革委关于印发中央政府投资项目后评价管理办法和中央政府投资项目后评价报告编制大纲(试行)的通知》(发改投资〔2014〕2129 号)下发,对规范项目后评价工作,加强中央政府投资项目的全过程管理提出了明确要求。

综上所述,项目后评价作为项目全过程管理的最后一环,有明确的政策依据、工作程序,有清晰的评价路径、评价内容及成果应用要求。

5.3.3.2 项目后评价的必要性及意义

水利建设项目后评价是水利建设投资管理程序的重要环节,是在项目竣工验收且投入使用后,或未进行竣工验收但主体工程已建成投产多年后,对照项目立项及建设相关文件资料,与项目建成后所达到的实际效果进行对比分析,总结经验教训提出对策建议。

水利工程建设项目所处的区域自然经济环境条件的差异,使得各工程所发挥的效益以及对所在区域的社会、经济、环境影响的程度各有不同,对已经完成的项目的目的、执行过程、效益、作用和影响进行系统、客观的分析,通过检查总结,确定目标是否达到,项目或规划是否合理有效,并通过可靠的资料信息反馈,为未来决策提供依据。同时,对水利产业来说是一次清产核资,也是一次向全社会宣传水利工程作为基础设施产业为社会为人类创造的价值,这对深化经济体制改革,制定水利经济政策和水利建设长远规划都具有深远意义。

水利工程项目后评价是工程建设项目管理工作的延伸,属于项目管理周期中的一个不可缺少的阶段。它是通过用项目的实际成果和效益来分析评价项目决策、建设、运营的整个过程,通过经验教训的总结,为政府投资新项目的决策提供可靠的依据,为项目的立项和可行性研究提供基础资料。同时,这种评价结果可为项目的实施反馈信息,以便及时调整下一步建设投资计划,也可为建成项目进行诊断,提出完善项目的建议和方案。在项目后评价的基础上,行政管理部门还可以对国家、地区或行业的规划进行分析研究,为国家有关部门对项目评价方法与参数的修改及调整政策和修订规划提供依据。通过项目后评价,能反馈项目管理各阶段的经验教训,能进一步改进和完善项目管理工作,提高项目投资效益,促使水利项目投资的良性循环和健康发展。

5.3.3.3 项目后评价的主要材料依据和基本方法

翔实的基本资料是进行项目后评价的基础,后评价成果的可靠性在很大程度上取决于基本资料的精度。因此,对基本资料的调查、搜集、整理、综合分析和合理性检查,是做好调水工程后评价工作的重要环节。

调水工程项目后评价的主要依据和资料来源主要包括以下几方面:

(1)国家和行业的有关法律、法规及技术标准。

(2)批准的项目立项、投资计划、建设实施及运行管理有关文件资料,比如工程规划设计资料、施工建设和竣工资料、运行管理体制、机构设置、运行成本和效益等。

(3)社会经济和社会环境资料,反映项目实施和运行实际影响,如移民搬迁安置、移民生产生活恢复、生态环境监测报告,对项目区社会经济发展的影响等有关资料。

（4）国家经济政策资料,如与项目有关的国家宏观经济政策、产业政策,国家金融、价格、投资、税收政策及其他有关政策法规等。

（5）与项目后评价有关的其他技术经济资料,如国家、省、市、县（市、区）的年度国民经济与社会发展报告、水利统计年报、年度财政执行报告和统计年鉴,以及各地方、各流域水利年鉴等。

调水工程项目后评价的具体方法很多,一般可分为资料收集方法和分析研究方法。常用的资料收集方法有利用现有资料法、参与观察法、访谈法、专题调查会、问卷调查法、抽样调查法等。一般视调水工程的具体情况,项目后评价的具体要求和资料搜集的难易程度,选用适宜的方法。在条件许可时,往往采用多种方法对同一调查内容相互验证,以提高调查成果的可信度和准确性。常用的项目后评价分析研究方法有定量分析法、定性分析法、对比分析法、逻辑框架法和综合评价法等。

5.3.3.4　项目后评价的主要内容及指标

项目后评价的主要内容有:

（1）过程评价。前期工作、建设实施、运行管理等。

（2）经济评价。财务评价、国民经济评价等。

（3）社会影响及移民安置评价。社会影响和移民安置规划实施及效果等。

（4）环境影响及水土保持评价。工程影响区主要生态环境、水土流失问题,环境保护、水土保持措施执行情况,环境影响情况等。

（5）目标和可持续性评价。项目目标的实现程度及可持续性的评价等。

（6）综合评价。对项目实施成功程度的综合评价。

调水工程项目后评价是一项涉及面广且十分复杂的技术经济分析工作,需要设置一套能够反映调水工程从准备、决策、实施到投产运行全过程的实际状况,以及实际状况与预测情况偏离程度的后评价指标。应能反映建设项目从准备阶段到正常运行全过程的状况,并体现调水工程的特点,重点突出,具有针对性、可比性和可操作性。同时,要遵循动态指标与静态指标相结合、综合指标与单项指标相结合、项目微观投资效果指标与宏观投资效果指标相结合,以及价值指标与实物指标相结合的原则。

（1）规划设计和立项决策后评价主要指标。包括能够全面反映开发任务、建设方案与规模、经济效益与社会效益,以及工程量等设计与实际情况的指标。

（2）工程建设后评价主要指标。包括实际建设工期、实际工期偏离率、实际投资总额、实际投资总额偏离率等。

（3）工程管理后评价主要指标。包括工程质量复核合格品率、运行中工况合格率、安全复核率等。

（4）财务后评价主要指标。包括实际产品成本及其偏离率、实际产品价格及其偏离率、实际运行费用及其偏离率、实际效益及其偏离率等。对于进行过财务前评价的项目,尚需计算实际财务净现值及其偏离率、实际财务内部收益率及其偏离率、实际借款偿还期及其偏离率等指标。

（5）国民经济后评价主要指标。包括经济净现值及其偏离率、经济内部收益率及其偏离率、经济效益费用比及其偏离率等。

(6)移民安置后评价主要指标。包括移民安置完成率,如移民涉及村庄、搬迁人口、生活生产用地、房屋建设等实际完成数占计划的比例;移民生产生活条件达标率,如移民居住环境、住房条件、划拨的耕地、发展生产的措施、资金拨付及实际投资等达到规划指标的比例等。

(7)环境影响后评价主要指标。包括局地气候、水文、水质、水温、土壤环境、陆生和水生生物、水土流失、农业生态、人群健康、文物景观和移民安置等。

(8)社会影响后评价主要指标。包括社会就业效果、效益分配效果、项目满足社会需求程度,如项目满足需求的百分数、受损群众的补偿程度等。

上述各项主要指标,可以根据调水工程的功能情况增减。调水工程属于社会公益性质或财务收入很少的建设项目,评价指标可适当减少;涉及外汇收支的项目,应增加经济换汇成本、经济节汇成本等指标。

第 6 章　大型调水工程建设管理实践案例分析

6.1　南水北调工程

6.1.1　工程概况

南水北调工程是国家重点出资建设的目前世界上规模最大的跨流域、跨地区、长距离调水工程,主要为解决我国北方地区,尤其是黄淮海流域的水资源短缺问题。经过勘测、规划和研究,根据 2002 年国务院批复的《南水北调工程总体规划》,分别在长江下游、中游、上游规划三个调水区,通过南水北调工程东线、中线、西线三条调水线路,与长江、淮河、黄河、海河相互连接,构成我国中部地区水资源"四横三纵、南北调配、东西互济"的总体格局。

6.1.1.1　东线工程

利用江苏省已有的江水北调工程,逐步扩大调水规模并延长输水线路。东线工程从长江下游扬州江都抽引长江水,利用京杭大运河及与其平行的河道逐级提水北送,并连接起调蓄作用的洪泽湖、骆马湖、南四湖、东平湖。出东平湖后分两路输水:一路向北,在位山附近经隧洞穿过黄河,输水到天津;另一路向东,通过胶东地区输水干线经济南输水到烟台、威海。规划分三期实施,其中一期工程调水主干线全长 1 466.50 km,其中长江至东平湖 1 045.36 km,黄河以北 173.49 km,胶东输水干线 239.78 km,穿黄河段 7.87 km。2013 年 11 月 15 日,东线一期工程正式通水运行。2022 年 1 月,南水北调东线山东干线54 个设计单元工程全部通过完工验收。

6.1.1.2　中线工程

从加坝扩容后的丹江口水库陶岔渠首闸引水,沿线开挖渠道,经唐白河流域西部过长江流域与淮河流域的分水岭方城垭口,沿黄淮海平原西部边缘,在郑州以西李村附近穿过黄河,沿京广铁路西侧北上,可基本自流到北京、天津。输水干线全长 1 431.945 km(其中总干渠 1 276.414 km,天津输水干线 155.531 km)。规划分两期实施。2014 年 12 月 12日,中线工程一期正式通水运行。

6.1.1.3　西线工程

在长江上游通天河、支流雅砻江和大渡河上游筑坝建库,开凿穿过长江与黄河分水岭巴颜喀拉山的输水隧洞,调长江水入黄河上游。西线工程的供水目标,主要是解决涉及青海、甘肃、宁夏、内蒙古、陕西、山西等 6 省(自治区)黄河上中游地区和渭河关中平原的缺水问题。结合兴建黄河干流上的大柳树水利枢纽等工程,还可以向邻近黄河流域的甘肃河西走廊地区供水,必要时也可相机向黄河下游补水。规划分三期实施。

三条调水线路互为补充,不可替代。本着"三先三后"、适度从紧、需要与可能相结合的原则,南水北调工程规划最终调水规模 448 亿 m³,其中东线 148 亿 m³、中线 130 亿 m³、西线 170 亿 m³,建设时间需 40~50 年。

从南水北调东线、中线一期工程全面通水以来,截至 2021 年 12 月 12 日,工程实现了年调水量从 20 多亿 m³ 持续攀升至近 100 亿 m³,累计调水 494 亿 m³,有效缓解了华北地区水资源短缺问题。

6.1.2 工程规模

根据南水北调东线一期工程可行性研究总报告批复,按照 2004 年第三季度价格水平,东线一期工程静态投资为 383 亿元,其中主体工程为 260 亿元,治污工程为 123 亿元。按照建设期物价上涨指数 2.5%、贷款利率 6.84% 计算,动态投资为 114 亿元,其中主体工程为 82 亿元,治污工程为 32 亿元。静态投资和动态投资合计,东线一期工程总投资为 497 亿元。另按 2008 年 1 月 1 日开始实施的《中华人民共和国耕地占用税暂行条例》,增加耕地占用税约 36 亿元。

根据南水北调中线一期工程可行性研究总报告批复,按照 2004 年第三季度价格水平,中线一期主体工程静态投资为 1 365 亿元,丹江口水库及上游水污染防治和水土保持工程投资 70 亿元,合计静态投资 1 435 亿元。按照建设期物价上涨指数 2.5%、贷款利率 6.84% 计算,动态投资为 388 亿元。静态投资和动态投资合计,中线一期工程总投资为 1 823 亿元。另按 2008 年 1 月 1 日开始实施的《中华人民共和国耕地占用税暂行条例》,增加耕地占用税约 190 亿元。

以上合计,东线、中线一期工程可行性研究阶段总投资为 2 546 亿元。

6.1.3 项目法人组建

根据国务院南水北调工程建设委员会(简称建委会)批准的《项目法人组建方案》,工程建设阶段,对于主体工程,分别组建南水北调东线江苏水源有限责任公司、南水北调东线山东干线有限责任公司、南水北调中线水源有限责任公司和南水北调中线干线有限责任公司(南水北调中线干线工程建设管理局);汉江中下游治理工程由湖北省南水北调工程建设管理局作为项目法人,负责相应工程建设和运行管理。

6.1.4 资金筹措与管理

6.1.4.1 项目资金筹措

随着物价上涨,移民搬迁补偿标准大幅提高,以及一些治污项目纳入南水北调工程规划,在 2008 年南水北调东中线一期工程可行性研究报告批复时,工程资金总量高达 2 546 亿元,比总体规划批复的 1 240 亿元翻了一番。根据南水北调工程规划,确定南水北调工程由中央预算内资金、南水北调工程基金和银行贷款三部分组成的筹集方案。

其中,中央投资部分 414 亿元,占 16%;南水北调工程基金 290 亿元,占 11%;贷款 558 亿元,占 21%;重大水利工程建设基金 1 241 亿元,占 49%;地方筹资 43 亿元,占 2%。

由于重大水利工程建设基金也属于中央投资,中央投资共计 1 656 亿元,占比为

65%,地方负担大大减轻。地方资本金的出资方式,由各地根据需调水量,认购水使用权,考虑调水距离等工程因素,确定资本金额度。地方根据出资额度在公司中占有股权,以股权享有所有者权益和承担有限责任,并拥有相应的水使用权。

贷款方面,由国家开发银行企业局牵头,共 9 家银行组成南水北调工程银团,与南水北调工程建设委员会办公室(简称南水北调办)签订贷款协议,具体为:国家开发银行提供 213 亿元贷款,中国建设银行提供 85 亿元贷款,中国银行、中国农业银行及中国工商银行各提供 60 亿元贷款,浦东发展银行及中信银行各提供 5 亿元贷款(不足部分打算再用国家建立的社保基金等其他基金融资),贷款年限暂定为 20 年。

6.1.4.2　项目资金管理

经过建委会批准,工程建立了资金管理平台和科学的管理制度,通过静态控制和动态管理,对建设资金进行控制和监管。静态控制,主要是对可行性研究报告批复的资金进行投资控制。动态管理是指根据政策变化、物价变化等不可预见因素增加的资金,允许动态调整。

由于南水北调工程建设周期长(近 6 年),在建设期内,征地移民资金增加、工程建设规模扩大、物价上涨、人工费用上涨、贷款利息增加等各种因素,必然会导致工程实际投资相比可研批复仍有较大差异,经过审计署审计,南水北调办在可行性研究批复金额 2 546 亿元基础上再增加约 600 亿元,达到 3 000 亿元左右。增加的资金主要通过延长南水北调工程建设基金来解决。如果有差额,则先向银行贷款,贷款本息由重大水利工程建设基金偿还。

当工程投资和建设需求有差距,资金供不应求时,财政部允许南水北调办通过"搭桥资金"解决。所谓"搭桥资金",就是通过银行借贷"救急",防止因资金问题影响工程进度。

另外,南水北调办将最难管理的征地移民资金和治污环保资金划出去,交由有管理能力和行政职责的各级地方政府处理。其中,对于征地移民资金,南水北调办和各省市政府签订征地移民包干协议,实行任务包干、工作包干、投资包干,由地方政府包干使用。治污环保资金由国家发展改革委直接拨付,地方政府按照治污规划要求实现治污目标,对国家发展改革委负责。

6.1.5　工程征地移民

6.1.5.1　南水北调工程移民特点

(1)工程线路长、跨区域多。东、中、西三条线路均在 1 000 km 以上,仅东线、中线一期工程涉及 7 省(市),130 多个县,2 600 多个行政村。征地移民涉及行政区域多,政策统一性和地区特殊性的问题较为突出。

(2)农村移民与城市拆迁相交织。南水北调一期工程主要向城市供水,沿途涉及多座城市或郊区,涉及农村、城乡接合部和城区,城市拆迁与农村移民相交织,土地价值差别较大,补偿标准难统一,各地政策存在差异。

(3)既有库区移民,又有干线移民。南水北调工程既涉及丹江口大坝加高引起的水库淹没移民,也涉及干线渠道征地移民,具有水库淹没与工程建设占地相结合的特点。干线工程为条带状,征地多、搬迁少,大多被征地农民是通过村内调整土地进行安置。

(4)库区老移民与新移民共存。丹江口水库在20纪50年代兴建时,移民人数38.2万,移民补偿投资3.12亿元,人均816元。移民生产生活水平低,库区人地关系紧张,生态环境恶化,移民返迁严重。南水北调工程丹江口水库大坝加高后产生的淹没移民既有初期工程后靠的移民,又有大坝加高产生的新移民。新老移民交织,政策、补偿标准和安置方式复杂。

6.1.5.2 南水北调工程移民管理体制

根据国务院批准的《南水北调工程建设征地补偿和移民安置暂行办法》和国务院南水北调工程建设委员会第二次会议明确,南水北调工程建设征地补偿和移民安置工作,实行"建委会领导、省级政府负责、县为基础、项目法人参与"的管理体制。

建委会领导,是指由国务院南水北调工程建设委员会制定南水北调工程征地移民的重大方针和统一的政策,研究解决重大问题,国务院有关部门和有关省市政府作为建委会成员各负其责,做好征地移民工作。

省级人民政府负责,是指由各省级移民主管部门与项目法人签订"征地补偿、移民安置投资和任务包干协议",各省级人民政府作为本行政区域征地移民工作的责任主体,根据建委会制定的统一政策,制定本省的实施细则,在包干范围内制定具体的兑付标准。

县为基础,是指县级人民政府负责本行政区域内移民工作的具体实施,包括社会动员、资源调配、行政执法以及办理具体的补偿兑付、组织拆迁安置等基础性工作。

项目法人参与,是指项目法人履行投资人的义务,对征地移民安置资金进行筹集和安排,并参与资金使用的管理。

"建委会领导、省级政府负责、县为基础、项目法人参与"的移民管理体制,是结合南水北调工程实际情况,采取的准市场经济的运作方式。通过包干协议,南水北调工程有效地控制了补偿投资。通过项目法人与地方政府分工合作,有利于分清各方的权利和义务,保护被征地农民和拆迁对象的权益。

6.1.6 工程建设管理模式

南水北调工程建设在项目法人的主导下,实行直接管理与委托管理相结合,大力推动代建制管理的新的建设管理模式。为发挥工程沿线各省市的积极性,对部分工程项目建设采用委托制,由项目法人以合同的方式将部分工程项目委托项目所在省市建设管理机构组织建设。对工程技术含量高、工期紧的跨河、跨路大型枢纽建筑物以及省际、市际边界工程,减少建管环节,由项目法人直接管理,以利于控制关键节点工程的建设。

不论是实行直接管理还是委托制的项目,都积极推行代建制。通过市场选择,充分发挥社会管理资源在工程建设中的作用。工程建设管理及运行管理,委托有资质、有经验的建设管理单位或运行管理单位承担。代建制的推行,不仅有利于促进管理水平的提高,也为今后运行管理的资源配置预留了空间。采取新的建设管理模式是南水北调工程建设管理的实际需要,有利于发挥地方积极性,有利于提高工程建设管理的效率、降低建设管理成本和提高管理水平。

从制度上讲,《南水北调工程建设管理的若干意见》第二十条也做出明确规定:南水北调主体工程建设采用项目法人直接管理、代建制、委托制相结合的管理模式。实行代建制和委托制的,项目法人委托项目管理单位,对一个或若干单项工程的建设进行全过程或若干阶段的专业化管理。项目管理单位在单项工程建设管理中的职责范围、工作内容、权限等,由项目法人与项目管理单位在合同中约定。南水北调主体工程建设项目代建和委托管理办法由南水北调办另行制定。

6.1.7　工程建设管理体制

根据《南水北调工程总体规划》,南水北调工程实行"政府宏观调控、准市场机制运作、现代企业管理和用水户参与"的体制原则,实行政企分开、政事分开,按现代企业制度组建南水北调项目法人,由项目法人对工程建设、管理、运营、债务偿还和资产保值增值全过程负责。

南水北调工程建设管理体制的总体框架分为政府行政监管、工程建设管理和决策咨询三个方面。

6.1.7.1　政府行政监管

国务院南水北调工程建设委员会作为工程建设高层次的决策机构,决定南水北调工程建设的重大方针、政策、措施和其他重大问题。国务院原南水北调办作为建委会的办事机构,负责研究提出南水北调工程建设的有关政策和管理办法,起草有关法规草案;协调国务院有关部门加强节水、治污和生态环境保护;对南水北调主体工程建设实施政府行政管理。

工程沿线各省、直辖市成立南水北调工程建设领导小组,下设办事机构,贯彻落实国家有关南水北调工程建设的法律、法规、政策、措施和决定;负责组织协调征地拆迁、移民安置;参与协调省、自治区、直辖市有关部门实施节水治污及生态环境保护工作,检查监督治污工程建设;受国务院原南水北调办委托,对委托由地方南水北调建设管理机构管理的主体工程实施部分政府管理职责,负责地方配套工程建设的组织协调,研究制定配套工程建设管理办法。

6.1.7.2　工程建设管理

南水北调工程建设管理以南水北调工程项目法人为主导,包括承担南水北调工程项目管理、勘测设计、监理、施工、咨询等建设业务单位的合同管理及相互之间的协调和联系。

南水北调工程项目法人是工程建设和运营的责任主体。建设期间,主体工程的项目法人对主体工程建设的质量、安全、进度、筹资和资金使用负总责,负责组织编制单项工程初步设计,协调工程建设的外部关系。

承担南水北调工程项目管理、勘测(包括勘察和测绘)设计、监理、施工等业务的单位,通过竞争方式择优选用,实行合同管理。

6.1.7.3　决策咨询

成立南水北调工程建设委员会专家委员会。其主要任务是:对南水北调工程建设中的重大技术、经济、管理及质量等问题进行咨询;对南水北调工程建设中的工程建设、生态环境、移民工作的质量进行检查、评价和指导;有针对性地开展重大专题的调查研究活动。

6.1.8　南水北调中线干线工程建设管理与实践

6.1.8.1　工程概述

南水北调中线干线工程起自丹江口水库陶岔渠首闸,从江淮分水岭的方城垭口进入淮河流域,自郑州西北的孤柏嘴下穿黄河,然后沿太行山东麓北上,在河北省保定市徐水县分两路,一路至北京,一路至天津。工程全长 1 432 km,其中总干渠长约 1 276 km,天津干渠长约 156 km。工程于 2003 年 12 月 30 日开工建设。2008 年 5 月,京石段应急供水工程完成临时通水验收,9 月开始向北京供水,全线主体工程于 2013 年底基本完工,2014 年 10 月通过通水验收,2014 年 12 月 12 日全线正式通水。工程概算总投资约 1 374 亿元,主要工程量包括土石方开挖 80 049 万 m³、土石方回填 32 398 万 m³、混凝土浇筑 2 958 万 m³。

6.1.8.2　建设管理模式

南水北调中线干线工程采用直管、代建、委托三种建设管理模式。

(1)直管:项目法人针对一些技术难度大、施工周期长、建设管理复杂的控制性项目,自行组建现场建设管理单位,代表项目法人实施工程建设管理。直管项目施工投资占比 25%。

(2)代建:项目法人通过招标方式择优选取具备项目管理能力、具有独立法人资格或具有独立签订合同权利的机构或组织承担一个或若干个单项工程、设计单元工程的建设管理任务。代建项目施工投资占比 8%。

(3)委托:经国务院原南水北调办核准,项目法人以合同方式将工程建设管理任务委托给项目所在省(直辖市)原南水北调办指定或组建的建设管理单位。委托项目施工投资占比 67%。

在南水北调中线干线工程中大规模应用的直管、代建和委托相结合的建设管理新模式在国内属于首次。三种建管模式是南水北调工程建设管理的实践选择,其中直管有利于控制工程建设关键节点,代建有利于在工程建设过程中充分利用社会管理资源,委托有利于发挥地方积极性,三种建管模式相结合充分发挥了工程沿线各地方省(市)积极性,探索了长距离跨流域工程的管理新模式。

6.1.8.3　建设管理组织

实施项目法人责任制、招标投标制、建设监理制和合同管理制。建设期共有建管单位 29 个,设计单位 11 个,监理标段 99 个,施工标段 272 个,高峰期参与建设人员 10 万余人。

项目法人对工程建设总负责,监督、检查各参建单位现场工作开展情况,并给予相应指导,工作重点是解决全局性、普遍性问题。现场建设管理单位对工程建设管理负直接责任,代表项目法人对项目法人授权范围内工程建设进行全面管理,对工程的质量、安全、进度、投资、建设环境协调及设计、监理、施工等具体的建设管理工作负责。工程设计单位、监理单位和施工单位以合同为基础各司其职,分别行使技术服务、监理控制和施工保证职能。

6.1.8.4　招标投标管理

南水北调中线干线工程分为 10 个单项工程、76 个设计单元工程。每个设计单元工程都有独立的批复概算,一般大型重要建筑物为一个设计单元,渠道工程每 10~20 km 作为一个设计单元。大型建筑物一般分为 1~2 个施工标,渠道与管涵工程一般按 5~10 km 作为一个施工标。

严格按照国家相关法律、法规开展招标投标工作。项目法人成立招标委员会,设招标中心负责招标组织管理工作;委托项目具体招标工作由委托项目建设管理单位具体负责。评标委员会人数不少于 5 人,其中 2/3 成员从国务院原南水北调办评标专家库中抽取,其余 1/3 由招标中心派人组成。南水北调中线干线工程累计招监理标 99 个、施工标 272 个。

6.1.8.5　合同管理

合同分为项目建设管理合同,勘测设计合同,工程施工合同,监理(造)、监测合同,科研、咨询及技术服务合同,征地移民合同,物资及设备采购合同,设备租赁合同,银行借款合同,工程保险合同,办公及后勤服务合同等类别,合同总数为 2 313 个,合同总金额约 1 115 亿元。

各类经济活动严格按照合同管理制度进行管理。合同管理实行主管部门、专业管理部门和履约责任部门分层次管理的模式。落实归口职责,实施项目立项和评审会签制,严格履约责任,定期对合同管理情况开展审计监察。合同结算一般依据月进度考核结果进行。直管、代建项目分别由现场建管单位和代建单位负责审核,项目法人支付;委托项目由项目法人按进度拨款给委托建管单位,委托建管单位按月审核情况进行合同结算。

6.1.8.6　技术管理

1.设计管理

南水北调中线干线工程以长江勘测规划设计研究有限责任公司为设计总牵头方,共 11 家相关设计单位承担工程设计任务。设计单位主要承担施工图设计、设计交底和其他现场技术服务等任务。项目法人针对工程特性,组织有关单位编制了 35 项设计标准,指导全线工程设计工作。

2.设计变更

南水北调中线干线工程建设设计变更按照国家相关规定分为重大设计变更和一般设计变更,中线干线工程建设中共发生设计变更上千项,其中重大设计变更 77 项。各类设计变更按照职责分工实行分级管理,国务院原南水北调办负责重大设计变更的审批,项目法人负责一般设计变更的审批。

招标设计阶段的一般设计变更由勘测设计单位纳入招标设计报告中,由项目法人或委托项目建设管理单位按照相关规定进行审批。招标设计阶段的重大设计变更由勘测设计单位编制设计变更报告,直管项目报项目法人,委托项目经委托建设管理单位提出意见后报项目法人,由项目法人组织进行初审并报请国务院原南水北调办进行审批。

施工图设计阶段的一般设计变更由勘测设计单位编制设计变更报告报项目建设管理单位审批。施工图设计阶段的重大设计变更由勘测设计单位编制设计变更报告,项目法人初审后报请国务院原南水北调办审批。

3.技术标准和科技项目

中线干线工程共制定各类技术标准 65 项,其中国务院原南水北调办发布 8 项,项目法人发布 57 项。65 项技术标准中包括设计标准类 35 项,施工技术质量标准 19 项,施工工法及指南类 11 项。

中线干线工程科技项目包括特殊专项科研、科学研究试验、施工科研和技术开发等,实行立项审查制、合同管理制、专家验收制。项目经费由项目法人统一管理。代建和委托管理工程项目的施工科技项目建议书和申请书报请项目法人审查批准,由相应的建设管理单位组织实施。项目成果归项目法人和项目承担单位共同所有。项目法人在中线干线工程建设过程中配套"十一五""十二五"国家科技计划项目 13 项,配套科研费 5 837 万元,总经费 2.2 亿元。南水北调中线干线工程建设管理局直接签订科研合同 48 项,经费 1.6 亿元。

6.1.8.7　质量管理

实行项目法人负责、设计单位服务、监理单位控制、施工单位保证和政府监督相结合的质量监督和管理体系。2011 年后,国务院原南水北调办加强了质量监管,实行了"三查一举""三位一体"的质量监管体系。其中,"三查一举"是指质量监督(驻站或巡查)、专项稽查、飞检和举报调查;"三位一体"是质量责任追究体系,飞检大队通过飞检发现问题,按季度汇总提交监管中心认定责任,再由国务院原南水北调办监督司实施责任追究处罚。

国务院原南水北调办通过设立质量监督站或巡查组,开展稽查、专项检查和飞检等方式对建设质量进行监管。

项目法人通过合同管理和检查考核实现质量目标。结合国务院原南水北调办"三查一举""三位一体"的质量监管体系,完善项目法人、建管单位、现场建管机构三级质量监控体系,采取"一站、一考、一查"的强化措施,加强对施工过程的质量监管。其中,"一站"即针对关键工序,派驻建管人员随同监理旁站,对施工单位和监理单位关键工序的质量控制进行监督和检查;"一考"即对关键工序的施工质量进行考核,依照考核结果对施工班组工人实施奖罚;"一查"即现场建管机构、建设管理单位和项目法人围绕工作职责分别开展的一系列检查整改活动,主要包括原材料及中间产品例行检查、重要建筑物混凝土工程联合开仓检查和联合拆模检查,以及巡回飞检等。

除上述措施外,项目法人还组建监理实验室、业主试验检测队伍进行原材料和实体质量监控。

经过质量评定和工程验收,全线正式通水前,共评定分部工程 8 338 个,全部合格,其中按水利行业标准评定的分部工程 5 413 个,优良 4 239 个,优良率 78.3%;共评定单位工程 566 个,全部合格,其中按水利行业标准评定的单位工程 237 个,优良 216 个,优良率 91.1%。

6.2　山东省胶东地区引黄调水工程

6.2.1　工程概况

山东省胶东地区引黄调水工程是党中央、国务院和山东省委、省政府决策实施的远距离、跨流域、跨区域大型水资源调配工程,是实现山东省水资源优化配置的重大战略性、基础性、保障性民生工程,是省级骨干水网的重要组成部分。供水目标是以城市生活用水与重点工业用水为主,兼顾生态环境和部分高效农业用水。工程输水线路总长 482.4 km,工程全线共设灰埠、东宋、辛庄、黄水河、温石汤、高疃、星石泊 7 级提水泵站;布置了任家沟、村里、桂山、孟良口子及卧龙 5 座输水隧洞;新建大刘家河、淘金河、界河、孟格庄、后徐家、八里沙河 6 座渡槽;其他明渠段水闸、倒虹吸、桥梁等建筑物 496 座,管道(暗渠)段阀、井等 218 处;配套建设自动化调度系统、管理设施、水土保持和输变电工程等。该工程的兴建可为青岛、烟台、威海等胶东地区重点城市调引黄河水、长江水创造条件,缓解胶东地区的供水紧张矛盾,防止莱州湾地区海水内浸,改善当地生态环境,保证该地区社会经济的可持续发展。

6.2.2　项目建设管理组织

6.2.2.1　主管单位与工作职责

山东省水利厅是该项目主管单位,负责项目的检查、监督、管理工作。

6.2.2.2　项目业主与工作职责

山东省胶东地区引黄调水工程建设管理局作为项目业主,全面负责工程的建设与管理,承担项目法人职责,并按有关规定成立综合部、财务部和工程部等相应的管理机构,配备相应的建设管理人员,对项目建设的工程质量、工程进度、资金管理、档案管理和生产安全负总责。

6.2.2.3　项目建设管理单位

以项目业主为核心,成立了 8 个建设管理单位,分别对相应地区的项目建设进行管理,具体如下:

组建山东省胶东地区引黄调水工程渠首项目建设管理处、山东省胶东地区引黄调水工程小清河子槽项目建设管理处,分别承担滨州、东营境内引黄调水工程建设管理职责。

组建山东省胶东地区引黄调水工程潍坊项目建设管理处,承担潍坊境内引黄调水工程建设管理职责。

成立青岛市胶东调水工程建设管理局、山东省胶东调水附属工程青岛建设管理处,承担青岛境内引黄调水工程建设管理职责。

设立烟台市胶东地区引黄调水工程建设管理局、山东省胶东调水附属工程烟台建设管理处,承担烟台境内引黄调水工程建设管理职责。

设立威海市胶东地区引黄调水工程建设管理局,承担威海境内引黄调水工程建设管理职责。

6.2.3　项目投资模式与资金来源

2019 年 9 月,山东省水利厅以《山东省水利厅关于山东省胶东地区引黄调水工程初步设计变更准予水行政许可决定书》(鲁水许可字〔2019〕67 号)核定山东省胶东地区引黄调水工程总投资为 560 012.92 万元。该项目采用政府直接投资模式,资金来源各级政府财政以及部分政府债券。

6.2.4 主要建设管理措施

6.2.4.1 成立现场指挥部,实现靠前管理

自工程开工建设伊始,项目法人根据现场实际需要,先后成立了暗渠段和明渠段两个现场指挥部,抽调有经验的同志参与工程的现场管理,代表项目法人现场督导工程建设质量、进度、安全和工程验收、计量审核等工作,对工程现场坚持经常性的巡视检查。对关键施工段,派专人进驻,及时掌握工程现场情况,发现问题时能够第一时间赶到现场,参与并提出方案、解决问题,及时上报。对容易出现事故的施工地点重点检查。对防坍塌、高处坠落、沟槽两侧防护、起重机械施工、爆破作业、防火患、施工安全用电等方面进行细致的查看以及重点的强调。做到建设单位、设计单位、检测单位人员同吃同住同工作,加大质量、安全、进度现场管理的力度。

6.2.4.2 制定相关建设管理办法

项目法人成立之初,首要任务是加强制度建设。依据国家有关工程建设管理的法律、法规及标准、规定等,先后制定了胶东调水工程建设管理办法、招标投标管理办法、质量管理办法等10多个管理文件。工程施工过程中,又根据新出台的法规、标准等对工程项目管理文件进行了补充和修订。这些管理办法与规章制度对工程建设的程序化、规范化管理和保证工程建设的顺利进行起到了重要作用。

6.2.4.3 积极创建文明工地

项目法人编制了《胶东调水工程加快工程建设进度及创建文明工地奖惩办法》,增强了各施工项目部文明工地创建的意识和争创先进典型的吸引力,调动了各施工单位参与创建文明工地的热情和积极性,进一步提高了工程建设质量,强化和规范质量管理工作,通过各参建单位的共同努力,胶东调水工程多次获得文明建设工地的荣誉称号。

6.2.4.4 建立联席会议制度

针对胶东调水工程建设中遇到的重大设计变更、投资、技术、施工环境等问题,定期召开有关单位参加的联席会议,研究、协商解决问题的方案和建议,确保工程建设顺利进行。面对工作中的重难点问题,邀请专家召开专题会,借鉴专家宝贵经验,发挥集体智慧,找到解决问题的思路和方法,提出处理意见和方案,有效推动了各项工作的实施。

6.2.4.5 建立社会中介机构合作制度

聘请法律顾问机构,对合同条款及重要契约性文件进行审查,有效避免履约风险,对争议和纠纷事件提供法律支持,合理合法解决各类问题。聘请造价咨询机构,对工程预算审核把关,对合同完工结算提供审核意见,保证工程建设资金使用安全。

6.2.4.6 加强过程管理和控制,及时发现和解决问题

定期开展专项检查和综合检查。项目法人每年组织两次工程质量、安全生产综合检查,对在建工程的质量、安全及档案资料进行全面检查和梳理,做到有检查、有通报、有整改、有落实,杜绝责任事故的发生。采取设备生产监理单位、建设单位人员驻厂监造,严把生产图纸审查关、设备生产材料关、工序关,严格工厂试验、出厂验收和到货验收,确保了设备生产质量。加强安全生产管理工作,成立工程安全生产领导小组,逐级落实"一岗双责",实行网格化管理,制订安全度汛和冬季施工实施方案,开展汛前和冬季在建工程质

量与安全生产大检查,对检查中发现的质量问题及安全隐患当场下达整改通知,并跟踪落实整改,实现了安全生产无事故。

6.2.4.7　财务管理建章立制

建管机构成立之初,项目业主的财务按照《基本建设财务管理规定》等财经法规,建章立制,明确各类支出及价款结算办法。全系统统一会计电算化核算口径,适时召开财务培训班,不断提高财务人员业务素质和能力。定期开展财务检查、自查、互查。各级财务人员能够时刻警钟长鸣,严把职业操守,会计核算准确。各级单位严格按照建设程序和会计核算流程执行,严格按概算批复、合同以及计量支付手续支付各类价款,价款结算及时无误。在审计部门的项目跟踪审计下,保证各项资金安全。

6.2.4.8　完善档案管理制度

把档案管理纳入工程的合同管理。招标投标,签订勘测、设计、施工、监理等合同(协议)时,设置专门条款,对档案的载体形式、质量、份数、移交工作提出明确要求。在具体工作中,制定并严格执行可操作的档案管理程序。把档案管理纳入工程计量管理,把能否提供符合归档要求的与工程进度相对应的档案资料作为工程计量支付(拨款及结算)的条件之一。严格档案验收与移交程序。单位工程(含阶段验收)完(竣)工验收前,首先对档案进行验收,由档案管理部门做出相应的鉴定评语。档案移交,办理交接手续,作为财务结算的依据之一。

6.2.4.9　技术创新

工程建设过程中,充分利用科技创新解决难点问题,带动提升工程建设管理水平。针对胶东地区引黄调水工程输水线路长、跨越区域广、地质条件复杂、工程类别多、施工难度大、质量要求高的特点,立足工程建设实际,在建设实践中不断创新思路、丰富手段、完善措施,大力推进新工艺、新材料、新技术、新设备的应用,有力地保障了工程建设的优质与高效,同时为其他同类工程建设提供了借鉴与支持。其中,"大型预应力拉杆拱式渡槽设计研究与应用""调水工程关键技术研究及应用"荣获山东省科技进步奖二等奖,"环境保护与生态修复研究""信息化及泵站联合调度系统的开发研究""调度决策关键技术研究与应用"等多项课题荣获山东省水利科技进步奖一等奖,"水价及供水风险研究"等项目荣获山东省水利科技进步奖二等奖,"胶东地区重点城市引黄调水工程规划调查研究报告"荣获山东水利系统优秀调研成果二等奖,"胶东调水工程专题档案开发"荣获山东省档案局开发利用档案信息资源成果二等奖等。

6.2.5　主要经验

(1)项目建设管理采用政府协调、法人负责、分级管理、靠前指挥的模式,有力推动了工程实施。

胶东地区引黄调水工程包括明渠、管道、暗渠、泵站、渡槽、水闸、倒虹、隧洞、桥梁等,几乎囊括了水利工程中涉及的各类水工建筑物,距离长、途经市多、施工环境复杂、技术要求高,建设管理任务繁重。根据工程特点和工作实际,探索出"政府协调、法人负责、分级管理、靠前指挥"的建管模式,有力解决了工程建设外部环境协调、征地移民、资金到位、建设管理等过程中的难点、堵点、关键点,有效确保了工程顺利实施。

（2）工程建设过程中,运行管理单位提前介入,确保了由建设到运行的平顺过渡。转入运行后,进行了工程管理体制改革,实现了"管养分离"及标准化管理。

胶东地区引黄调水工程建设期间,运行管理单位山东省调水工程运行维护中心(原山东省胶东调水局)提前介入工程建设管理,2009年即组建管理机构,建章立制、制订运行方案、配备运行管理技术人员,负责工程看护及运行,积累了管理运行经验,培养了运行技术人员,实现了建设到运行的平顺过渡。

2019年工程竣工验收后,本着"事企分开,科学管理,规范用工,提高效能"的原则,引入第三方维修养护公司参与日常管理维护,完成"管养分离"体制改革,工程管理模式从"自管"向专业化、社会化管理转变。工程标准化管理体系框架基本形成。按照"一物一标准、一事一标准、一岗一标准"的原则,出台了相关标准、预案,工程管理实现了有规可依、有章可循。

（3）研究制订并实施了长距离、多起伏、无调蓄、明暗交替、泵站串联的管道调度运行方案(黄水河泵站—米山水库段工程),保证了运行的可控性和安全性。

黄水河泵站—米山水库段输水工程采用压力管道、暗渠和隧洞输水,具有距离长、多起伏、无调蓄、明暗交替、泵站串联等特点,确保该段工程的安全可靠运行是胶东调水工程运行管理的重大技术难题。通过对国内同类工程的调研并结合实践,研究制定并实施了明渠-泵站-管道-隧洞-暗渠输水安全调度系统和调度运行方法,编制了黄水河泵站—米山水库段输水工程调度运行方案,对管道运行初期充水、启动、故障和应急处置、停水等一一明确,解决了冬季输水运行初期水温变化对管道造成的变形影响等问题,结合动态水力模型计算、分析系统水力工况,确定了高位水池、调节水池和调流调压设备各工况条件下的调节方案和控制参数,保障了输水系统运行水压分布合理、低压安全运行的稳定工况保证了运行的可控性和安全性。黄水河泵站、高疃泵站、星石泊泵站均经历了突然停电和小流量运行等不利工况的考验,全系统运行平稳可靠,没有发生水锤破坏现象。

（4）结合工程特点及冬季运行实际,提出了冰期蓄水、分水、输水、停电、事故停机等各种条件下的控制运行方式,确保了运行安全、平稳。

冰期运行时,严格进行流量控制、水位控制和分水控制。运行管理单位编制了明渠、管道段专项调度方案及科学的应急预案,提出了冰期蓄水、分水、输水、停电、事故停机等各种条件下的控制运行方式,密切结合冰期工程运行的新情况、新特点,做好防冰塞、防建筑物和设备冻害、防事故停电、防渠道渗漏破坏,保证了管道暗渠的运行安全。

（5）建立了工程完备、设施先进、制度完善的水质保护体系,保证了水质安全。

工程运行管理单位山东省调水工程运行维护中心高度重视水质保护工作,设立了专门的水质保护部门,建立了完善的水质保护体系,制定了最严格的水质检测制度。在工程沿线设置了5座先进的自动在线监测站,可监测基本项目16~18项,并实现每分钟数据实时上传系统。同时,在工程沿线委托第三方检测单位进行取样检测,共检测《地表水环境质量标准》(GB 3838—2002)基本项目加补充项目29项。通过常规实验室检测与在线监测配合,每月汇总编制水质监测分析报告,确保调水水质安全。自2015年运行以来,输水水质符合地表水Ⅲ类标准。

（6）建设和运行期建立了完善的工程安全管理体系,确保了工程安全、调水安全、水质安全。

工程建设期间,包括项目法人在内的各参建单位建立了完善的安全生产管理体系,落实了各项安全生产规章制度,强化过程监管,建立了安全生产监督、检查机制,制订了各专项施工方案,做好安全度汛工作。胶东调水工程自开工之日至竣工验收,未发生安全生产事故。

工程运行期建立了泵站、渡槽、渠道等沉降位移观测设施,对工程沉降及位移进行观测,在明渠工程全线设置了防护网等工程措施,奠定了安全运行基础。同时,进一步完善和落实了安全生产责任制,建立了安全生产风险分级管控体系和隐患排查治理双重预防体系,建立了安全生产应急管理体系,严格风险管理要素标准化审查,防范安全生产风险,确保了工程安全、调水安全、水质安全。

(7)建设自动化调度系统工程,推进了工程网络化、数字化、智能化发展。

胶东地区引黄调水工程建设了自动化管理调度系统,搭建了稳定可靠的网络系统和基础环境、构建了先进融合的系统集成平台;实现了所有工程运行管理单元网络全面接入,水情、工情、视频信息采集全覆盖,调水业务由线下全面转入线上;实现了调水方案自动编制、运行数据实时上传、运行日报自动生成等,具备渠道不平衡量实时监控、应急调度方案快速生成、调度指令自动生成下发等功能,为运行控制决策提供支撑,达到国内先进水平。

6.2.6　工程后评价

6.2.6.1　工程后评价开展背景

山东省胶东地区引黄调水工程已于 2019 年底竣工验收并投入使用,自 2015 年按山东省政府和山东省水利厅安排部署实施应急抗旱调水,工程运行至 2021 年 6 月 30日,累计供水 11.65 亿 m³,其中累计向烟台市供水 7.29 亿 m³,向威海市供水 3.95 亿m³,向平度市供水 0.41 亿 m³,为缓解胶东地区水资源供需矛盾,保障供水需求,保障国民经济和社会稳定可持续发展起到重要作用。该项目建设规模大、条件复杂、工期长、投资大,对优化水资源配置、保障供水安全有重要作用,符合组织开展后评价工作的条件。2021 年 7 月,山东省水利厅印发《关于开展山东省胶东地区引黄调水工程后评价工作的通知》(鲁水调管函字〔2021〕16 号),对组织胶东调水工程后评价工作进行了部署。同年8 月,水利部调水管理司下发《关于组织开展典型调水工程项目自我总结评价工作的函》(调管函字〔2021〕4 号),确定以胶东调水工程等 3 项工程为典型,开展项目自我总结评价试点工作。

6.2.6.2　工程后评价的主要内容

工程后评价的主要内容包括过程评价(前期工作评价、建设实施评价、运行管理评价)、经济评价(财务评价、国民经济评价)、环境影响评价、水土保持评价、移民安置评价、社会影响评价、目标和可持续性评价等。特别针对调水工程的特点及运行情况,创新增加了工程运行评价内容,对工程调水计划执行情况、运行时长、水量利用情况、各类输水工程运行情况等 16 个方面进行了全面分析和评价。

《山东省胶东调水工程后评价(自评估)报告》(简称《后评价报告》)总结了项目建设

管理、运行管理、联合调度、控制运行方式、水质保护体系、安全管理体系、自动化调度系统等7个方面的主要经验;归纳了工程前期建设和运行过程中存在的主要问题,对问题产生的原因进行了全面深入的研究分析,并相应提出了完备工程设施、加强水价核定机制研究、论证工程扩大供水规模的可行性等后续工作建议,为工程进一步完善功能、发挥效益提供了有力的技术支撑;同时,从调水工程选线、末端工程规模、环境保障体制机制、利用已有工程的注意事项等方面对未来新建其他调水工程提出了建议。

《后评价报告》先后通过了山东省水利厅初审及水利部复审,根据水利部专家咨询意见,认真修改完善,最终形成评价报告,科学评价了胶东调水工程前期工作、建设实施、运行管理等相关情况,为后续调水工程的规划制定、项目审批、投资决策、工程建设、运行管理提供了参考依据。

6.2.6.3 主要特点

(1)作为全国首批工程后评价试点之一,评价充分考虑调水工程特性。

工程后评价是水利工程建设程序的重要阶段,本项目是全国首批针对调水工程开展的后评价,在规范要求的评价内容的基础上,充分剖析调水工程特点,创新提出了调水工程在运行管理中增加调水计划执行情况评价、输水明渠、管道、暗渠及隧洞、泵站、渡槽工程及自动化调度系统运行评价、沉沙功能评价等16个方面的评价内容,针对性、适用性强,成果得到了水利部专家的高度认可,对后续山东省内乃至全国调水工程后评价工作的开展具有重要的参考意义和指导价值。

(2)评价范围广,跨越时间长。

评价范围不仅包括了引黄济青改建配套工程、宋庄分水闸后新辟输水线路(309.81 km)以及沿线的水工交叉建筑物在内的所有工程内容,还对工程所在地[6个市14个县(市、区)]和受水区[3个市12个县(市、区)]所涉及的社会、经济、生态、环境、移民等进行了调查评价;评价时间段从项目前期立项到应急调水后40年,涵盖了项目的全生命周期。

(3)采取了科学合理的资料收集方法,基础资料翔实、充分、可靠。

采用参与观察法、利用现有资料法、访谈法、专题调查会、问卷调查法、抽样调查法等方法搜集工程后评价所需要的政策依据、工程前期工作及建设管理、水保环保、移民、财务、调度运行、工程管理、工程过程评价、环境影响及水土保持评价、调度运行评价等,工程的运行数据、安全监测、维修养护等,区域经济社会、水资源、生态环境、地下水位、实际供水对象和供水量、水库水质等资料,发放收集移民安置、社会影响3大类共746份调查问卷,基础资料全面、丰富、翔实,为后评价工作开展奠定基础。

(4)提出了各阶段科学合理评价方法和评价指标。

根据不同阶段的评价内容和特点,选取了定量分析法、定性分析法、对比分析法、逻辑框架法和综合评价法等多种评价方法,提高了评价的科学性和精准性。按照动态指标与静态指标相结合、综合指标与单项指标相结合、微观效果指标与宏观效果指标相结合以及价值指标与实物指标相结合的原则,科学地提出了不同阶段的评价指标,充分反映了调水工程从准备阶段到正常运行全过程的状况,具有科学性、针对性、可比性和可操作性。

(5)综合多种调水方案进行财务评价。

由于预测运行期供水量具有不确定性及水价政策周期性调整的特性,综合考虑多种调水方案进行财务评价分析,通过对不同供水水源和水费收缴方案的财务评价分析,得出最优的供水和水费收缴方式,为日后供水水源选用和水费收缴方式调整提供财务技术支撑。

山东省胶东调水工程后评价运用了科学、系统、规范的方法,对项目决策、建设实施和运行管理等各阶段及工程建成后的效益、作用和影响进行了全面分析和评价,总结了经验不足,为工程进一步完善功能、发挥效益提供了有力的技术支撑,完善了项目全生命周期建设管理程序,对不断提高工程建设管理和运行调度水平具有非常重要的借鉴价值。另外,成果对未来新建其他调水工程提出了客观建议,对后续类似调水工程的规划编制、项目审批、投资决策、工程建设、运行管理等具有非常重要的指导和借鉴意义。

6.3 山东省引黄济青改扩建工程

6.3.1 工程概况

引黄济青工程是为解决青岛市及工程沿途城市用水并兼顾农业用水、生态补水而投资兴建的山东省大型跨流域、远距离调水工程,是国家"七五"期间重点工程。该工程自滨州市博兴县打渔张引黄闸引取黄河水,途经滨州、东营、潍坊、青岛 4 市。工程自 1986 年 4 月开工,1989 年 10 月建成通水。运行多年后,自 2014 年起开始引黄济青改扩建工程建设,主要建设内容为渠首取水工程、输水渠道改造工程、棘洪滩水库加固与改造工程、大沽河枢纽加固改造工程、机电及金属结构改造工程、管理设施维修改造、水土保持工程、环境保护工程。该工程初设批复概算投资为 11.76 亿元,2019 年设计变更增加 1.76 亿元,调整后的工程总投资为 13.52 亿元。

6.3.2 项目建设管理组织

该项目上级主管部门为山东省水利厅,负责项目的检查、监督、管理工作,协调投资筹措方案,督促投资及时到位。项目法人为山东省调水工程运行维护中心,现场管理机构为山东省调水工程运行维护中心滨州分中心、东营分中心、潍坊分中心、青岛分中心。各分中心受项目法人委托,承担相应建设管理工作。

6.3.3 项目招标管理

引黄济青改扩建工程招标均按规定严格履行招标投标程序,采取国内公开招标方式,并接受山东省水利厅的监督、检查。

山东省水利厅对所有招标项目进行指导和监督,在每批次工程项目具备招标条件后,山东省调水中心书面向山东省水利厅报送招标请示报告,明确该批次的招标内容、招标组织形式、招标计划安排、投标人资格、评标标准及评标办法、评标委员会组建方案等,待山东省水利厅同意后组织实施。按有关程序组织评标,公示结束后,按规定在有关网站发布中标通知书,并以书面形式将招标总结报告报山东省水利厅备案。

6.3.4 合同管理

为进一步加强工程合同管理,规范合同订立,促进合同履行,防范合同风险,根据国家相关法律、法规,山东省调水中心制定了《山东省引黄济青改扩建工程合同管理办法》,对合同签订程序、履行、变更和解除、纠纷处理等各方面做出了具体规定。

6.3.4.1 合同的订立

在项目招标阶段,结合工程实际,认真编制招标文件,细化招标设计,组织审查技术条款和专用条款,分析可能存在争议的合同条款和细则并明确意见,避免合同执行期间产生纠纷;项目中标通知书下达后,与中标人依据招标文件中约定的合同条款订立合同,对部分其他需特别载明的事项,通过双方协商的方式签订会议纪要或补充合同协议书;合同文本采用部门会签方式,并送交法律咨询单位审查,保证合同条款严谨合法;合同签订的同时,与中标单位签订廉政责任书和安全生产责任书,明确双方在廉政和安全生产方面的责任与义务。

6.3.4.2 合同的履行

合同履行过程中,山东省调水中心对质量、进度、投资、安全实行全过程控制。跟踪、收集工程有关信息,认真按照合同约定履行义务和权利;加强施工和设备生产过程中的质量控制,严把各环节的验收质量;严格控制施工和设备生产进度,按照合同文件规定的条款规范工程量计量和价款结算,及时处理工程实施过程中出现的变更、索赔、延期等问题;严格按照有关程序处理合同变更,对部分其他需特别载明的事项,通过双方协商的方式签订会议纪要或补充合同协议书,切实把合同作为建设管理的依据和基础。工程建设过程中,合同双方基本能遵守条款约定,履行合同义务,合同执行情况较好。

6.3.5 资金管理

(1)筹措工程建设资金。根据概算总投资的资金构成,在山东省水利厅的领导下,积极筹措各项建设资金,满足工程用款需要。目前,正积极向山东省财政厅请示,落实资金。

(2)建立健全机构和制度。根据《水利基本建设资金管理办法》(财基〔1999〕139号)、《基本建设财务管理规定》(财建〔2002〕394号)、《会计基础工作规范》(财会字〔1996〕19号),成立专门财务管理部门,负责资金管理工作,先后制定了《山东省引黄济青改扩建工程财务管理办法》《山东省引黄济青改扩建工程价款结算支付办法》《山东省引黄济青改扩建工程建设单位管理费使用管理办法》等制度。

(3)规范会计核算和决算编制。严格执行《国有建设单位会计制度》、《基本建设财务管理规定》(财建〔2002〕394号)、《水利基本建设财务管理规定》等相关规定。规范成本核算,做到科目运用合理、数字计算准确、账目记载清晰、账据相符、账表相符、账账相符。财务管理工作的规定符合会计基础工作要求,凭证装订整齐,制作基本规范,附件资料齐全,投资核算基本准确。按规定及时、准确、全面编制工程竣工财务决算。

(4)加强资金使用管理。开设工程建设资金专户,实行专户存储,专款专用。把好工程资金支付关,各项工程支出全部按照合同规定执行,由施工单位申报,监理工程师签证,建设单位工程部门审核,财务部门复核后报主管领导审批支付。

（5）加强单位内控管理。开支实行预算管理，先报用款预算，经领导批准后开支，票据合法，手续齐全，开支合理。严格审核每一张原始凭证的真实性和合法性，不合规的拒绝报销。对购买的固定资产、工具用具进行登记，对贵重物品落实到专人。

（6）加强资金监督检查。加强检查监督，山东省建管局、各建设单位加强财务自查和下级单位检查、指导，规范资金使用和财务行为。通过规范管理、严格控制，山东省引黄济青改扩建工程资金管理工作取得较好的成效，在历次检查、稽查中均得到充分肯定。

6.3.6　工程质量管理

工程建设贯彻执行"百年大计，质量第一"的方针，建立健全"政府监督、项目法人负责、社会监理、企业保证"的质量管理体系，实行工程质量领导责任制。项目法人和各现场管理机构建立了质量检查体系，监理单位建立了质量控制体系，施工单位建立了质量保证体系，设计单位建立了设计服务体系。

山东省调水中心成立工程质量管理领导小组，全面负责引黄济青改扩建工程建设质量管理工作。各分中心作为工程建设现场管理机构，管理、协调、服务工程施工。建立健全施工质量检查体系，根据工程特点建立质量检查机构，配备相应质量管理人员，对工程质量负全面责任。山东省调水中心制定了《山东省引黄济青改扩建工程质量管理办法》《山东省引黄济青改扩建工程质量检测实施细则》等，强化工程制度监管。针对施工项目特点，组织专业人员编制了《山东省引黄济青改扩建工程施工技术要求》，并以鲁胶调水改扩建字〔2014〕18 号印发，明确了施工技术要求，严格控制质量标准。

设计单位对其编制的勘测设计文件的质量负责。建立健全设计质量保证体系，加强设计过程质量控制，每批次施工图设计完成后，均组织专家进行施工图评审，设计单位按评审意见修改后实施。健全设计文件的审核会签制度，做好设计文件的技术交底工作。施工过程中，成立设计代表组，派设计代表常驻工地，及时处理现场技术问题。

监理单位依据投标文件及监理合同组建工程项目监理机构，派驻施工现场。监理工作实行总监理工程师负责制。项目监理机构按照"公正、独立、自主"的原则和合同规定的职责开展监理工作，并承担相应的监理责任。监理人员严格履行职责，根据合同的约定，工程的关键工序和关键部位采取旁站方式进行监督检查。强化施工过程中的质量控制，上一工序施工质量不合格，监理人员不签字，不准进行下一工序施工。

施工单位依据投标文件及施工合同组建工程项目施工项目部，加强施工现场管理，建立健全质量保证体系，落实质量责任制，对施工全过程进行质量控制。在施工组织设计中，制订质量控制措施计划和工程质量管理目标，在施工全过程中，明确岗位质量责任，加强质量检查工作，制定工程质量管理、原材料管理、技术交底、技术培训、技术方案报审、工程质量检验评定、质量奖惩等制度，并认真执行落实。

6.3.7　工程安全管理

6.3.7.1　落实安全管理组织结构

山东省调水中心成立了以主任为组长的工程安全生产领导小组，负责全中心的安全生产指导、检查工作，严格落实安全生产"一岗双责制"，与各分中心、参建单位签订安全生产责任书,层层建立责任制,将安全生产责任落实到具体单位和个人。

施工单位由项目经理、技术、质量、安全负责人等组成安全生产领导小组,项目经理为安全第一责任人,建立健全了各项安全生产制度和安全检查制度,保证了工程施工安全。在施工过程中,未发生安全事故。建立以项目经理为首的安全生产保证体系,坚持管生产必须管安全的原则。项目经理为安全生产第一位责任人,建立以项目总工程师为首的技术安全保证体系,研究、制定和落实安全技术措施,组织安全知识的教育和安全技术知识培训工作。建立以安全科长为首的专业安全检查保证体系,配备专职安检员,坚持经常检查与定期检查相结合,普通检查与重点检查相结合的安全检查制度。查出事故隐患,并采取相应的预防和控制措施。

6.3.7.2 制定安全生产规章制度

山东省调水中心结合工程特点,组织制定《山东省引黄济青改扩建工程安全生产管理办法》,明确参建单位安全管理职责、管理措施和安全事故报告程序。在系统内制定年度安全生产管理工作考核制度,将安全生产目标纳入年度(绩效)考核,充分调动各单位工作积极性和主动性。监督检查各施工、设备生产单位建立安全生产责任制度、隐患排查与治理制度、安全教育培训制度、特种作业人员管理制度、职业健康管理制度、消防安全管理制度、交通安全管理制度等的制定和落实情况,并要求各施工单位根据岗位、工程特点,引用和编制岗位安全操作规程,发放到相关班组,严格执行。

6.3.7.3 强化过程监管,不留安全隐患

山东省调水中心建立安全生产检查机制,定期组织安全生产检查,对各参建单位安全落实情况进行评分考核。在沿线推行"安全生产年""安全生产月"活动,提高参建单位安全生产工作的重视程度。对在建工程,要求参建各方切实履行自身安全职责。建设期间,由现场管理机构负责监督施工项目部认真制订施工方案、安全方案并严格执行,严禁擅自改变设计施工方法或简化工序流程,严肃作业纪律;加大对深坑开挖、高空临边、模板支撑、脚手架、塔机等危险性较大的施工作业的监管力度,特种作业人员必须持证上岗,施工作业过程加强现场监理;要保证安全投入的落实,严格按照现场实际需要配备安全管理人员、配置检查检测设备;健全事故预防和应急体系,加强隐患排查,发现安全风险要迅速、正确做出应急处理并及时上报,防患于未然;建设期间,每年组织建管、监理、设计、施工等单位对全线工程进行安全生产检查,督导各施工承包单位落实各项安全措施,重点抓好安全防护用具佩戴、特种作业人员持证上岗、危险作业区域警示牌照悬挂、节假日安全值班、规范作业等内容,对发现的问题印发检查通报,实行销号制度,限期整改落实。

6.3.7.4 编制安全生产应急预案

山东省调水中心组织参建单位,根据工程施工特点和范围,对施工现场易发生重大事故部位、环节制订专项施工方案,预防安全突发事件。督导各施工单位制订安全事故应急救援预案,落实应急抢险队伍,做好抢险物资储备,加强抢险队伍培训和演练,做到应急处置快速高效,加大安全生产知识宣传教育力度,努力提高安全生产责任意识。

6.3.7.5 做好安全度汛工作

山东省调水中心组织有关施工单位编制安全度汛预案,并组织专家审查和核备,汛期严格按度汛预案进行施工作业,做好防汛物资、设备、人员的相关准备工作。

6.3.7.6 完善档案资料

要求各参建单位认真做好安全生产资料的收集、归档工作,建立安全生产台账,制定档案管理制度,确保资料收集及时、准确、齐全。通过资料的记录、整理和积累起到自我督促、强化安全生产管理的意识,提高安全生产管理水平。

6.3.8 文明工地建设

在施工现场设置明显的施工标牌;现场管理人员配证上岗,管理人员与工人戴不同色安全帽;现场材料分区堆放,做到成垛、成堆、有序,工完料清;在区域内的深坑、沟槽周围设置围栏或安全标志;遵守社会公德、职业道德和法律、法规,妥善处理与施工现场周围的公共关系。

6.4 山东省黄水东调应急工程

6.4.1 项目基本信息

山东省委、省政府为缓解胶东地区青岛、烟台、潍坊、威海四市的供水危机,有效提高胶东地区黄河水利用率,改善胶东地区特别是北部沿海生态环境等而确定的省级重点水利工程。工程建设任务是利用青岛、烟台、潍坊、威海四市的黄河用水指标先期缓解潍坊北部寿光市、滨海经济技术开发区及昌邑市的用水危机,并相机向青岛、烟台、威海调水,缓解三市的水资源供需矛盾。根据工程建设需要及功能,工程主要建设内容为引水工程、提水工程、沉沙及调蓄工程、供水工程等。

6.4.2 项目建设管理模式

为做好黄水东调应急工程建设管理,水发集团有限公司组建了山东水发黄水东调工程有限公司作为项目的项目法人,负责项目工程建设管理。由于该工程跨东营、潍坊两市,山东水发黄水东调工程有限公司分别委托东营市政府和山东省淮河流域水利管理局规划设计院作为东营段、潍坊段工程的委托建管单位和代建单位,实施工程建设管理,对工程质量、实施进度、安全生产和资金管理等工作具体负责。

6.4.3 黄水东调应急工程(潍坊段)代建具体实践

6.4.3.1 代建组织

黄水东调应急工程(潍坊段)的代建单位为山东省淮河流域水利管理局规划设计院,承担潍坊段工程建设实施阶段的建设管理工作,并与项目法人签订代建合同。为做好潍坊段工程建设管理,代建单位专门成立了山东省淮河流域水利管理局规划设计院黄水东调应急工程(潍坊段)代建项目部(下称"代建项目部"),具体负责工程代建管理工作。

6.4.3.2 项目法人职责

(1)组织编报可行性研究报告和初步设计,参与组织编制项目施工图设计和招标设计。

（2）负责建设资金筹措和工作关系的协调。

（3）负责组织办理与项目相关的审批、许可等项目的审批、许可手续。

（4）监督检查工程进展和资金使用管理情况，并协助做好上级有关部门的稽查和审计工作。

（5）组织或参与本工程项目法人验收、阶段验收、专项验收和竣工验收工作。

（6）配合当地政府和有关部门做好工程建设的征地迁占和移民安置以及治安保障工作等。

6.4.3.3 代建项目部职责

（1）按初步设计批复的工程规模、内容和标准组织本工程项目实施，抓好项目建设管理，对项目建设的工程质量、进度、资金管理和安全生产等负责。依法承担建设单位的质量责任和安全生产责任。

（2）协助项目法人编制招标方案，参与项目招标投标工作，与项目法人共同和中标单位(监理、施工、采购、检测)签订合同。

（3）协助办理项目移民征地、水保、环评等与本工程有关的审批、许可手续；协助办理招标备案、开工备案、质量与安全监督、验收申请和资产移交等手续。

（4）提出主体工程项目划分申请。

（5）按合同建设目标，及时编制项目年度实施计划和资金使用计划，负责按批准的年度计划组织实施。

（6）按时编制上报工程建设计划、进度等报表。

（7）加强施工现场组织管理，严格禁止转包、分包等违法行为。

（8）按照有关规定做好本工程设计变更审查报批工作。

（9）及时组织研究和处理建设过程中出现的技术、经济和管理问题，按时办理工程结算。

（10）组织编制在建工程度汛方案，报项目法人审核后上报有关部门审批或备案。组织参建单位认真落实安全度汛措施，确保在建工程度汛安全。

（11）组织本工程项目的分部工程、单位(或合同)工程完工验收；组织相关参建单位做好阶段验收、专项验收、竣工验收等准备工作。

（12）组织完成质量评定，协助做好本工程竣工财务决算的编制和审计工作。

（13）负责做好代建项目部档案管理工作；监督、检查和指导参建单位档案资料的收集、整理、归档和保管工作。

（14）配合做好上级有关部门(单位)的稽查、审计等工作。

6.4.3.4 代建制度汇编

在工程建设管理过程中，代建项目部为建设优质、安全、廉洁工程，贯彻依法建管、从严建管、科学建管、阳光建管的理念，依据国家、部、省及水利厅法律、规章、规程、规范，结合工程实际，制定了《山东省黄水东调应急工程(潍坊段)建设管理(代建)制度汇编》，分别为：

山东省黄水东调应急工程(潍坊段)建设管理实施办法；

山东省黄水东调应急工程(潍坊段)验收管理办法；

山东省黄水东调应急工程(潍坊段)设计变更管理办法；

山东省黄水东调应急工程(潍坊段)质量管理办法；

山东省黄水东调应急工程(潍坊段)安全生产管理办法；

山东省黄水东调应急工程(潍坊段)安全生产工作制度；

山东省黄水东调应急工程(潍坊段)重大(主要)重大危险源登记管理办法；

山东省黄水东调应急工程(潍坊段)文明工地创建管理实施管理办法；

山东省黄水东调应急工程(潍坊段)文明工地施工管理办法；

山东省黄水东调应急工程(潍坊段)合同管理办法；

山东省黄水东调应急工程(潍坊段)档案管理制度；

山东省黄水东调应急工程(潍坊段)档案管理暂行办法；

山东省黄水东调应急工程(潍坊段)廉政建设管理办法。

《山东省黄水东调应急工程(潍坊段)建设管理(代建)制度汇编》涵盖建设管理、质量管理、安全管理、进度管理等制度共 13 篇。随着代建管理实践的不断深入,管理制度也在项目建设过程中进行不断完善。

6.5　东深供水改造工程

6.5.1　项目基本信息

东深供水工程的主要任务是向香港及工程沿线提供饮用水源及工农业用水。该工程北起东江中游东莞太园抽水泵站,途经莲湖、旗岭和金湖 3 个泵站将水位提升 46 m 后注入深圳水库,再通过涵管进入香港的供水系统,是目前世界上已建成的供水水量最大的全封闭专用输水系统工程。该工程于 1964 年 2 月 20 日开工,1965 年 2 月 27 日竣工,同年 3 月 1 日正式向香港供水。输水线路全长 83 km,供水能力达到 6 820 万 m³/a。工程自建成以来,随着香港及深圳社会经济的发展,需水量的不断增加,前后共进行过三期扩建。在第三次扩建于 1994 年 1 月 23 日竣工全线通水后,对香港、深圳和工程沿线城镇供水分别达到每年 11 亿 m³、4.93 亿 m³ 及 1.5 万 m³。

20 世纪 80 年代以后,随着深圳及东莞地区经济的快速发展,作为东深供水工程输水载体的石马河受到的污染越来越严重,严重影响东深水质。为彻底解决东深供水工程水质污染问题,1999 年 8 月,国家计划委员会批准对东深供水工程进行根本性的改造,并于 2000 年 8 月 28 日动工兴建,建设专用输水系统,实现清污分流,以保证供水水质,并同时适当增加供水能力以解决深圳市和东莞市沿线地区用水的需求。

东深供水改造工程全长 51.7 km,总投资为 49 亿元。2003 年 6 月 28 日,工程全线建成通水。工程投入使用后,年供水总量达到 24.23 亿 m³,供水保证率 99%,对粤港的繁荣稳定和可持续发展发挥了巨大的作用。东深供水改造工程建设内容包括:3 座供水泵站;7 条隧洞,总长 15 km;3 座渡槽,总长 3.9 km;7 条混凝土箱涵,总长 14.56 km;5 条混凝土倒虹吸管,总长 2.66 km;1 条混凝土地下埋管,全长 3.4 km;扩建 9.1 km 人工渠道和沿线分水工程。

6.5.2 项目建管模式

与东深供水工程第一、二、三期扩建工程采取的传统工程项目管理模式不同,东深供水改造工程的业主广东粤港供水有限公司将该工程的设计、采购和施工以总价承包的形式委托给广东省供水工程管理总局。广东省供水工程管理总局高标准、严要求组建了东深供水改造工程的建设管理机构"广东省东江—深圳供水改造工程建设总指挥部"作为其代理人,具体承担东改工程建设管理任务,行使项目法人的职权,负责组织设计、监理、施工招标,设备、材料的采购、施工准备,征地移民,施工管理等工作;负责按项目的建设规模、投资总额、建设工期、工程质量,实行项目建设的全过程管理。东深供水改造工程项目管理承包(PMC)建设模式的特征如图 6-1 所示。

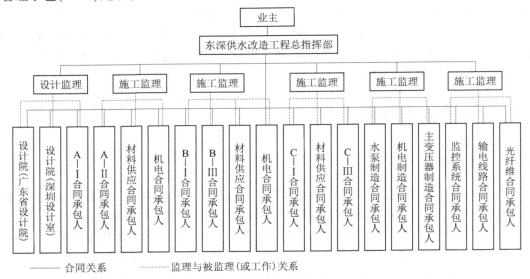

图 6-1 东深供水改造工程项目管理承包(PMC)建设模式的特征

东深供水改造工程的 PMC 承包商东深供水改造工程总指挥部拥有大批专业人员,具有丰富的项目建设管理知识和经验,熟悉整个建设流程。其技术实力和管理水平均强于附属于业主的基建指挥部。通过代行业主职能,对项目进行管理,极大地提升了项目管理水平和工作效率。

PMC 模式下为东深供水改造项目引入了严格的以合同管理为核心的法治建设机制。东深供水改造工程总指挥部全心全意做好项目控制工作,业主则侧重于监督合同的执行和工程项目管理单位的工作情况,在项目建设过程中,只派极少数人来监督工程建设情况。这使得业主可以大幅精简机构,仅需保留很少的人数管理项目。

6.5.3 项目招标投标管理

6.5.3.1 针对工程特性,科学合理分标

业主组织专家对分标方案进行反复论证,充分考虑了工程项目的特点、类型和布置形式,将工程项目进行合理的合并和分解,最后确定主体土建工程 16 个标段、分水工程 8 个

标段的分标方案。

以上标段划分形成了有利的竞争环境,充分发挥了竞争作用,合理降低工程造价,减少了项目法人风险;方便了合同和工程现场的管理,确保各合同主体责任明确,避免出现施工线路过长、施工地点分散、搭接工作面相互干扰的现象,有效地减少了不必要的索赔和合同纠纷;充分考虑了工程进度的衔接,尤其是明确地划分了关键线路上的项目,确保工程进度目标的控制。

实践表明,工程的分标方案对降低工程造价、保证工程质量和加快工程进度均起到了积极的作用。

6.5.3.2　精心编制招标文件

东深供水改造工程招标文件严格遵守国家有关招标投标的各项法律、法规和规范性要求,其合同条件采用了水利部、国家电力公司和国家工商行政管理局联合颁布的《水利水电工程施工合同和招标文件示范文本》(GF-2000-0208),并结合工程的实际进行编制。

招标文件的编制一方面严格依据工程的设计深度,真实客观地反映工程实际;一方面在合同条件中合理分摊风险,使承包商在掌握可靠信息的基础上投标,尽可能避免信息不完备而引发的风险或不恰当地转移风险。同时,招标文件的编制体现了透明公平,确保投标人公平地参与竞争。

6.5.3.3　建立合理、严密的标底形成机制

通过科学编制、严格审核,建立严密、科学的标底形成程序。在开标阶段,由各评标专家根据工程的特点、当前的定额标准、招标单位的招标意图等几方面,以记名方式对审核标底进行下浮,下浮范围为-5%~0%,并封存于工程交易中心。在决标会上,公开公布审核 B_0 与评标专家的标底下浮率后,将各专家下浮率平均得出专家综合标底合理下浮率 f,最后形成最终标底 B,其计算公式为 $B=B_0 \cdot (1+f)$。

通过对标底的编制、审核和合理的下浮,从而保证了标底形成的科学性和合理性。同时,工程的标底形成全过程是在政府有关部门的严格监督下,在全封闭的环境中完成的。在机制上确保其标底形成的客观性与可靠性,为招标的公正、科学打下了基础。

6.5.3.4　建立科学的评标决标方法

东深供水改造工程的评标采用两阶段法,并将评标、决标紧密结合在一起,确保定标结果的透明性。具体做法是:

(1)开标会上公布投标报价,并对投标文件响应性和有效性、投标保函、投标报价 B_i 等进行初步评审,确定进入详评阶段的投标文件。

(2)在封闭详评阶段,由评标专家依据公开公布的评价指标,对投标文件在技术方案、资源投入、主要技术指标、投标报价和企业资信 5 个方面 18 个单项逐项进行记名打分,得出各评价指标的专家平均得分,最后将各项单项得分相加得到各投标单位的专家评审分 F_1。

(3)决标会上,公布各投标单位的评标专家评审分 F_1 和封存于交易中心的专家标底合理下浮率及审核标底 B_0,当场计算出最终标底 B,并计算出其投标报价分 F_2 $[F_2=250\times (B_0-B_i)/(B_0+20)]$,得出综合得分 $F(F=F_1+F_2)$,最终当场确定综合得分第一名即为中

标单位。

采用两阶段评标法,开标会上仅开启投标报价,并不开启标底,这样就促使评标专家能够专心评审施工组织、技术方案、主要项目的投标报价合理性和企业业绩与信誉,保证专家技术评审的真实合理。

评标中各评标专家根据自己的经验和评标原则独立记名得出各投标单位的专项得分和标底合理下浮率,最后决标会上当场公布综合评审结果、标底合理下浮率、标底,依据评标专家的评标结果当场确定并公布中标结果,确保评标工作的公开透明性,有利于政府和社会的监督审查,有效地保证了评标决标的廉洁。

6.5.3.5 充分发挥监理和其他咨询专家的作用

招标准备阶段,监理工程师重点对工程的分标方案、招标文件的商务文件、技术条款、招标图纸等进行审查,对评标办法的编制原则提出咨询意见;合同谈判阶段,对投标文件的施工组织设计、投标报价工程量清单等方面进行审查,并全过程参加合同的谈判和签署。通过监理在招标中的积极作用,一方面可以根据其管理和技术实践经验使招标方案和招标文件更为完善,使招标准备工作更为充分,另一方面可以使监理单位能够尽早熟悉合同文件,为今后更有效地执行监理任务起到重要作用。

邀请各行业专家,依据其工程经验,对招标文件的技术条款和图纸进行审查,对评标指标体系的设置和权重提出咨询意见,为评标办法的科学、可行以及今后施工中的技术管理提供有效保障。

邀请律师对招标文件的商务文件、合同格式文件及投标文件进行法律咨询,并全过程参与合同谈判,对合同主要内容提供法律解释,为减少合同纠纷起到重要作用。

6.5.4 项目进度管理

东深供水改造工程投资大、线路长、工程量大、结构形式多样且较复杂、征地难度大,面临着供水系统水质日益恶化,工程建设工期紧迫,建设任务重,进度控制尤为重要。

6.5.4.1 面临的进度风险

东深供水改造工程建设是在复杂的自然环境和社会环境中进行的,影响项目建设的不确定因素众多,包括水文气象、工程地质、征地拆迁、自然和社会环境、施工技术、工程变更、材料设备供应、设计、资金、人为管理等因素。

(1)水文气象因素:东深供水改造工程地处广东省南部,濒临南海,受亚热带季风雨影响很大,高温,降水量大,工程约2/3线路跨越石马河或紧邻石马河施工,直接受石马河洪水影响;莲湖、旗岭、金湖三泵站,旗岭、樟洋、金湖三渡槽等施工项目都需高于地面20m以上作业,严重受台风影响;台风、洪水、暴雨对工程建设进度控制按计划实施造成了不确定性。

(2)工程地质因素:东深供水改造工程输水结构线路长、跨度大,输水建筑物工程区的地形、地貌、地层岩性、地质构造、岩体风化程度、水文地质条件等情况复杂变化大。工程包含长14.5 km的隧洞,地质条件复杂,Ⅳ类、Ⅴ类围岩约占总长的40%。由于地质勘察点有限,勘探工作深度不够,不可能完全正确反映真实的地质状况和施工条件。地质资料提供的数据存在偏差,线路地质情况存在着变化和不确定,对工程地基处理、边坡稳定和支护、隧洞围岩稳定等地下部分施工工期有很大影响。

（3）征地拆迁因素：东深供水改造工程征地涉及 8 镇 32 个管理区 3 000 多户居民，工程建设用地永久征地 190.25 hm²，征地情况复杂。工程线路长，项目多，建设场地的征用，特别是涉及民房拆迁、跨公路、供电设施改建而引起的交通、居民协调，直接影响工程按时开工和顺利实施。

（4）其他因素：东深供水改造工程作为大型跨流域调水工程，工程建设面临多项技术难题这些领先和突破技术，不仅要经过理论上反复论证，还需要实际模拟和试验，通过实际测试、调整、优化、总结才可以大规模投入实际生产中，这样必然影响工程施工进度。另外，该工程施工图纸数量多，设计图纸难免出现错、漏和修改，工程设计变更也会导致资源增加和作业时间的耗损。

6.5.4.2 进度控制手段

（1）组建高效、全面的进度管理机构。东深供水改造工程成立了由工程技术、机电、征地拆迁、材料多部门组成调度中心统筹工程建设进度，负责处理包括施工进度控制在内的整个工程现场管理控制工作。总调度长由分管工程副总指挥担任，副总调度长 3 位，分别由工程技术、机电、征地分管人担任，下设调度中心办公室，办公室由工程、机电、征地、材料部门有关人员组成。通过进度协调工作制，分析影响进度目标实现的干扰因素和风险因素，进行科学决策和部署控制措施。

（2）建立进度目标责任制。在工程项目进度计划实施中，指挥部要求参建各方（设计单位、监理工程师、承包人、材料供货单位、机电设备制造和安装）必须明确合同规定的职责，在进度控制中做好各自的本职工作。明确进度目标责任人（要求项目负责人），建立进度管理组织机构，定期报告项目实施进度。建设总指挥部统筹各方进度计划，明确各接口控制时间，协调各方分工和合作，做到工期谁延期谁负责，保证工程进度目标的顺利实现。

（3）开展以安全、质量、进度为核心的劳动竞赛制。每年"3·18""8·28"，建设总指挥部组织各参建单位进行阶段性总结和评比，对各参建方项目实施安全、质量、进度进行详细具体的考核，把项目实际进度与计划进度比较，根据偏差进行评分和排位。为强化进度，激励先进，设立了进度目标奖、里程碑达标奖。各参建方按计划完成工程阶段建设任务的就能获得该奖。另外，设立了包括进度目标在内的综合奖项：施工标兵段、信得过标段、优秀单位奖。同时，设立进度目标责任人的个人奖：十杰工作者和先进工作者等奖项，借助宣传媒介、举办会议活动进行精神激励。

（4）实施动态进度控制。包括应用先进项目管理软件编制项目实施进度计划，作为进度控制工具。应用网络技术进行计划与实际进度动态对比、资源管理、进度分析与预测。建立工程进度登记表，及时掌握影响进度的各种因素，并就其特性或规律进行分析描述。检查实际进度与计划进度的差异，分析研究存在问题和改进措施，包括技术措施、经济措施等。

6.5.5 移民征地管理

东深供水改造工程建设总指挥部于 2000 年 6 月正式进行征地移民的准备工作，2000

年 9 月 20 日出台征地补偿标准,通过 3 个多月艰辛的组织协调、高强度的运转,2000 年 12 月基本完成了全线 50 km 的永久征地的征地移民工作,于 2001 年 1 月 3 日得到了国务院的批准。征地移民工作中未发生群众上访事件,征地移民资金得到有效控制,取得了显著的成绩。

6.5.5.1 管理机构设置

东深供水改造工程征地移民机构设置模式是在总结过去经验和存在问题的基础上,根据实施新《中华人民共和国土地管理法》有关要求而设置的。总指挥部设办公室、总工室、工程技术部、征地拆迁部、计划财务部、机电部、材料部和治安社群部共 8 个职能部室。其中,征地拆迁部由组织协调能力强、专业技术水平高的专业人员组成,同时聘请了水库移民工作的专家和学者担任征地移民监理,由征地拆迁部和征地移民监理直接实施征地拆迁工作。

这种机构设置改变了以往水利工程征地时各级层层设置机构的做法,避免了人员临时拼凑、非专业人员从事征地移民工作、工程完工后工作人员无法安排等机构设置臃肿、管理不力、效率不高、资金浪费的问题。

6.5.5.2 "直接支付物权人"的管理方法

东深供水改造工程在资金管理方面,开创了将各项补偿经费由建设单位通过指定银行直接支付物权人的全新管理方式。具体支付管理方式如下:

(1)根据已确定的实物指标,根据《中华人民共和国土地管理法》制定征地拆迁的补偿标准,计算补偿费用。补偿费用经物权人、村委会、镇政府、征地监理、国土局、指挥部共同确认后,补偿经费由总指挥部直接支付给物权人。土地补偿费通过指定银行支付给村委会,其使用必须符合国家有关政策,并接受有关部门的监督管理。青苗补偿费、房屋拆迁补偿费、附属建筑物拆迁补偿费、企业搬迁补偿费通过指定银行直接支付给物权人。

(2)用于交纳有关税费的资金及用于解决征用开发地的不可预见费由总指挥部通过指定银行直接支付给东莞市国土局,由其负责交纳相关税费。

(3)银行在核实物权人身份上制定了一套可靠、稳妥的办法,防止同名引起的差错,亦即冒领现象的发生。

通过"直接支付物权人"的方式,东深供水改造工程高效完成征地移民任务。由于直接面对物权人,在确权的过程中已将有关争议和矛盾通过面对面的方式协调解决,在支付过程中避免了分级转付造成时间上的浪费,极大地提高了工作效率。同时,由于在实施过程中厘清了物权关系,明确了项目资金的性质和用途,从而杜绝了征地移民补偿经费使用方向不明、使用额度不准而产生的挪用、占用情况的发生。

6.5.5.3 征地移民监理

征地移民监理制度虽然在全国还不成熟,但东深供水改造工程充分发挥了征地移民监理的作用,在这方面积累了宝贵的经验。为加强东深供水改造工程征地移民实施的管理,保证征地进度满足工程施工的需要、质量达到了规定标准和投资不突破审定概算等基本目标的圆满完成,建设单位委托监理单位对征地移民实行全方位、全过程监理。监理主要内容为:监督征地移民实施单位征地工作的进度、执行政策以及补偿资金到位的状况;监督征地移民实施单位按照批准的征地移民实施规划组织拆迁、安置生活、安排生产等工作,控制移民安置工作的质量、进度和费用;协助和督促征地移民实施单位的工作,定期评价移民安置的社会经济情况及时反馈征地移民实施中出现的问题、意见和要求;督促迁建企业执行合同进度要求的情况;定期向建设单位提出征地移民监理书面报告。

东深供水改造工程的征地移民监理,除充分发挥了一般工程监理的组织、协调和控制的职能外,还发挥了专家、学者的专业知识渊博的特殊作用。通过征地移民监理,东深供水改造工程在征地移民过程中避免了多环节对资金的占用、挪用,极大地提高了资金的使用效率。

6.5.6　工程设计监理的应用

东深供水改造工程指挥部委托设计监理主要从事施工图阶段的设计监理,规定工作内容包括:

(1)核查施工图阶段设计所依据的上级主管部门的审查、审批意见及设计合同是否齐全,是否具备进行本阶段设计条件。

(2)审查总体布置图、结构布置图、基础处理方案及影响工程安全和正常运行的其他技术问题,并提出审查意见。

(3)依据国家有关规范规程、审批的初步设计及上级主管部门的审批意见,审核设计单位提交的主要施工图。

(4)审查施工图供图计划并督促设计单位按计划供图。

(5)设计监理工程师认为有可能影响工程安全或正常运行而有必要对其进行审核的其他设计内容或设计监理合同规定的其他审核内容。

东深供水改造工程在施工图阶段设计监理质量控制主要是施工详图或文件质量评定,包括供图计划等。评定方法分三步,分别为差错分析、审核结论和质量评定。

6.5.6.1　差错分析

监理工程师审核分析设计文件、图纸有无差错。审核设计差错分以下三类:

(1)一般性差错。主要指个别尺寸、符号、高程等遗漏或单位不一致;文字、名称、格式等不规范;说明、备注不完善或不够确切等,且不会引起施工误解。

(2)技术性差错。图纸一般无须全部返工,但不修改将误导施工,或延长工期,或给工程带来安全隐患,或对工程投资和运行效益产生不利影响等,包括一般技术要求不符合有规程、规范和技术规定,图纸未能正确表达设计意图,坐标、尺寸有错误或遗漏,重要说明含混不清且会引起误解,埋件与结构轮廓、钢筋布置有矛盾等。

(3)原则性错误。必须返工且做相应的修改,包括重要的设计原则违反国家经济建设方针、政策规定,设计内容深度和范围不符合设计合同和文件规定;设计不符合国家现行规范、标准和上级主管部门对本工程的审批意见,又无做专门论证并通过相应的审查手续;工程布置和结构布置不合理或分部工程之间的衔接有重大错误,会给工程安全留下隐患或对工程效益带来重大不利影响;工程量突破初步设计量的10%,未做专门论证,又无充分理由等。

6.5.6.2　审查结论

监理工程师提出审查结论,并形成审核报告单。审核结论分"通过""复核""修改"

三种。"通过"为无差错或只有一般性差错,经设计确认后,可通过发设计修改通知或通过设计交底方式处理;"复核"为存在技术性差错,同时可能有一般性差错,设计复核确认后发设计修改通知或补充图纸,并经设计监理再次审核;"修改"为原则性错误或重大技术性错误,经设计复核确认后,重新修改设计并经设计监理重新审核。

6.5.6.3 质量评定

以分部工程为单位,分"优良""合格""不合格"三级。"优良"为安全适用,分部工程85%的图纸审核结论为"通过",无重大技术性差错;"合格"为安全实用,分部工程70%的图纸审核结论为"通过",出现一般技术差错并更正,但无重大技术性差错或原则性错误;"不合格"为分部工程审查结论为"通过"的图纸达不到70%或有重大技术性差错或原则性错误。

通过东深供水改造工程设计监理实践,设计监理管理体制从某种程度上确实可使设计单位自觉加强设计质量管理,增强设计者的责任心,同时可避免或减少设计中可能出现的质量问题,提高设计质量。

6.6 珠江三角洲水资源配置工程

6.6.1 项目基本信息

珠江三角洲水资源配置工程的任务是从西江水系向珠江三角洲东部地区引水,解决广州市南沙区、深圳市和东莞市等城市生活生产缺水问题,提高供水保证程度,为香港特别行政区、广东番禺、佛山顺德等地区提供应急备用供水条件。

实施该工程可有效改变深圳市、东莞市从东江取水及广州市南沙区从北江下游沙湾水道取水的单一供水格局,在解决各城市经济发展缺水的同时,可提高城市的供水安全性和应急备用保障能力,还可适当改善东江下游河道枯水期生态环境流量,对维护上述区域的城市供水安全和经济社会可持续发展具有重要作用。

结合水利部《水利工程管理体制改革实施意见》(水建管〔2002〕429号文),从珠江三角洲水资源配置工程的功能、作用及国内外跨地区调水工程的经验来看,该工程属于第二类准公益性项目。从整个项目的性质来说,是一项协调人口、经济、环境、资源的优化配置工程,是保障珠三角地区及香港用水需求、改善东江流域水生态环境的重要基础设施。珠三角水资源配置工程事关经济社会可持续发展和人民群众切身利益,是以公益性及社会效益为主,兼具有一定经济效益的大型基础设施工程。

6.6.2 项目资金来源

该工程为长距离引水工程,投资较大、单位供水成本较高。考虑本工程为战略性水资源配置工程,事关经济社会可持续发展和人民群众切身利益,公益性强的特点,采用政府投入为主,部分资金通过企业资本金和贷款解决。

6.6.3　工程投资主体选择

结合工程公益性为主的特点,从有利于项目建设运营的角度出发,该工程投资主体采取政府指定模式,由广东省政府指定广东粤海控股集团有限公司代表政府出资和持股,组建项目公司,工程沿线各市政府分别指定代表机构(企业)参股项目公司。项目公司命名为广东粤海珠三角供水有限公司。

项目公司为广东省内国有企业,实行企业化管理,按照《中华人民共和国公司法》设立董事会、监事会加强监管。公司下设分级机构,实行分级管理。

项目公司负责项目建设运营、工程运行和维护,负责偿还项目贷款。由归口行业主管部门广东省供水总局负责对项目公司进行监督和管理,配合政府定期对其进行绩效考核。

6.6.4　工程建管模式

工程建设管理架构包含两个层次:一是行政管理层次,体现政府主导,重点是协调各方关系,确保工程的顺利建设和工程建成后的综合效益发挥;二是工程建设与管理层次,体现市场运作,由项目法人具体负责工程的建设与管理。

参照目前国内大型水利项目建设管理经验,该工程采用"项目建设领导小组+项目公司"的建管架构。

前期由广东省人民政府建立了珠江三角洲水资源配置工程前期工作联席会议制度,领导和组织项目的前期工作,在成立项目公司之前,广东省供水总局暂作为该工程的项目法人。

项目公司成立后,由广东省政府牵头成立项目建设领导小组及办公室,负责项目立项审批(包括项目可研专题报告)、各级政府(国家及省、市)资金筹措、建设过程中征地移民等重大问题(由所在市/区政府负责)等工作。项目公司负责前期工作的配合、融资、建设、运营等工作。

6.6.5　建设期管理机构设置方案

6.6.5.1　成立珠江三角洲水资源配置工程建设领导小组

鉴于该项目涉及广州、深圳、东莞及顺德等地,前期工作复杂,征地移民工作难度大,项目立项审批等前期工作仍由项目前期工作联席会议及办公室负责;进入项目建设期后,由广东省政府牵头成立项目建设领导小组(见图6-2),领导小组办公室设在广东省水利厅。

领导小组是珠江三角洲水资源配置工程建设管理的高层决策机构,其职责是决定工程建设管理的重大方针、政策、措施,负责重大事项的协调。领导小组由省政府组织成立,成员包括广东省政府、广东省发展和改革委员会、广东省财政厅、广东省水利厅等有关部门代表,广州市、深圳市、东莞市、顺德区人民政府及项目公司代表。领导小组下设办公室,是珠江三角洲水资源配置工程建设领导小组的办事机构,负责执行领导小组的决策、协调征地移民和各方资金落实等工程建设有关问题。政府相关部门对项目建设、资金使用、安全生产、工程质量进行监督。

工程建成进入运营期后,领导小组及其办公室撤销,项目归口行业管理。

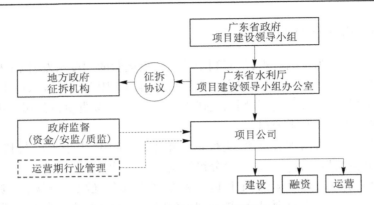

图 6-2 项目建设领导小组管理架构

6.6.5.2 组建项目法人

由通过政府指定方式引入的社会资本和政府共同组建项目公司,作为珠江三角洲水资源配置工程项目法人。以股权有限公司的形式组建广东粤海珠三角供水有限公司,全面负责工程的建设和运行管理,建设期负责项目企业资本金筹措及项目融资贷款;负责组织项目建设,并按照项目法人责任制、招标投标制、建设监理制、合同管理制要求,对工程安全、质量、进度及投资控制等全面负责。运行期负责项目运行管理,保证工程公益性和经营性功能的有效发挥,并负责项目还贷,承担相应国有资产保值增值责任。

6.6.5.3 项目公司法人治理结构

项目公司法人治理结构由股东会、董事会、监事会和高层管理人员组成的经营管理机构四部分组成。

股东会由全体股东组成,是项目公司的最高权力机构。项目公司的股东由广东粤海控股集团有限公司、相关市(区)政府指定机构(企业)及其他指定国有企业投资人组成。

董事会人员及组成由各方股东委派,由股东会任命。

监事会人员及组成由股东会选举成立。

经营班子由董事长、总经理、副总经理、财务总监组成,其中总经理 1 名、财务总监 1 名、副总经理 3 名,由董事会聘任。

6.6.5.4 项目公司机构管理框图

项目公司设置党群人事部、安全质量部、工程部、机电部、征地移民部、法务招标部、办公室、纪检审计部、财务部、预算部 10 个职能部门及南沙管理部、顺德管理部、东莞管理部、罗田管理部 4 个管理部,见图 6-3。

6.6.6 工程建设招标投标方案

该工程建设招标投标内容包括对工程设计(含初步设计、施工图设计等阶段)、监理、施工及主要设备、材料采购进行招标工作。

在成立项目公司之前,广东省供水总局暂作为该工程的项目法人,按照《中华人民共和国招标投标法》等法律、法规,通过公开招标的方式,对工程设计(含初步设计、施工图设计等阶段)及监理工作进行招标工作,并负责设定投标人资质条件,编制招标文件、组织评标,与各中标单位签订委托设计合同和监理合同。

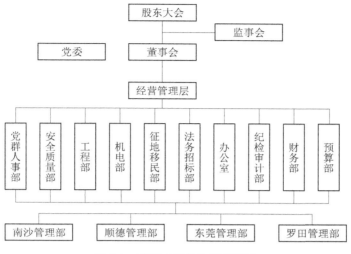

图 6-3　项目公司机构管理框图

项目征地移民工作由项目当地地方政府负责,与地方政府签订征地移民包干协议。项目施工单位和设备、材料供应商以及项目贷款银行的选择由项目公司广东粤海珠三角供水有限公司通过合理、合法的方式选定,并与它们分别签订施工承包合同、设备制造或供货合同、材料供应合同。

广东粤海珠三角供水有限公司组建项目建设运行管理机构,负责工程建设管理,项目建成后,负责项目运行管理。政府及相关主管部门对项目公司的建设和运行管理进行监管。

严格按照《中华人民共和国招标投标法》及工程的招标计划和招标方案组织设计、施工、设备和材料采购招标,优选与工程技术要求相适应的各类承包商,严格监管承包商不得层层分包和转包。

6.6.7　信息化管理

该项目充分考虑大型信息系统的特性,着眼于高层管理、兼顾各管理层、各业务层,按照工程初步设计、招标人工程建设以及运维期管理需求,依据"总体规划、分步实施"的原则,开展珠三角智慧水利工程建设。工程项目建设期的三大主要信息化系统如下。

6.6.7.1　工程项目管理应用

项目建设了工程建设期项目管理信息系统(PMIS)。该系统以进度计划为龙头,以投资管控为核心,参建各方协力开展安全、质量、成本、进度、廉洁的控制,提升工程建设管理效率,确保工程建设高效协同、管理合规,实现全角色、全流程、全过程管控(见图6-4)。

各应用层业务模块的功能实现如下:

(1)设计管理:实现了从图纸需求与供图计划的供需平衡管理,从设计单位提交、设计监理审核,参建单位会审,至图纸正式出版分发,实现了对图纸的全生命周期在线管控。

(2)概算管理:对初设概算进行全面结构化数据管理,作为后续招标、合同、支付的数据基础。

图 6-4   工程建设期项目管理信息系统功能架构

（3）招标采购：招标立项开始，至招标方案、招标文件、招标限价、评标办法至招标结果审批，实现招标采购的全业务流程线上管理。

（4）合同管理：实现概算、招标预算、合同、计量支付、变更计价、结算的全业务流程贯通和应用落地。

（5）进度管理：实现四级计划管理体系落地，一、二级计划自上而下下达，三、四级计划自下而上反馈汇总。一、二级计划由项目公司工程部管控，三级计划由管理部管控，四级计划由监理管控。

（6）施工管理：按照《水利工程施工监理规范》（SL 288—2014）要求，将57项施工用表、47项监理用表全面纳入系统数据结构化管理。开工报审、施工方案的报批等，严格贯彻了项目公司工程管理理念的信息化落地。

（7）质量管理：实现自合同验收至单位、分部、单元、工序验收的全面结构化和在线质量验评。

（8）变更管理：基于项目公司变更管理办法，实现变更立项、变更指示、价格申报、现场签证的全过程变更管理。

6.6.7.2 施工现场信息化监管

项目建设了全线智慧工地监管系统，以物联网技术为核心，充分利用传感网络、视频监控、互联网、云平台等技术手段，在工程建设质量、进度、安全、环保等方面实现作业标准化、管理数字化、决策智慧化，提升项目工地智慧化管理水平，保障工程质量。主要包括以下几个方面：

（1）人员管理：建立工程人员实名库，基于物联网平台现对各出入口通道考勤数据自动采集，实时掌握人员分布情况。人员证照与特种作业机械设备结合，防止无证操作安全风险。与人员定位结合，随时掌握关键人员具体位置，保障施工安全。

（2）设备管理：实时采集全线各工地关键设备（如塔吊、升降机、配电箱等）运行数据，物联网平台统一接入，发现异常实时报警，通过大数据智能分析，对于设备性能、故障概率进行预测、预报。

（3）质量管理：对原材料运输、进场、质量检测、搅拌等数据进行整合，实现原材料从源头、运输过程、入场验收、质量检测的全过程溯源分析。

（4）安全管理：对安全管理全过程文件流程管理，实现"现场监管实时化、过程管理痕迹化、安全考核指标化"，在安全状态展示、危险源、安全隐患排查治理、教育培训、日常检查、应急管理方面探索智慧解决方案。

（5）考核评比：自动抽取 PMIS 系统的各类数据，对各业务管理和监管系统数据进行汇集、分析，达成对所有工程参建单位按照时间节点进行系统化考核和自动排名。

6.6.7.3　BIM+GIS 管理

项目建设了珠江三角洲水资源配置工程全生命周期 BIM+GIS 系统平台，实现了跨区域的空间信息、模型信息以及相关工程数据的集成。同时，通过提供全生命周期 BIM+GIS 咨询与实施服务，借助应用支撑平台、数据支撑平台和 BIM+GIS 支撑平台，建设工程数字门户、提供应用与数据集成服务、开发工程项目管理相关专题应用，很好地辅助了业主进行工程建设期决策分析。

制订符合珠江三角洲水资源配置工程技术特点和工程难点的 BIM+GIS 应用总体实施方案，编制契合工程特点的统一的 BIM 与 GIS 标准体系（包括 BIM 模型创建标准、BIM 模型交付标准、BIM 模型应用标准、BIM 模型分类与编码标准以及 GIS 数据交付标准），依据标准开展标准体系的宣贯、BIM 模型及相关数据审查等工作，针对施工 BIM 专项应用提供咨询服务，提供建设期 BIM 培训服务，积极发掘项目中 BIM 创新点。

在工程建设期，基于工程全生命周期 BIM+GIS 系统平台，遵从统一的数据安全管理机制，通过与其他系统的数据集成，构建数据挂接模型，并开发基于 BIM+GIS 系统平台的进度、质量、安全、智慧工地等多种业务的集成应用，利用平台进行数据规划、数据采集、数据处理、数据发布，支撑工程数据集成服务。

基于 BIM+GIS 的工程建设期辅助决策技术要求，建立管理驾驶舱，对进度、质量、安全、资金以及协同工作进行系统分析；建立监管与评价体系，实现对工程各参与方和监管流程的全过程监管；基于 BIM+GIS 开展专题应用研究，有效实现了辅助工程建设管理决策的目的。

第7章 中小型水利工程建设管理实践案例分析

7.1 小浪底北岸灌区工程 PPP 项目

7.1.1 项目概况

小浪底北岸灌区工程是国务院确定的 172 项节水供水重大水利项目之一,是河南省首批采用 PPP 融资模式的省管水利工程之一。工程引水水源为小浪底水库,属大(2)型灌区,设计灌溉面积 3.40 万 hm^2,补源面积 1.33 万 hm^2,工程布置灌溉渠系 32 条,总长 325 km。工程建成后,将对打造河南省黄河北岸清水走廊、提升区域水资源配置能力、减少地下水开采、发展灌溉、改善区域用水紧缺等方面的发挥重要作用。

7.1.2 项目交易结构

河南省人民政府授权河南省豫北水利工程管理局作为实施机构,代表政府方负责项目准备、采购、监管和移交等工作。PPP 项目公司是由社会资本方组成的河南水投小浪底北岸灌区工程有限公司。PPP 项目总投资 32.32 亿元,其中中央和省级财政投资 12.07 亿元,社会资本方投资 20.25 亿元,采取 BOT(建设—运营—转让)方式运作。项目合作年限为 33 年,其中一期建设期 1 年,运营维护期 32 年;二期建设期 3 年,运营维护期 30 年。

7.1.3 项目回报机制

项目采用的回报机制为可行性缺口补助,包括使用者付费和政府补助两个部分。其中,项目使用者付费收入来源主要是城市供水、农业灌溉用水、乡(镇)补水供水等,供水水价实行政府定价;河南省政府在项目公司前期达产率不足时对本项目提供可行性缺口补助,缺口补助年限为 9 年。此外,本项目还使用了超额收入分配机制,以河南省政府批复的实施方案中水价及水量所确定的使用者付费作为超额收益分配基数,若执行水价及供水水量超过本方案使用者付费基数所对应的数值产生的超额收益,当年实际使用者付费超过基数部分在 15% 以内,政府不参与分成;当当年实际使用者付费超过基数部分在 15%~30% 时,政府与社会资本方按 3:7 分配;当当年实际使用者付费超过基数部分在 30%~45% 时,政府与社会资本方按 4:6 分配;当当年实际使用者付费超过基数部分 45% 时,双方通过再谈判协商确定具体的分配比例。

7.1.4 项目监管机制

该项目中,政府方对项目公司实施三个维度的监管:首先,河南省水利厅及省级其他有关厅局委对实施机构和项目公司的行政监管;其次,项目实施机构对项目公司进行监管,由政府方派驻项目公司一名监事和一名董事参与、履行项目公司内部决策的管控;最后,通过中期评估、介入权和绩效考核打分的联动机制进行监管。通过政府方从投资、建设进度、质量、安全、环保等方面行使具体的监督和管理职能,确保项目顺利实施、高效运作。

7.1.5　项目绩效考核

在建设期,河南省豫北水利工程管理局按照合同约定,对项目综合管理、建设安全、工程质量、工程进度、环境保护、进度控制、技术创新等方面进行考核。考核得分 85 分及以上为合格;考核得分为 85 分以下的,处罚金额 = 3 000 万元×(1-建设期绩效考核得分/85)。同时,若考核得分在 60 分以下,项目公司要提交书面说明并整改到位,若连续二次评价不及格,政府方可单方解除合同,由此造成的经济损失由项目公司承担。

在运营期,从基础管理、组织管理、安全管理、运行管理、经济管理等方面进行考核,每半年考核一次,考核小组根据每个绩效指标(警戒指标除外)的影响程度合理分配权重分数。考核结果的应用为扣款制,对项目公司的扣款金额 = (当年可用性服务费+当年运维绩效服务费)×(1-当年运维绩效考核系数)。

7.2　铜仁市大兴水利枢纽工程风险型 PMC 模式案例

7.2.1　项目概况

铜仁市大兴水利枢纽工程位于贵州省铜仁市松桃县、铜仁高新区和碧江区境内,水库位于大梁河中游,大坝距铜仁市 40 km。电站装机容量 5 MW,多年平均发电量 1 668 万 kW·h,三级提水泵站总装机容量 14.2 MW,总提水扬程 234.4 m,提水流量 3.11 m³/s。工程由首部枢纽工程和输水工程组成,首部枢纽工程由高 52.0m 的混凝土重力坝、3 孔 10 m×7 m 弧形闸门控制的溢流表孔、坝下底流消能、左岸取水系统、右岸发电引水系统及地面发电厂房组成,输水工程由 3 座泵站(其中一级泵站装机 4×1.8 MW、扬程 102 m,二级泵站装机 4×1.6 MW、扬程 111.8 m,三级泵站装机 3×0.2 MW、扬程 20.6 m)、23.95 km 输水主管、9.04 km 灌溉支管、0.48 km 农村人畜饮水支管及管道附属建筑物、交叉建筑物、终点建筑物组成。工程总投资 140 885.25 万元,施工总工期 3 年。

7.2.2　组织架构

项目前期工作由业主委托勘测设计单位对项目建议书、可行性研究报告及相关阶段的专题报告开展工作。项目建议书批复后,对初步设计、招标设计、施工图设计阶段的勘测、设计及相应阶段服务工作进行公开招标并签订合同。初步设计批复后,根据批复的招标方案采取现场抽签方式选定招标代理机构编制招标文件,对 PMC 监理、项目法人全过程检测和跟踪审计单位进行公开招标并签订合同。根据合同约定,PMC 总承包单位对施工、安装、设备材料供应单位进行公开招标并签订合同,然后对其实施管理。大兴水利枢纽工程参建单位组织关系见图7-1。

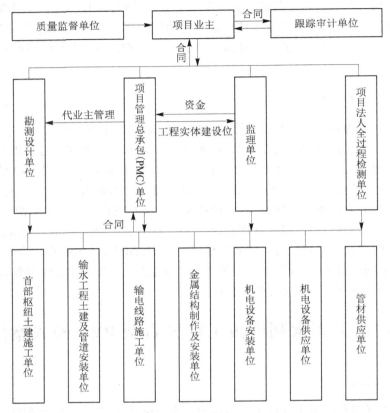

图7-1 大兴水利枢纽工程参建单位组织关系

7.2.3 PMC合同范围与服务内容

PMC合同范围除征地移民外的所有建筑工程、机电设备及安装工程、金属结构设备及安装工程、临时工程、水保及环保工程等施工、安装、采购进行项目管理总价承包。PMC总承包单位对施工、安装、设备材料采购进行公开招标并签订合同,按初步设计批复的建设内容对工程质量、安全、进度、投资、合同、信息、档案等进行全面控制、协调和管理,不直接参与项目设计、施工、试运行等阶段的具体工作;主持或组织工程验收,配合业主办理项目审计工作;全面负责工程档案管理,对工程技术文件及档案资料进行收集、整理、验收和移交;对工程勘测设计单位代业主进行管理,不能向勘测设计单位发指令,只能提出合理化建议;协助业主办理各项建设手续、征地移民安置和融资工作。

7.2.4 PMC合同价款与支付

项目管理总承包合同价款实行合同固定总价,在合同总价控制范围内超支不补,结余归己。合同价款包括一般设计变更、设计漏项、设计调整和设备材料价格波动引起的费用增减,不包括经批准的重大设计变更、国家政策性因素、甲方原因和不可抗力引起的费用增减,基本预备费不计入合同总价。

项目管理费按工程进度每半年按比例支付,临时工程按形象进度每月支付并实行总价包干,主体工程、水环保工程按实际完成工程量每月支付,支付以建筑工程、机电设备及安装工程、金属结构设备及安装工程、水保及环保工程的子项价款为控制,当进度款超出相应部分价款时,超出部分暂不支付,但仍予以计价,待工程完工结算时,再对超出部分进行支付,累计支付不得超出合同总价款。

7.2.5　特点分析

7.2.5.1　质量控制

工程质量由 PMC 单位全面向业主负责。PMC 单位确定质量目标、制订质量管理计划、编制创优规划、制定考核办法和奖罚实施细则,监理对承建单位组织机构运行、质量管理制度执行、现场施工质量控制等进行具体监督。开工初期,参建单位都建立了完整的质量管理组织体系和各项规章制度,建设过程中定期或不定期进行质量检查、召开质量专题会,建立质量问题台账并及时消缺,对于频发质量问题采用"回头看"督查,各项工序采用"样板引路"制度、标准化管理,不断细化、完善各项规章、制度和体系,不断提高质量管理水平。从已完成的质量检测成果及外观质量评定情况看,均达到设计要求,未出现重大质量事故。

7.2.5.2　工期控制

工期控制是项目管理总承包单位的控制重点。在项目管理总承包合同中对总工期进行了约定,项目开工初期明确了各年度节点目标任务,并制订了分层次的进度计划。建设过程中节点工期由 PMC 宏观控制,具体进度管理则由监理负责,都严格按节点工期和进度计划控制,针对不同阶段采取不同措施加快进度。工程于 2016 年 2 月 16 日正式开工建设,4 月 27 日 375.7 m 导流洞贯通,9 月 28 日河床截流,12 月 31 日大坝首仓混凝土浇筑,2017 年 4 月底大坝达到度汛高程,6 月底三级泵站全部具备安装条件,12 月 29 日大坝封顶。

7.2.5.3　投资控制

项目管理总承包合同价款实行合同固定总价。项目建设的一般设计变更、设计漏项、设计调整和设备材料价格波动引起的费用增减全部由 PMC 总承包单位承担。因此,项目管理总承包单位在建设过程中根据项目实际条件,运用自身的技术优势,对整个项目进行全方位的技术经济分析和比较,本着功能完善、技术先进、经济合理的原则有效地加大成本控制、减少不利的设计变更和承建单位索赔,将工程建设费用控制在合同价款范围内。大兴水利枢纽工程业主投资控制强化工程概算管理,每期支付对概算进行同口径比较,确保工程在概算范围内全面落实。截至 2018 年 12 月 26 日完工验收时,除征地移民外没有一项超出设计概算。

7.2.5.4　安全管理

安全管理由项目管理总承包单位全面向业主负责。PMC 总承包单位确定安全生产管理范围和对象、制订安全生产管理计划、编制应急预案,监理单位对承建单位组织机构运行、管理制度执行、现场安全生产管理、安全文明施工费投入及教育培训等进行具体监督。开工初期参建单位都建立了完整的安全管理组织体系和各项规章制度,建设过程中定期进行安全生产检查、召开安全生产专题会和开展安全生产考核,及时发现并消除安全生产隐患,不断细化、完善各项规章制度和体系,不断提高安全生产管理水平,切实按照"制度化管理是基础、动态化管理是保障、精细化管理是要求、标准化管理是方向"来开展安全生产管理工作。截至 2018 年 12 月 26 日完工验收时,工程实现"零事故、零伤亡",安全生产通过水利部安全生产标准化一级项目法人评审。

7.2.5.5 信息管理

建设过程中强调事前、事中信息管理,事后工程档案管理,为了实现建一流工程、创一流档案的目标,项目管理总承包单位研发了工程信息档案管理系统,对工程建设信息档案进行规范化、标准化管理。开工初期,项目管理总承包单位以文件形式明确各参建单位文件报送流程,业主对外统一报送信息,保证了各部门、各参建单位之间文件流转通畅,建设信息共享;建设过程中一切指令以文件为主,完成结果以书面回复,使项目具有可追溯性;事后加强对工程档案资料的收集、归类、整理。工程建设资料实现全文数字化管理,形成了资料整理规范、签署完备,设计、施工、监理、采购等各类文件齐全、完整、真实、全面、客观地反映了项目建设全过程。

7.3　鄂北地区水资源配置工程试验段 EPC 总承包项目

7.3.1　项目概况

鄂北地区水资源配置工程是解决鄂北地区水资源短缺问题,满足受水区生活、生产以及生态用水需求,促进经济社会可持续发展的战略性基础工程。本案例为鄂北地区水资源配置工程中的生产性试验项目,地理方位为孟楼—七方倒虹吸渠段,桩号为 55+181 ~ 60+181,总长 5.0 km。由 3 根同槽布置的 PCCP 管构成,管径 DN3800,设计压力 0.6 MPa。本项目建设单位为湖北省鄂北地区水资源配置工程建设与管理局(筹),采用工程总承包(EPC)模式发包,最终由湖北省水利水电规划勘测设计院为牵头单位、中国水利水电第六工程局有限公司、北京韩建山河管业股份有限公司为成员单位组成联合体中标。

7.3.2　项目组织结构

本项目 EPC 合同签约后,由联合体中的湖北省水利水电规划勘测设计院牵头组建本项目 EPC 总承包项目部,并采用项目经理负责制。项目部内设综合管理部、计划合同部、工程设计部、工程技术部、质量安全部和财务管理部。

7.3.3　项目建设流程

项目阶段主要分为准备阶段、实施阶段及竣工验收阶段。设计工作贯穿于全过程。

(1)准备阶段:签订合同,EPC 项目部编制实施计划;设计项目部编制初步设计报告并报批;生产、施工项目部进场,PCCP 预制管厂建设及设备调试,施工临时设施建设,材料试验,PCCP 生产许可证;设计项目部永久设备采购的招标投标工作。

(2)实施阶段:设计项目部提交施工图及技术要求,现场设代服务,组织完成生产性试验,编制验收报告;PCCP 预制管厂项目部提供产品、试验;施工项目部完成建设任务。

(3)竣工验收阶段:设计项目部编制竣工验收报告、提交生产性试验报告;施工项目部工程收尾、试运行,财务结算,编制竣工报告,移交资料,工程交付。

7.3.4　项目管理措施

7.3.4.1　项目质量管理措施

(1)质量目标与质量管理体系。满足国家及有关部门的规程、规范及标准,达到合同要求。根据 GB/T 19001 建立质量管理体系,确保质量全过程始终处于受控状态。坚持 PDCA 工作方法,持续改进过程的质量控制。

(2)设计质量控制措施。设计质量的管理重点是设计输入的控制、设计策划的控制(包括组织、技术、条件接口)、设计技术方案的评审、设计文件的校审与会签、设计输出的控制、设计变更的控制。

(3)采购质量控制措施。对供货质量进行监督管理,按规定进行复检并保持记录,并将不合格状况通知责任方,督促其限期进行处理。

(4)接口质量控制措施。设计与采购环节重视采购文件的质量及评审、驻厂监造。设计与施工环节重视设计交底或图纸会审、现场处理及设计变更。采购与施工环节重视设备材料催交、现场开箱检验及质量问题的处理。设计与试运行环节重视试运行操作手册。施工与试运行环节重视施工计划与试运行计划的协调及缺陷修复。

(5)施工质量控制措施。根据项目质量计划,明确施工质量标准和控制目标,明确协作方应承担的质量职责。

7.3.4.2　项目进度管理措施

(1)建立以 EPC 总承包项目经理为责任主体,由项目总工程师,各部部长及生产、安装等部门组成的进度管理系统。

(2)建立跟踪、监督、检查、报告的进度管理机制。

(3)采用赢得值原理进行技术纠偏或变更计划。

(4)协调分包项目进度与总进度保持一致。

(5)及时支付工程进度款、货物采购款。

(6)及时收集项目实施过程中的实际进度数据,加强信息管理。

7.3.4.3　项目成本管理措施

1.初步设计阶段

(1)扩大勘测设计工作深度,细化计量项目。

(2)确定概算编制依据,准确确定基础单价、设备价及相关费用,特别是合理编制无定额项目的单价。

2.施工图设计阶段

(1)严格按照批准的初步设计所确定的原则、范围、项目和投资额进行设计,以批准的初步设计概算作为项目投资的最高限金额编制施工图预算。

(2)严格执行总承包合同中约定的设计标准。

(3)健全设计变更审批制度。总承包项目部费用控制目标是总投资控制在总承包合同金额范围内,按照目标管理的方法,采用赢得值原理对项目实施期间的成本/进度综合控制。通过绘制 BCWS 曲线、ACWP 曲线、BCWP 曲线,计算出费用偏差并据此制定纠偏措施。建立并执行费用变更控制程序。总承包合同范围内的设计变更所引起的投资增加由总承包方承担。因此,加强设计变更管理有利于费用控制,费用的变更须得到院长的批准。

7.3.4.4 项目风险管理

1.风险的类别

风险包括经济风险、技术风险、自然风险、管理风险。

2.风险的防范

(1)风险回避。对于长输水管道工程 EPC 总承包项目,在合同协议书中厘清关系,避免产生歧义。加强与各级政府的沟通与协调,取得支持与帮助。

(2)风险自我防范。加大前期勘测设计工作的深度;适当提高报价;争取合理的合同条款;利用赢得值原理等控制方法进行科学严格的控制。

(3)风险转移。工程保险;向分包商转移风险,分包给有经验、有实力的承包商;通过索赔向业主转移风险。

3.风险的控制

(1)设计风险。仔细研究并实地调查工程地质、水文气象、交通、当地材料供应的基本情况,加大前期勘测设计的深度。

(2)采购风险。加强市场调查,拓宽采购渠道,低价多进,主供商可靠。

(3)施工风险。研究资料,做好安排,制订预案,加强安全管理,工程保险。

(4)公共关系风险。搞好业主、监理、分包商、供应商、地方政府的关系。

7.4 泰安市大汶河拦蓄工程代建项目

7.4.1 工程概况

泰安市大汶河拦蓄工程位于泰安市大汶河,该河是黄河下游最大支流,发源于山东旋崮山北麓沂源县境内。自东向西流经济南、新泰、泰安、肥城、宁阳、汶上、东平等县、市,最终泄入黄河。大汶河流域总面积的 78.5% 位于泰安市,约 6 093 km²,也是泰安市唯一的大型防洪排涝河道。2009 年,泰安市启动大汶河综合开发工程,工程建成后,形成长 42 km、面积 30 km²、静态蓄水 6 500 万 m³ 的大水面将横亘于泰山与徂徕山之间,形成环绕泰城的大水面景观,为泰安市实现由"依山而建"向"依山傍水发展"的战略跨越提供坚实的水环境支撑。

到 21 世纪初,大汶河流域内建成大中型水库 18 座,小型水库百余座,控制面积 2 990

km^2,总库容 11 亿 m^3,灌溉面积达到 290 余万亩,其中利用地下水和井灌面积将近 170 万亩。然而,在开发前,大汶河河道拦蓄工程很少,汛期洪水集中下泄,大量雨洪资源得不到充分利用。虽在泰安市河道上已兴建了 6 座拦蓄工程,但由于年久失修,因此需要在满足河道行洪安全的基础上,修复、改建和新建一批拦河枢纽建筑物,拦蓄、利用大汶河水资源,缓解泰安市水资源紧缺的局面。工程建成后,形成 15 座拦河蓄水工程,组成大汶河河道梯级拦蓄工程,总拦蓄水面长度可达 61.8 km,形成水面 6.22 万亩,总体拦蓄水量 10 521 万 m^3,可增加沿河两岸灌溉面积 36.7 万亩,形成 9.13 万亩的滨河景区。

7.4.2　代建组织结构

泰安市大汶河拦蓄工程为纯公益性水利基础设施项目,采用政府直接投资方式,并使用代建制的方式开展具体建设,项目的组织架构可分三个层级:工程建设指挥部层级、项目监管层级、项目代建层级,如图 7-2 所示。

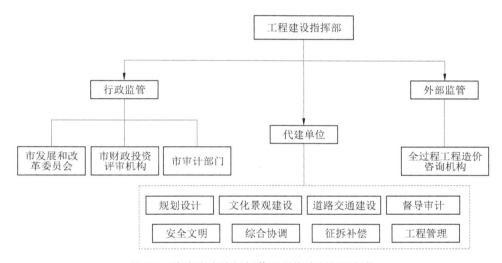

图 7-2　泰安市大汶河拦蓄工程代建制组织架构

7.4.2.1　工程建设指挥部层级

为推进泰安市大汶河拦蓄工程建设,泰安市发文《泰安市人民政府办公室关于成立泰安市大汶河拦蓄工程与生态湿地建设领导小组的通知》(泰政办发〔2012〕45 号)成立了以副市长为总指挥、各职能部门负责人为成员的项目建设领导小组作为工程建设指挥部,研究决策工程重大事项,协调各部门及地方关系,调度工作进展,督导、监管、指挥工程建设。

7.4.2.2　项目监管层级

项目监管包括行政监管与外部监管。其中,行政监管涉及市政府相关职能部门,包括市发展和改革委员会、市财政投资评审机构、市审计部门,主要负责对项目的前期工作进行监管,同时开展投资跟踪评审监管、工程投资跟踪审计监管等。外部监管主要是借助专业工程造价咨询机构,使用现代项目管理的方法对泰安市大汶河拦蓄工程建设项目开展全过程工程造价咨询。项目监管层的组成与工作职责如表 7-1 所示。

表 7-1 泰安市大汶河拦蓄工程建设监管主体与责任分工

监管主体类型	监管主体	监管内容
行政监管	市发展和改革委员会	立项审批
		各项前期工作
	市财政投资评审机构	对工程方案以及项目建设的规模、标准和内容进行评审
		对投资估算、初步设计概算、施工图预算等提出评审
		对初步设计概算、施工图预算等进行评审
		对招标预算控制价等进行评审
		核实工程量及投资完成情况
		出具建设工程资金拨付评审意见
		对项目变更时,进行投资评审
		根据竣工图纸、结算资料、设计变更及有关合同资料等,对工程结算、竣工财务决算等进行评审
	市审计部门	工程全过程投资跟踪审计监管
		实行决算审计制度
外部监管	全过程造价咨询机构	项目前期设计、招标采购、建设实施、竣工验收开展全过程造价咨询服务
		对工程设计变更、现场签证和工程量清单外增加工程量的审核

7.4.2.3 项目代建层级

泰安市政府组建泰安市大汶河综合开发建设有限公司,并接受泰安市泰山投资有限公司的委托作为泰安市大汶河拦蓄工程建设的代建单位。代建公司抽调和聘请水利工程建设管理专业技术骨干建工程建设管理机构,具体工作涉及规划设计、文化景观建设、安全文明、综合协调、征地拆迁补偿、道路交通建设等。此外,为加强内部监管,代建单位还组建项目投资监管小组,制定《泰安市大汶河拦蓄工程资金内部审计制度》《泰安市大汶河拦蓄工程财务管理制度》等规章制度负责项目建设全过程投资单位内部监管。

7.4.3 代建工作内容

泰安市泰山投资有限公司与大汶河综合开发建设有限公司签订了泰安市大汶河拦蓄工程建设代建合同,明确了代建公司的具体职责,包括初步设计招标、施工图设计招标,办理建设有关审批许可手续,组织工程建设征地迁占、项目施工单位招标,监理单位招标,全面负责建设实施阶段的进度、质量、安全、资金等管理直至工程竣工验收。具体内容包括:提出工程进行的相关组织设计方式,并制定勘测设计招标方式,为工程的顺利进行办理土地许可证、土地征用等相关手续。对制订的工程实施方案进行科学性、合理性论证,并签订工程进行的相关督导合同,以此促进该工程项目的顺利实施。对工程的进行与优化从多个方案之间的经济性评价层面进行比选,促进工程实施达到良好的经济效益。管理并监督工程进行过程中的材料与设备采购等,并与材料、设备、构件等相关企业签订合同。加强对工程进行过程中的财务管理,包括工程施工进度、工程结算、进度支付以及竣工支付等,加强工程验收,并加强验收相关资料的收集与整理。对工程进行试运行并进行必要的保修管理。加强工程的合同管理、质量控制、信息管理、投资控制、进度管理以及安全文明控制等,加强与工程进行相关部门之间的协调,为该工程的顺利进行提供必要的支持。

7.4.4　代建工作难点

泰安市大汶河拦蓄工程建设代建模式存在如下工作难点:

首先,项目监管层级缺少统筹监管。政府多职能部门同时监管,而未设置一个部门负责统筹,造成项目缺乏系统的性监管,加之职能部门之间工作相互交叉,存在推诿现象,又因监管业务范围涉及面广,监管人员专业技术能力有限,对项目决策选择和决定投资行动方案等关键环节的监管缺乏科学性。存在重复检查、监管工作效率低、监管成本高等现象;对项目完成后是否取得了预期的效果、发挥了应有的效益,缺乏有效的评价,对项目监管人员缺乏问责、追责。

其次,代建单位对其他招标单位的管理存在障碍。尽管代建单位和项目法人通过合同约定,界定了各自的责任、权利和义务,但是在实际操作中,代建单位管理设计、监理、造价咨询和施工单位相比项目法人直接管理的力度存在很大的差距,以造价咨询机构开展的全过程造价控制工作为例,由于工程造价咨询中介机构受项目法人委托开展业务,因此受到一定的制约,很难起到独立、公正的监管作用。

最后,在项目单位内部投资监管方面的难点。

由政府为某一个项目专门组建的项目管理机构,难以满足项目单位内部监管要求。项目投资内部监管人员可能来自有项目投资监管职能部门的人员,存在既是裁判员又是运动员的现象;项目管理人员来自不同的部门,相互不了解,缺乏合作,一个工程项目建成后,项目管理人员随之被解散或者转入生产管理部门,项目管理经验难以积累,缺乏稳定性和连续性,项目单位内部投资监管能力不能持续提高。

7.4.5　本项目的对策

解决上述问题的关键在于在大汶河拦蓄工程建设过程中打通各参与主体之间信息高速通道,具体做法为实施建设单位、代建公司、监理公司、施工单位、造价咨询机构以及各方与包括财政、审计监管方等在内的政府职能部门的联合办公机制,具体如下:

首先,在项目前期,邀请市财政投资评审机构和市审计部门等监管部门参加工程设计评审会,以便于监管部门对工程设计方案、概预算情况进行了解掌握,提出评审和监管意见。

其次,在工程实施过程中,邀请市财政投资评审机构和市审计部门等监管部门参加每周工程例会,及时了解、掌握工程进度情况;在隐蔽工程覆盖前,代建单位、监理、施工、造价咨询、市财政投资评审机构和市审计部门等单位在同一时间对隐蔽工程进行验收,并做好签证手续,确认隐蔽工程量;隐蔽工程项目未经代建单位、造价咨询、市财政投资评审机构和市审计部门的人员检查签字认可,施工单位不得将其覆盖,不能进入下一道工序施工。

最后,是在对暂估材料价格进行确定时,组织代建单位、造价咨询、监理、市财政投资评审和市审计各方人员组成联合询价小组进行联合询价,对暂估材料的价格进行市场询价,最终确定暂估材料价格,并分别签字确认,避免人为定价,确保暂估材料价格的真实性。通过项目投资监管各方联合办公,减少项目投资监管中间环节,加快工程建设进度。

7.4.6 经验总结

此次工程进行过程中严格按照代建合同进行,包括工程设计、招标以及工程施工等多个流程,均为互相独立,实现了对该工程项目的有效监管。但仍存在一些问题。首先,代建单位的法律地位不够明确。目前,我国工程进行过程中,在代建单位的法律定位上不够明确,权利与义务两者之间不够对等,代建单位依然处于相对的弱势地位,在代建工作进行过程中难以得到相关管理部门、各级政府以及单位群众的认可,因此导致在代建工作进行过程中较为被动。其次,代建单位与其他咨询机构处于相对平衡的位置,不利于代建单位对其他参与主体的指挥与监管;最后,代建单位整体的实力较弱,未能在项目建设过程中积极引用新技术与新理念。

7.5 重庆市南川区鱼枧水库工程 F+EPC 模式案例

7.5.1 工程概况

鱼枧水库项目位于重庆市南川区三泉镇半河社区,是一座集农业灌溉、农村饮水、工业园区供水等综合效益于一体的中型水利工程。水库正常蓄水位 711.00 m,相应库容 1 264.6万 m^3;死水位 680.00 m,相应死库容 217.6 万 m^3;设计洪水位 711.00 m,校核洪水位 711.62 m,水库总库容 1 295 万 m^3;多年平均可供水量 1 637.7 万 m^3;设计灌区面积 1.04 万亩。项目施工总工期约为 38 个月。

根据《重庆市水利局、重庆市发展和改革委员会〈关于南川区鱼枧水库工程初步设计报告的批复〉》,项目概算总投资 53 797 万元,其中市级以上投资定额补助 40 348 万元,超支不补,其余 13 449 万元由南川区及项目法人自筹资金解决。

7.5.2 建设模式

鱼枧水库采用 F+EPC 模式进行工程建设,由重庆市金佛山水利水电开发有限公司实施,通过公开招标的方式选择项目的融资、工程总承包方。重庆水投工程建设有限责任公司为该项目总承包方,以投、融资方式承担工程的设计、采购、施工。

《工程总承包合同》专章设置融资条款,约定融资人确保筹集资金按时汇入发包人指定专门设立的项目建设资金专户,确保建设资金按时足额到位。由融资人融资的建设资金包括自有资金和银行贷款两部分,融资人所出的自有资金占总融资额的比例不少于 20%。债务资金由重庆水投工程建设有限责任公司负责筹集,可以采取股东借款、政策性银行贷款、商业银行贷款、专项基金贷款等多种形式筹集资金。重庆水投工程建设有限责任公司所出资本金和需要融资的资金都需在合同中明确资金到位确认方式,融资收益以利率方式计算并明确计息起止日。

发包人按等本息方式向融资方支付项目融资回收款。融资回收期起算日从项目完工验收通过之日起计,不超过 10 年。发包人可视融资情况提前归还。融资回收款来源主要为本项目相应期限特许经营所取得的收益。

重庆市金佛山水利水电开发有限公司并不是政府平台公司,用于支付本项目定额补助外的资金不是来源于本级财政,项目融资也未被审计部门认定为政府负债,项目采用 F+EPC 模式实施是合规的。

7.5.3　存在的问题

应该看到,由于鱼枧水库是一座以灌溉为主的公益性水利工程,水库本身效益不足以支付所融资金及其收益,所以在融资文件中只能约定固定收益回报,而且融资额较少、融资期限较短,社会资金推动水利工程建设的作用不明显。

由于鱼枧水库采用的 F+EPC 建设实践在重庆市重点水利工程建设中还是第一次,招标文件在原有水利工程招标文件范本基础上拓延还不规范。鱼枧水库项目采取 F 作为基本条件、EPC 作为主要得分内容,项目实施单位利益保障得好一些,融资方存在利益受损的可能,从而有可能导致 F 难以为继的情况发生。

可以看出,招标阶段是以评价 F 还是 EPC 为主,对于后期利益协调至关重要。F 如何避免垫资之嫌,实践中还要进一步规范。

7.6　江门市蓬江区水环境综合治理项目 EPC+OM 模式案例

7.6.1　工程概况

江门市蓬江区水环境综合治理项目(一期)工程总投资 14.4 亿元,施工总工期为 18 个月。工程完成排口截污 448 处,新建污水管网约 160.2 km,完成 9 条河道内源治理,累计疏通河道 23 km。至 2020 年底,蓬江区 5 条黑臭水体已稳定消除黑臭现象,饮用水源水质达标率 100%,城市生活污水处理率达 97.5%,工业污水处理率 100%,全区 348 个自然村生活污水处理设施实现全覆盖,水环境质量明显改善。

7.6.2　建设模式

由于项目时间紧、效果要求高,在比较了 PPP 模式、工程直接发包模式的优缺点后,业主采用了 EPCO 模式,并最终选择北控水务作为 EPCO 总承包商。EPCO 的引入给该项目带来很大的便捷,首先,从前期准备工作来讲,从谈判论证、招标投标到全面施工总共只用了 3 个月,有效压缩了工期。其次,一体化的引进调动了承包商的主观能动性。再次,业主将部分设计费、工程费通过运营绩效考核发放,提高了财政资金的效率。

7.7 小清河防洪综合治理胶东调水工程（王道泵站）

7.7.1 工程概况

小清河防洪综合治理胶东调水工程（王道泵站）是胶东调水工程梯级提水泵站之一，其主要功能是抬高泵站下游渠道输水水位，提高胶东调水干渠输水能力。泵站位于东营广饶大码头镇北堤村北，包括引水涵闸、输水暗涵、竖井、泵站、出水渠等建筑物。小清河分洪道子槽下节制闸以上约 200 m（子槽桩号 72+150）右岸新建引水涵闸，通过滩地输水暗涵（走向与原有滩地明渠平行）和穿小清河倒虹（小清河复航工程措施，不在本次工程范围内），倒虹出口接新增输水暗涵，输水至小清河右堤外的泵站前池，泵站主泵房布置于小清河干流桩号 187+300 右堤南侧，泵站出口开挖出水渠引水至引黄济青干渠。

7.7.2 项目建设管理组织

7.7.2.1 主管单位与工作职责

山东省水利厅是该项目主管单位，负责项目的检查、监督、管理工作。

7.7.2.2 项目业主与工作职责

王道泵站工程是作为小清河防洪综合治理工程的一部分进行立项批复的。王道泵站工程是小清河防洪综合治理的一部分。小清河防洪综合治理涉及济南、滨州、淄博、东营、潍坊五市，工程建设内容涵盖信息化、水文和调水工程（王道泵站）。因此，山东省水利厅在项目法人设置时，充分考虑工程特点，确定由山东省流域中心作为总的项目法人负责项目的前期工作和实施过程中的技术指导、协调衔接等，山东省水文中心、山东省调水中心及各市分别成立项目法人承担各自建设任务。

山东调水工程运行维护中心作为王道泵站项目法人，全面负责工程的建设与管理，承担项目法人职责，并按有关规定成立综合部、计划财务部、工程建设管理部、质量安全部和现场管理机构等相应的管理机构，配备相应的建设管理人员，对项目建设的工程质量、工程进度、资金管理、档案管理和生产安全负总责。四部的负责人由山东省调水中心相关处室负责人担任，部室成员抽调山东省调水中心相关处室人员组成。

山东省调水工程运行维护中心东营分中心为现场管理机构。现场管理机构的负责人由东营分中心负责人担任，成员由东营分中心抽调相关人员组成，下设综合部、计划财务部、工程建设管理部、质量与安全部。

为了加强现场管理力量，工程开工后，山东省调水中心即组织精干力量开展轮班驻现场督导工作。驻现场督导工作组常驻工地，每天坚持在工地现场进行巡视、检查，以便及时高效地协调解决工程建设中存在的各类问题，并加强对工程进度、质量、安全等进行全面督导。现场督导有效地推进了工程建设，顺利圆满完成各项工程建设任务。

7.7.3 项目投资模式与资金来源

2021 年 4 月 2 日，山东省水利厅以《山东省水利厅关于小清河防洪综合治理工程设计变更准予水行政许可决定书》(鲁水许可字〔2021〕52 号文)批复工程设计变更,核定项目总投资 21 801 万元。该项目采用政府直接投资模式,资金来源部分为中央预算内资金,其余全部为财政资金。

7.7.4　项目分标原则及招标管理

7.7.4.1　分标原则

将工程设备安装列入工程施工标段内,设备生产厂家提供安装指导。施工中所用的钢材、水泥、砂石料等主要原材料均由施工单位自行采购、运输和保管,工程所需水泵电机、高低压盘柜、计算机监控等电气设备及闸门、清污机、液压启闭机等金属结构由项目法人负责采购。无论是施工安装还是设备采购,所有标段的合同界面要明晰,既不能重复,也不能有遗漏。根据工程施工内容和位置布局将施工共划分 4 个标段,即:

施工 1 标,小清河南岸的泵站工程主体施工及设备安装;施工 2 标,小清河北分洪道子槽引水涵闸及分洪道滩地暗涵施工及设备安装;10 kV 供电线路标;小清河临时泵站拆除标。

设备采购按照设备内容的相关性划分为 5 个标段,考虑到液压启闭机系统的复杂性和专业性,一般厂家不具备同时生产闸门金结和液压启闭机系统的条件,因此将液压启闭机系统采购单独划分 1 个标段;高低压开关柜等与泵站计算机监控系统差异较大,一般厂家不具备同时生产或牵头协调高低压设备和计算机监控系统的能力,因此将高低压开关柜和计算机监控系统分别划分标段,即:

采购 1 标段,水泵电机及辅机设备等;采购 2 标段,闸门、清污机等金属结构;采购 3 标段,液压启闭机系统;采购 4 标段,高低压开关柜、变压器、变频器、软起动器等电气设备;采购 5 标段,计算机监控系统、视频监控等自动化系统。

除自动化系统外,设备安装由对应施工标段进行实施,设备厂家进行安装和调试指导。

7.7.4.2　招标管理

(1)招标代理。好的招标代理可以规范招标工作的程序,提高招标工作的效率,保障招标工作的效果。根据胶东调水工程、引黄济青改扩建等工程招标投标组织实施情况,选定山东省水务招标有限公司作为招标代理机构。

(2)招标文件的编制。组织设计、招标代理、监理等单位联合对招标文件进行审查,明晰各标段合同界面,确定技术文件的细节,商讨商务条款的合理性、可行性。对于部分争议项,采取了外聘专家进行咨询的方式进行处理解决。

(3)根据工程进展情况,分批次适时组织开展招标投标工作,11 个标段分 6 批次完成招标投标和合同签订工作。

(4)标后的考察、谈判。受招标投标工作的时间周期限制,招标投标过程并不能完全反映投标单位的资质、能力、技术和信用水平等信息。为此,山东省调水中心在设备采购招标投标工作中明确了评标结果公示后的考察和谈判。由项目法人、设计、监理等单位联合进行标后考察,实地确定中标候选人是否具备设备生产、制造能力,对招标文件约定不明确或遗漏的事项进行会商明确后,发布中标通知书,减少了工程建设中的纠纷和推诿。

7.7.5　合同管理

为进一步加强工程合同管理,规范合同订立,促进合同履行,防范合同风险,根据国家相关法律、法规,山东省调水中心制定了《小清河防洪综合治理胶东调水工程合同管理办法》,对合同签订程序、履行、变更和解除、纠纷处理等各方面做出了具体规定。

在项目招标阶段,结合工程实际,认真编制招标文件,细化招标设计,组织审查技术条款和专用条款,分析可能存在争议的合同条款和细则并明确意见,避免合同执行期间产生纠纷;项目中标通知书下达后,与中标人依据招标文件中约定的合同条款订立合同,对部分其他需特别载明的事项,通过双方协商的方式签订会议纪要或补充合同协议书;合同文本采用部门会签方式,并送交法律咨询单位审查,保证合同条款严谨合法;合同签订的同时,与中标单位签订廉政责任书和安全生产责任书,明确双方在廉政和安全生产方面的责任与义务。工程建设和管理目标重点是:工期、质量和投资。签约各方基本能够履行合同的权利和责任,确保了合同条款的顺利执行。

7.7.6 投资控制与资金管理

7.7.6.1 财务机构设置与财会人员配备情况

项目法人财务机构设财务负责人、计划财务部,成员由山东省调水中心抽调相关人员组成。计划财务部设部长 1 名,成员 4 名,人员配置合理。

7.7.6.2 内部财务管理制度建立与执行情况

项目法人按照《政府会计制度》《基本建设财务规则》等相关规定,制定了《小清河防洪综合治理胶东调水工程王道泵站财务管理办法》和《小清河防洪综合治理胶东调水工程王道泵站工程价款结算支付办法》等内控制度,并得到较好实施,会计基础工作规范,财务核算全面、准确、完整。

7.7.6.3 合同完工结算与投资控制

在合同履行过程中,山东省调水中心严格按合同约定的内容、方式支付合同价款,具体付款采用合同、协议支付申请单方式,由对方提供发票,经办人对照合同提出具体意见,具体业务部门、财务部门、分管领导、单位负责人分别签字后,方可办理支付。

为进一步加强合同结算工作,山东省调水中心编制印发了《小清河防洪综合治理胶东调水工程价款结算支付办法》,明确工作程序,统一编制格式,提出时间要求,指导各单位完成完工结算书编制。

在工程建设施工阶段,通过政府采购选定第三方造价咨询单位,负责对施工单位合同完工结算进行审计,并要求完工结算审计单位提前介入,开展工作以确保合同结算工作有序开展,有效控制工程建设成本。

工程建设完工后,山东省调水中心即组织现场管理机构、设计、监理、施工、造价咨询等单位召开专题会议,部署开展完工结算工作,并确定了"尊重合同、实事求是、资料完备、合法合规、先量后价"的基本原则,明确了参建各方在完工结算过程中的职责:由现场管理机构牵头开展完工结算工作,设计单位配合梳理完工结算过程中涉及的设计变更问题,施工单位按程序完备完工结算所需的各项资料,监理单位负责对施工单位提出的完工结算进行初步审核并提出意见,造价咨询单位负责监理审核后的完工结算进行审定。

组织参建各方召开专题会议进行会商,加快推动完工结算;组织专家咨询会议,对工程完工结算存在的争议事项进行专家咨询,由专家提出争议事项的解决建议;根据专家意见与施工单位进行会商,确定最终结算意见。

7.7.7　工程质量管理

为推进施工进度,严格质量关,项目建设管理办公室成立了质量安全部和现场管理机构,负责对整个工程的施工质量进行监督检查。项目建设实行项目法人负责、监理控制、施工企业保证与政府监督相结合的质量保证体系,确保工程合格率达 100%。

7.7.7.1　工程质量管理体系

工程建设贯彻执行"百年大计,质量第一"的方针,建立健全"政府监督、项目法人负责、社会监理、企业保证"的质量管理体系,实行工程质量领导责任制。项目法人和建设管理单位建立了质量检查体系,监理单位建立了质量控制体系,施工单位建立了质量保证体系,设计单位建立了设计服务体系。

1.项目法人

为加强工程质量管理,严格基建程序,确保工程质量,争创优质工程,山东省调水工程运行维护中心成立了工程建设项目办公室,全面负责该工程的建设质量管理工作。在监理、检测和施工合同文件中,明确了工程建设质量标准及合同双方的质量责任,做到责权利相结合。施工过程中,及时组织设计技术交底工作,随时对工程质量进行全面检查,对发现的质量问题召集有关各方提出处理措施,并督促落实到位,确保工程建设质量。工程建设贯彻执行"百年大计,质量第一"的方针,建立健全"政府监督、项目法人负责、社会监理、企业保证"的质量管理体系,实行工程质量领导责任制。项目法人和各现场管理机构建立了质量检查体系,监理单位建立了质量控制体系,施工单位建立了质量保证体系,设计单位建立了设计服务体系。

山东省调水中心专门成立工程质量管理领导小组,全面负责小清河防洪综合治理胶东调水工程建设质量管理工作。东营分中心作为工程建设现场管理机构,管理、协调、服务工程施工。建立健全施工质量检查体系,根据工程特点建立质量检查机构,配备相应质量管理人员,对工程质量负全面责任。山东省调水中心制定了《小清河防洪综合治理胶东调水工程质量管理办法》《小清河防洪综合治理胶东调水工程质量检测实施细则》等,强化工程制度监管。针对施工项目特点,组织专业人员编制了《小清河防洪综合治理胶东调水工程质量安全奖惩制度》并以鲁调水质监函字〔2020〕17 号印发,严格控制质量标准。工程质量监督开展情况如下:

工程开工初对监理单位、设计单位、施工单位和有关产品制作单位的资质、经营范围进行复核;对监理单位的质量检查体系和施工单位的质量保证体系及设计单位的现场服务等实施监督检查;检查工程质量管理需要填写的表格是否符合要求,特别是隐蔽工程和关键部位检查、验收记录是否齐全;检查工程所用材料、设备有无出厂证明、产品合格证等有关资料;检查工程施工现场、施工用料存放等。如钢筋、水泥、砂石骨料等堆放是否整齐,标志是否齐全清晰,是否满足相应施工材料的存放质量要求;施工设备是否按要求存放,安全防护措施是否到位;施工现场安全措施到位情况,是否有必要的防护设施,警示标牌设置是否齐全;检查了解工程设计批复情况和项目法人与各有关单位签订的合同、协议和施工组织设计及各种工程施工技术措施要求。

施工期间重点对参建各方的质量行为、工程实体、技术资料进行抽查,参加有关验收和进行质量核定(备)工作。对参建各方的质量行为监督检查,现场检查技术规程、规范和质量标准的执行情况,施工工艺、设备是否保证工程质量,施工工序是否按照规范、设计要求进行。对参建各方的技术资料监督检查,原始资料检查,包括主要原材料出厂合格证和质量检查、试验资料;主要设备出厂合格证明、技术证明书;重要地质勘测资料、钻孔录像资料;土建工程质量检查原始记录;单位工程评定资料;观测设备安装前,对仪器进行的力学、温度、绝缘等性能检测和率定资料;观测设备安装质量测定,试验原始记录;重大质量事故和工程缺陷处理资料;工程观测原始记录;水准点高程、位置、定位、测量记录;隐蔽工程验收记录及施工日志;监理日志、监理月报;灌浆工程的孔、孔距、配制、施工原始记录等报告;重要文件检查,包括:上级批文和有关指示;主体工程发包合同;施工图及修改设计通知单;分部工程验收签证资料;单位工程质量评定资料;各种观测控制标点的位置和明细表;设备、备品、专用工具、专用器材清单;工程建设大事记和主要会议记录;重要咨询报告。对已完工程部位,检查是否按批准的项目划分做到及时评定,及时验收,表格填写是否清楚,内容是否齐全完善。

2.设计单位

设计文件编制过程中,严格执行国家和行业标准,所有设计文件均按通过国家认证的ISO质量体系文件的要求,设计、校核、审查、核定、批准,认真负责,层层把关,确保了设计产品质量。工程施工前及时向建设、监理和施工单位进行技术交底,详细解释设计意图,介绍施工中应注意的关键事项。施工中设计人员经常深入工地检查指导,对发现的问题及时提出设计修改和施工建议来加以解决,保证了工程的质量。设计单位对其编制的勘测设计文件的质量负责。建立健全设计质量保证体系,加强设计过程质量控制,每批次施工图设计完成后,均组织专家进行施工图评审,设计单位按评审意见修改后实施。健全设计文件的审核会签制度,做好设计文件的技术交底工作。施工过程中,成立设计代表组,派设计代表常驻工地,及时处理现场技术问题。

3.监理单位

监理单位依据投标文件及监理合同组建工程项目监理机构,派驻施工现场。监理工作实行总监理工程师负责制。项目监理机构按照"公正、独立、自主"的原则和合同规定的职责开展监理工作,并承担相应的监理责任。监理人员严格履行职责,根据合同的约定,工程的关键工序和关键部位采取旁站方式进行监督检查。强化施工过程中的质量控制,上一工序施工质量不合格,监理人员不签字,不准进行下一工序施工。同时,监理单位根据工程的建设特点和工程监理规划,确定了监理目标、范围及内容,对工程建设进行全过程、全方位的质量控制和管理。在工程施工监理中,现场监理仔细审查施工组织设计,认真做好原材料和中间产品的检验和抽检工作,采取旁站、巡视、平行检验等形式实施工程监理,严格控制工程质量。

4.检测单位

检测单位成立了本工程检测项目组,检测项目组负责该项目的整体检测工作调度安排、检测资料收发、整理归档,对原材料及中间产品进行抽样检测、实验室检测,对已完成的施工部位进行无损检测或微破损检测及实验室检测。根据国家有关规范、标准以及设计文件,对该工程进行抽检,及时发现施工过程中出现的质量问题,以通告形式通知委托单位,由项目法人组织整改,并对整改质量进行复检,以达到施工过程质量控制目的。

5.施工单位

施工单位依据投标文件及施工合同组建施工项目部,加强施工现场管理,建立健全质量保证体系,落实质量责任制,对施工全过程进行质量控制。在施工组织设计中,制订质量控制措施计划和工程质量管理目标,在施工全过程中,明确岗位质量责任,加强质量检查工作,制定工程质量管理、原材料管理、技术交底、技术培训、技术方案报审、工程质量检验评定、质量奖惩等制度并认真执行落实。

施工项目部把"建精品工程,创文明工地"放在各项工作首位,认真贯彻实施质量手册和质量体系程序文件,使每道工序均处于受控状态。制定和完善岗位质量规范、质量责任,落实质量责任制,严把原材料和中间产品质量关,实行三检制,每道工序都经过自检、互检、项目质检工程师检验合格后,送监理工程师进行检查认证,通过认证后方能进行下一道工序的施工,以确保工程质量达到设计要求。

7.7.7.2　工程质量监督

工程接受山东省水利水电工程质量与安全监督中心站监督。山东省调水中心开工前及时在质监站办理了工程质量监督手续。质监站按照《水利工程质量管理规定》和《水利工程质量监督管理规定》的要求,成立了小清河防洪综合治理工程质量与安全监督项目站,下设胶东调水项目站,负责王道泵站工程质量监督工作,建设、设计、监理、施工等参建单位主动接受项目站的监督。胶东调水项目站参与了图纸会审和技术交底,并对设计、监理、施工单位的资质和质量保证体系进行了审查,对施工组织设计、关键部位的施工技术方案进行了审查,同时针对工程的特点,提出了具体的质量监督实施细则。对参加工程建设的建设、设计、施工及监理单位的质量行为进行了检查,调阅工程质量评定资料,检测试验结果,检查施工记录,工程验收前经山东省水利工程建设质量与安全监督中心站质量监督项目站对工程质量进行等级核验,未经质量等级核验或者核验不合格的工程,不得验收。工程验收过程均经厅质量监督项目站监督。

7.7.7.3　质量控制和检测

1.质量控制

项目开工前,山东省调水中心组织设计、施工、现场建设管理单位进行设计技术交底及图纸答疑,监理人对施工图纸审查后盖章签发。监理人负责对承包人的主要管理人员、组织机构、施工总平面布置、施工总进度计划、施工资源配置、施工技术方案、质量保证体系、安全保证体系等施工组织设计内容进行分项审核和批复。

东营分中心作为现场管理机构,对工程施工质量进行现场监管。施工过程中,项目法人会同监理单位对重要工序和关键部位进行巡视和检查。对关键工序和重要隐蔽工程,组织各参建单位进行联合检查和验收,对有关施工质量保障措施进行严格审查并在施工中重点予以检查落实。

加强原材料和中间产品质量控制。工程所用的水泥、钢材、砂石、聚苯乙烯保温板、复合土工膜等材料均有出厂合格证,所有材料均按规定抽样,送至具备相应资质的检测单位进行检验合格,并经监理抽检合格后方可使用。混凝土配合比等也由相应资质单位进行试验,监理审核后,按要求制作试块检测。

加强设备生产驻厂监造。按照"省中心统一调度,现场管理机构具体负责"的方法,将设备监造任务分解到现场管理机构,充分发挥了基层技术人员的专业特长;对水泵、电机等主要设备生产厂家,采取业主、监理联合驻厂监造,确保了设备生产质量和进度,满足了工程建设需要。

2.检测

山东省调水中心与第三方质量检测有限公司签订了施工质量检测合同,负责对所有工程项目进行巡回检查、质量监督、随机抽样检测,随机抽调各单位的施工资料及记录进行检查。第三方检测单位定期向省中心、分中心上报《小清河防洪工程质量检测简报》,报告工程施工质量情况。对出现的质量问题下达整改意见通知,加强工程施工现场的质量控制。

7.7.8 工程安全管理

7.7.8.1 参建单位的工程安全管理体系

山东省调水中心成立了以主任为组长的工程安全生产领导小组,全面负责小清河防洪综合治理胶东调水工程的安全生产指导、检查工作,严格落实安全生产"一岗双责制",与东营分中心、参建单位签订安全生产责任书,层层建立责任制,将安全生产责任落实到具体单位和个人。

施工单位由项目经理、技术、质量、安全负责人等组成安全生产领导小组,项目经理为安全第一责任人,建立健全了各项安全生产制度和安全检查制度,保证了工程施工安全。在施工过程中,未发生安全事故。建立以项目经理为首的安全生产保证体系,坚持管生产必须管安全的原则。建立以项目总工为首的技术安全保证体系,研究、制定和落实安全技术措施,组织安全知识的教育和安全技术知识培训工作。建立以安全科长为首的专业安全检查保证体系,配备专职安检员,坚持经常检查与定期检查相结合,普通检查与重点检查相结合的安全检查制度。查出事故隐患,并采取相应的预防和控制措施。

7.7.8.2 制定安全生产规章制度

山东省调水中心结合小清河防洪综合治理胶东调水工程特点,组织制定了《小清河防洪综合治理胶东调水工程安全生产管理办法》和《小清河防洪综合治理胶东调水工程质量安全奖惩制度》,明确各参建单位安全管理职责、管理措施和安全事故报告程序。在系统内制定年度安全生产管理工作考核制度,将安全生产目标纳入年度(绩效)考核,充分调动各单位的工作积极性和主动性。监督检查各施工、设备生产单位安全生产责任制度、隐患排查与治理制度、安全教育培训制度、特种作业人员管理制度、职业健康管理制度、消防安全管理制度、交通安全管理制度等的制定和落实情况。并要求各施工单位根据岗位、工程特点,引用和编制岗位安全操作规程,发放到相关班组,严格执行。

7.7.8.3 强化过程监管,不留安全隐患

山东省调水中心建立安全生产检查机制,定期组织安全生产检查,对各参建单位安全措施落实情况进行评分考核。在沿线推行"安全生产年""安全生产月"活动,提高参建单位对安全生产工作的重视程度,要求参建各方切实履行自身安全职责。建设期间,由现场管理机构负责监督施工项目部认真制订施工方案、安全方案并严格执行,严禁擅自改变设

计施工方法或简化工序流程,严肃作业纪律;加大对深坑开挖、高空临边、模板支撑、脚手架、塔机等危险性较大的施工作业的监管力度,特种作业人员必须持证上岗,施工作业过程加强现场监理;切实保证安全投入的落实,严格按照现场实际需要配备安全管理人员、配置检查检测设备;健全事故预防和应急体系,加强隐患排查,发现安全风险要迅速、正确做出应急处理并及时上报,防患于未然;建设期间每月组织建管、监理、设计、施工等单位对全线工程进行安全生产检查,督导各施工承包单位落实各项安全措施,重点抓好安全防护用具佩戴、特种作业人员持证上岗、危险作业区域警示牌照悬挂、节假日安全值班、规范作业等内容,对发现的问题印发检查通报,实行销号制度,限期整改落实。工程建设期间,山东省调水中心及山东省调水中心东营分中心累计召开安全生产会议30余次,开展安全生产检查50余次。

7.7.8.4　编制安全生产应急预案

山东省调水中心组织参建单位,根据工程施工特点和范围,对施工现场易发生重大事故部位、环节制订专项施工方案,预防安全突发事件。督导各施工单位制订安全事故应急救援预案,落实应急抢险队伍,做好抢险物资储备,加强抢险队伍培训和演练,做到应急处置快速高效,加大安全生产知识宣传教育力度,努力提高安全生产责任意识。

7.7.8.5　建立安全生产网格化实施方案

为进一步规范小清河防洪综合治理胶东调水工程(王道泵站)建设项目各参建单位工作职能,促进工程施工现场规范、有序管理,提升工程施工现场管理水平,确保优质、高效、安全地完成建设任务,按照山东省调水中心关于实行王道泵站网格化管理的工作要求,2002年9月21日,东营分中心制定了《小清河防洪综合治理胶东调水工程(王道泵站)网格化管理实施方案》,将管理区域按施工阶段、施工内容等划分成单元网格。通过制定强势管理措施,对各个区域实施网格化管理,建立一种监督和处置相协调的主动发现、及时处置的工程动态管理方式,通过推行项目现场网格化管理,做到管理、责任、考核、整改四到位,最大限度地发现和消除各类问题,提高本工程的管理水平。把网格化管理工作纳入日常重要工作日程,严格按照"质量第一,预防为主"的质量管理方针;遵循"安全为前提,进度兼质量"的安全进度管理政策,将管理思路落实到工程过程中,并及时解决本网格区域的安全、质量管理及进度控制工作中存在的重大问题;组长负责进行网格化管理的总体协调和运作,落实各管理区域人员安排,明确岗位职责;网格员要根据职责分工或管理区域,切实落实安全管理责任,对本责任网格内重点部位或涉及危险性较大区域进行安全检查,及时发现并消除安全隐患;严控现场施工,把好施工、验收质量关。现场质量管理采取施工、监理、现场管理机构三方管理模式,形成每个项目每天有人监管,关键工序必须到场检查的质量监管机制;强化项目进度管理,建设过程中根据项目进度及时采取纠偏措施,确保目标工期的实现。

7.7.8.6　做好安全度汛工作

山东省调水中心组织有关施工单位编制安全度汛预案,并组织专家审查和核备,汛期严格按度汛预案进行施工作业,做好防汛物资、设备、人员的相关准备工作。

7.7.8.7　完善档案资料

要求各参建单位认真做好安全生产资料的收集、归档工作,建立安全生产台账,制定档案管理制度,确保资料收集的及时、准确、齐全。通过资料的记录、整理和积累,起到自我督促、强化安全生产管理的意识、提高安全生产管理水平的作用。

7.7.8.8　新冠肺炎疫情防控

2019 年底,新冠肺炎疫情暴发,生产生活受到严重影响,为配合国家做好疫情防控,小清河防洪综合治理胶东调水工程也暂停进场施工。在全国疫情得到有效控制后,小清河防洪综合治理胶东调水工程积极响应复工复产,确保疫情防控与工程建设同步推进。为认真贯彻落实山东省委、省政府和省水利厅关于新冠肺炎疫情防控工作部署精神,扎实做好引小清河防洪综合治理胶东调水工程开(复)工后疫情防控工作,山东省调水中心针对小清河防洪综合治理胶东调水工程建设实际,制订了"小清河防洪综合治理胶东调水工程新冠肺炎疫情防控工作方案"和"小清河防洪综合治理胶东调水工程新冠肺炎疫情防控应急预案",全面落实防控措施,有效避免疫情在施工工地出现和传播,更好地保障现场管理人员及施工作业人员人身安全,为工程建设创造良好的施工环境,为有序复工复产提供了强有力的保障。

7.7.9　文明工地建设

为确保"头号水利工程"安全、有序、高质量、按节点推进建设,山东省调水中心明确参建方、监理方、施工方各自职责,精细管理,有序推进标准化文明工地建设。

按照山东省调水中心责任处室指导意见,现场管理机构认真贯彻执行《山东省水利工程建设质量与安全生产监督检查办法(试行)》和标准化建设相关规范,跟踪督导小清河防洪综合治理胶东调水工程(王道泵站)各参建单位逐步完善各项规章制度及质量安全管理体系,根据现场情况,确定时间节点,从生产、生活、防疫三个方面有序推进工地标准化文明建设。及时督促施工单位制定了争创安全文明施工标准化工地的目标,落实施工区临时围挡、车辆冲洗、扬尘防护、安全防护、公益广告设置、办公区生活区保洁、工地食堂安全卫生等安全文明施工保障措施,并设专人专岗进行巡查落实。在不影响工程建设的前提下,整个工地实行全封闭作业。

为保证工地环境整洁,施工单位采取了"三步法":一是工地工作人员每天早晚两次用冲洗车清洗工地路面,防治扬尘;二是为施工车辆"全身淋浴",车身干净后方可出场,防止泥水漏到马路上;第三步为湿法作业,挖掘机工作时,雾炮机随时对出土点和土方堆进行喷淋,有效确保空气和土方湿润不扬尘。

工地现场还有一套扬尘指数监控系统,醒目的电子屏上实时显示着温度、湿度、噪声等数据。安全施工是建筑工地的头等大事,而提高工人的文明施工意识是安全施工的保证。在施工现场,施工单位用密织网布覆盖渣土车材料,将材料整齐堆放在对应区域,用网或彩条布覆盖裸土,文明有序进行施工。工地内还设置了多个垃圾分类点,在垃圾桶上详细标注分类标准,引导工人垃圾分类,工人还有专门的茶水休息室、吸烟室,为他们提供休息场所。

第 8 章　调水工程建设管理模式的展望

8.1　创新投融资模式

8.1.1　REITs 模式

8.1.1.1　概述

REITs(real estate investment trusts),即不动产信托投资基金,是指将流动性较低、非证券化形态的不动产通过发行股份、收益凭证,交由专业机构进行资产管理与经营,从而转化为资本市场上有价证券资产并进行金融交易,实现将基础资产收益和资产升值带来的综合投资收益按约定比例分给持有者的信托基金。

2020 年 4 月 30 日,证监会、国家发展改革委联合发布了《关于推进基础设施领域不动产投资信托基金(REITs)试点相关工作的通知》(证监发〔2020〕40 号),我国开始试水基础设施领域公募 REITs。

《关于推进基础设施领域不动产投资信托基金(REITs)试点相关工作的通知》(证监发〔2020〕40 号)规定,试点开展的基础设施 REITs 由具备公募基金管理资格的证券公司或基金管理公司设立,经证监会注册后,向社会公开发售基金份额募集资金,通过购买同一实际控制人所属的管理人设立发行的基础设施资产支持证券,完成对标的基础设施的收购。具体设立流程如图 8-1 所示。

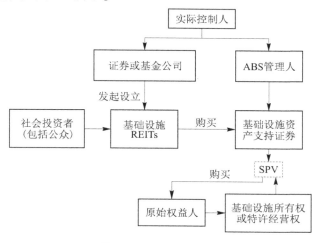

图 8-1　REITs 设立流程

8.1.1.2 REITs 与 ABS 的区别

1.交易结构

REITs 更多地采用的是平层机构,而 ABS 主要是分级分层设置。目前,国内的 REITs 大多采用"专项计划+私募股权基金"的形式,ABS 则直接利用专项计划/SPV 受让资产。

2.收入来源

REITs 的主要收入来源是项目收益及项目增值,相对来说具有向上的复动性。ABS 的主要收入来源更多的是相对固定的利息、费用、门票等,更多的是向下的浮动。

3.分配方式

REITs 以收益分红为主要形式,具有浮动性,因此产品的存续期比较长;ABS 是以付息为主要形式,相对固定,期限片断,3~5 年的居多。

4.募集渠道

REITs 产品相对标准,所以更多的是通过场内交易所来完成募集,公募的受众客户群体更为广泛;ABS 相对复杂,所以同时会在场内和场外进行募集,一般客户群体相对较小。

5.流动性

REITs 从属性上来说更多地偏向于股,ABS 则更多地偏向于债。考虑到产品属性、分配方式、受众对象等因素,REITs 的流动性要好于 ABS。

从目前国内实际发行的案例来看,所有的类 REITs 产品其实都是 ABS 的一种,因为它们在参与主体、监管主体、行业规则、交易结构、分配方式、产品载体、客户群体等方面具有 99% 的重合度。

8.1.1.3 REITs 的特点

REITs 流动性较高、收益相对稳定、安全性较强,能有效盘活存量资产,拓宽社会资本投资渠道,提升直接融资比例。具体如下:

(1)REITs 属于公募权益投资产品。投资者投资 REITs,相当于投资基础设施获取了项目股权或特许经营权,进而可以获得经营收益分红回报,这对于调整社会储蓄结构,降低实体经济杠杆水平有重要作用。

(2)流动性好。不同于现有 ABS(资产证券化)产品都是私募产品,投资门槛非常高,基础设施 REITs 作为一种公募产品,可以上市公开交易,覆盖投资者范围广泛,交易门槛低,流动性强,募资能力强。

(3)风险较低。由于基础设施提供的是公共产品或服务,一般其成本、需求及价格都较为稳定,因此收益水平也较为稳定,相较于股票等其他权益类投资产品,投资风险较低。

8.1.1.4 REITs 的优点

(1)有利于盘活存量资产,满足新的项目建设需要。运用基础设施 REITs 盘活存量资产收回的资金,可以用于新的补短板项目建设,满足当前迫切的融资需求。

(2)有利于提升企业融资能力。基础设施 REITs 为基础设施投资企业提供了规范化的退出渠道,通过基础设施资产的真实出售,有助于企业降低资产负债率,创造新的融资空间。

(3)有利于吸引各类资金参与基础设施建设。通过基础设施 REITs 参与存量项目,不需要承担项目建设前期工作,降低了参与难度,同时基础设施 REITs 采用公募方式公开发行,属于标准化产品,流动性高、收益稳定,有利于吸引包括保险、社保、商业银行理财子公司以及公众投资者直接参与。

（4）有利于提升基础设施运营效率和效益。基础设施 REITs 公开上市后,既能由原始权益人运营,也可聘请专业运营机构进行管理,REITs 作为市场化投资人,有动力推动项目创新商业模式、提升运营效率,提高项目收益和资产价值。另外,公开上市后信息更加透明,有利于倒逼企业建立精细化、市场化管理机制。

8.1.1.5　REITs 在水利工程中的应用

2021 年《中央预算内投资资本金注入项目管理办法》(国家发展和改革委员会 2021年第 44 号令)发布,文件明确中央预算内投资所形成的资本金属于国家资本金,由政府出资人代表行使所有者权益,中央预算内投资资金的投入方式正在从过去以投资补助为主的模式向资本金注入方式转变,中央资金的承接和管理使用主体由传统水利事业单位转变为由建立了完善公司治理结构的国有企业承担。

在上述政策导向下,中央预算内投资资本金注入支持无疑将以"水利资本"形式在水利领域实现长期的持续性积累,也为未来得到国家支持的水利设施进一步实施存量REITs、实现中央预算内投资资金循环利用、提高资金使用效率提供了良好的机制条件。

以水利优质资产作为基础设施 REITs 试点项目,部分工程所在区域符合试点项目支持的重点区域和行业范围。有利于进一步拓展以资产为主的权益融资渠道,扩大项目融资金融工具可选范围,减轻银行贷款压力,提升固定资产融资效率;有利于盘活中线一期工程存量资产,构建资产与资本之间的桥梁,从传统的投资带动融资,转变为构建持续循环的固定资产投融资体系。

8.1.1.6　REITs 应用于 PPP 项目

根据《关于推进基础设施领域不动产投资信托基金(REITs)试点相关工作的通知》(证监发〔2020〕40 号)的要求,试点基础设施 REITs 的项目应符合"权属清晰,具有成熟的经营模式及市场化运营能力,已产生持续、稳定的收益及现金流,投资回报良好,并具有持续经营能力、较好的增长潜力"的要求。大部分重大水利工程涉及国计民生,公益性较强,以纯公益性、准公益性为主,权属清晰,能持续稳定产生现金流的项目较少,且水权市场、水价市场化形成机制、水利工程管理模式改革还需要时间,在现有条件下,水利工程直接试点 REITs 存在一定难度。

但部分采用 PPP 模式的水利工程,则为基础设施 REITs 试点提供了潜在资产来源。以 PPP 法人股权或项目未来经营性收益权做基础资产,开展 REITs 试点,无疑是一种很好的选择。同时,通过 REITs 可吸引来社保、保险、各种投资基金甚至居民储蓄,这些无杠杆资金轻装上阵,大大降低了社会资本退出的难度,有利于提升水利 PPP 项目的吸引力。

对于 REITs 模式和 PPP 如何结合,陈新忠等在"REITs 模式在水利工程建设筹融资中的应用"一文中提到了两种方式,具有很好的参考价值。

方式一:通过 REITs 实现 PPP 模式。通过发行基础设施 REITs,募集公众资金,作为PPP 模式中的社会资本,与政府投资成立 PPP 项目法人,投向有一定收益、可以实现稳定现金流的水利工程。具体运作方式是:工程运管企业以 PPP 协议中约定的水利工程未来收益权、特许经营权等权益为基础资产,依托信托机构发行基础设施 REITs,募集资本后交由专门的投资机构进行投资运营管理,政府出资方或出资方代表(平台公司)与社会资本出资方按照章程共同组建项目法人,获得经营权等权属,项目法人负责投融资、建设及运营管理。特许经营期内项目运营收益和其他附加收益作为回报,到期后将资产按约定移交政府或政府指定机构。发行基础设施公募REITs,将很好地解决水利工程PPP项目中筹融资问题。

方式二:基础设施REITs通过再融资的模式参与水利工程PPP项目,对水利工程PPP项目提供融资渠道和管理支持。通过PPP协议建立的项目法人作为发起人,将项目公司股权或以项目为基础的收益权打包作为基础资产,利用资本市场的平台发行基础设施REITs。具体运作方式是:政府或政府代表与社会资本方按照PPP协议约定,共同履行出资义务,组建项目法人SPV公司,负责PPP项目建设、运管,委托信托机构以公司股权、资产和项目未来收益权为基础资产,发行REITs并向投资者募集资金,并将所募资金用于支付项目公司股权或收益权所需额度,使项目公司获得融资,投资者获得回报。特许经营期满后可通过回购REITs的方式实现政府资产回收以及社会资本退出。

文中也提到水利工程基础设施REITs的"公募基金+ABS"模式实现的具体路径,即由负责水利工程供水、发电等运营业务的公司作为股东,设立项目公司作为资产的持有者并对水利工程资产进行运营管理,由专项管理人发起并设立资产支持计划,发行基础设施资产支持ABS,募集特定投资者资金,通过收购项目公司全部股权,间接持有项目公司资产。基金管理机构或证券公司设立公募基金,公开发售,投资计划管理人通过发行基础设施资产支持证券ABS,实现对水利工程的收购。通过试点"公募基金+ABS"模式,在ABS上层加入公募而非私募基金并通过上市交易,实现了拓宽投资者群体、增加市场流动性、降低投资门槛的目的。

8.1.2 RCP 模式

8.1.2.1 概述

目前,我国水利建设项目的融资来源主要是政府财政拨款和集体、农民投劳折资,国内银行贷款,利用外资,企业债券等。随着我国基础设施投资力度的加大,水利工程项目的建设与日俱增,水利融资总体上来说不断增加,经济体制的改革使市场化的程度越来越高,资金的来源情况也日益多样化,项目融资这种灵活的融资方式,也慢慢成为水利工程项目的融资渠道之一。目前,西部水利工程项目中常见的项目融资方式有BOT、ABS等,但由于西部的自然条件、经济发展水平等方面的因素,这些融资方式不能吸引足够的资本。将RCP这种新的项目融资方式,运用于我国西部水利项目的建设之中,能够吸引更多的民间资本参与西部水利项目的建设。

项目融资是广泛应用于基础设施、能源和矿产开采等大中型项目的一种重要筹资手段。RCP(资源-补偿-项目)融资模式作为一种新的项目融资模式,为公益性水利建设的投融资方式提供了新的思路,这种融资模式能吸引更多民间资本参与水利项目的建设,提高社会资金的使用效率,为解决水利建设中的融资难题提供了途径和可能。

8.1.2.2 RCP 概念

RCP(resource-compensate-project,即可资源-补偿-项目)是指对准经营性以及非经营性的基础设施项目成立项目公司,政府部门与项目公司签订特许权协议,并授权该项目公司进行基础设施项目的融资、设计、建造、经营和维护等,同时向使用者收取适当的费用(非经营项目无收费机制),以便收回项目部分成本,特许期满后项目公司无偿将项目移交给政府。同时,政府将基础设施周边一定数量的资源(如土地、旅游、矿产)的开发权出让给公司,以对项目投资进行补偿,从而提高整个项目公司的盈利能力,以确保项目投资者获取合理回报,调动投资者的积极性,进而吸引更多的民间资本参与项目。

8.1.2.3　RCP 在水利工程中的应用

采用 RCP 项目融资模式,政府面临的最核心的问题是用高收益的资源项目补偿公益性非经营性水利项目的投资,实行资源补偿的战略来鼓励私营部门及民间资本参与水利基础设施项目的投资。RCP 融资模式在水利项目中的运行程序(见图 8-2)如下:

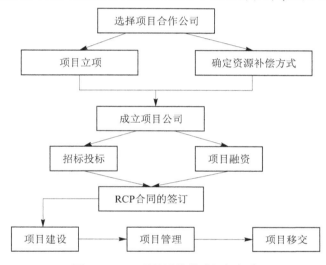

图 8-2　RCP 项目融资模式运行程序

(1)项目立项。在这个阶段,首先必须确定对该水利项目的需求以及采用 RCP 方式建设该水利项目的可能性和优势。

(2)确定资源补偿方式。根据项目建议书、项目的可行性研究报告以及当地可利用资源情况等,政府管理部门确定资源补偿方式。

(3)准备招标阶段。政府管理部门通过把水利建设项目开发权和补偿资源的开发权分别联合起来招标,利用竞标的方式将资源开发权的补贴控制在最低水平,同时私人资本也能够获得必要的收益。招标中的条款,必须明确有效,如果政府的招标准则不现实、不清楚,或者最初的项目界定不切实际,那么将参与这些项目的投资者便很难提出一些比较现实的项目建议。

(4)RCP 合同的签订。政府及其水利规划部门与项目投资者进行谈判,双方就拟建水利工程项目的范围、工作内容、政府的资源补偿方式、双方权利及义务、特许经营权的授予、可抗力及风险分担等内容充分协商,签订合同。

(5)实施阶段。项目公司在签订所有合同之后,就进入项目实施阶段,即水利工程施工设计、水利工程招标、水利工程施工等工作。工程竣工后开始运营,在特许期满后无偿将项目移交给政府或指定机构。项目公司同时对政府补偿的资源进行开发,通过资源开发获得的收益来弥补水利工程项目的亏损,同时保证项目投资者获得合理的投资收益。

8.1.2.4 RCP 的优势

(1)能够有效地吸引投资。在西部公益性水利设施项目中运用 RCP 融资模式的特殊性,在于用高收益的资源开发项目来补偿水利项目的投资,保证投资者的投资回报率,降低投资者的投资风险,从而吸引投资者进行水利工程项目的投资。

(2)减少政府在水利工程项目管理中的协调和管理工作量。水利工程项目建设的工期长,涉及的施工过程、环节、部门等很多。采用 RCP 项目融资模式,使得项目公司也能参与到水利项目的建设管理之中,进而能够大大减少政府的协调和管理工作量。

(3)能够转移、分担风险。RCP 融资模式也属于项目融资,因此,通过特许协议,可以使政治风险、法律风险等由项目公司来承担,而对于金融风险、自然风险、环境风险、不可抗力风险等主要通过项目公司的风险管理技术来规避、转移,或者与政府共同承担。同时,资源补偿项目这种方式,能够对投资者的投资风险进行分担,保证了投资者的投资回报率。

(4)能够充分利用民营企业在技术、知识和管理等方面的优势,节约建设成本,提高项目的综合效益,使社会资源的配置更趋优化,并能提供较好的公共服务。

(5)有利于西部的旅游、矿产、土地等资源的开发利用。西部地区面积广阔,旅游、矿产、土地等自然资源比较丰富,然而由于资金短缺,这些资源开发的效率比较低,采用 RCP 项目融资模式,投资者在合同签订后,为了获得投资回报必将对政府补偿的资源加快开发,这些资源可以是旅游、矿产、土地等自然资源,从而能够大大地加快资源开发的进程,同时民间及私人资本的引入能大大提高资源开发的效率。

8.1.2.5 RCP 的劣势

(1)投资者通常需要经过一个较长时期的调查了解、谈判和磋商过程,使得项目前期研究时间较长,项目融资过程过长,费用较高。

(2)项目公司的选择存在较大风险。对政府管理部门而言,由于水利工程项目的成功与否在很大程度上取决于项目公司的融资和管理能力,所以政府在选择项目公司时要承担很大的风险,应当选择一些综合实力较为雄厚的公司。

(3)在特许期内,政府丧失了项目所有权、经营权以及周边相应资源的开发经营权。

(4)资源补偿的数量、资源产权归属不明确。RCP 项目融资是一种新型的融资方式,其模式中资源补偿的具体方式,具体的运作程序没有一个统一的规范和规定,资源补偿的数量、资源产权归属等随着水利项目的具体情况的不同而有所不同。

(5)参与主体较多,合同类型较为复杂性。RCP 项目涉及的合同量很大,数目庞大的合同文件构成了整个复杂的文件系统,合同法律关系非常复杂。

8.1.3 EOD 模式

8.1.3.1 概述

EOD(ecology-oriented development)模式指以生态为导向的发展模式,由美国学者霍纳蔡夫斯基在 1994 年提出。2018 年 8 月,生态环境部发布《关于生态环境领域进一步深化"放管服"改革,推动经济高质量发展的指导意见》(环规财〔2018〕86 号)提出:探索开展生态环境导向的城市开发(EOD)模式,推进生态环境治理与生态旅游、城镇开发等产业融合发展,在不同领域打造标杆示范项目,这是中国首次提出 EOD 模式。2019 年 1 月,生态环境部、中华全国工商业联合会发布《关于支持服务民营企业绿色发展的意见》(环综合〔2019〕6 号)。2020 年 9 月,国家发展改革委、科技部、工业和信息化部、财政部发布《关于扩大战略性新兴产业投资,培育壮大新增长点增长极的指导意见》(发改高技〔2020〕1409 号)等,均提出探索生态环境导向开发(EOD)模式等环境治理模式创新,提升环境治理服务水平,推动环保产业持续发展。

2020 年 9 月,生态环境部办公厅、国家发展改革委办公厅、国家开发银行办公厅发出《关于推荐生态环境导向开发模式试点项目的通知》(环办科财函〔2020〕489 号),给出我国 EOD 模式的官方定义。EOD 模式是以习近平生态文明思想为引领,以可持续发展为目标,以生态保护和环境治理为基础,以特色产业运营为支撑,以区域综合开发为载体,采取产业链延伸、联合经营、组合开发等方式,推动公益性较强、收益性差的生态环境治理项目与收益较好的关联产业有效融合、统筹推进、一体化实施,将生态环境治理带来的经济价值内部化,是一种创新性的项目组织实施方式。

EOD 模式以特色产业发展为支撑,以区域综合开发为载体,用优势资源带动区域生态价值实现和整体价值的提升,实现区域内可持续发展,目前在浙江等省份已经开始试点项目,在全国范围内即将展开 EOD 项目的申报工作。EOD 模式通过相关产业项目的综合实施,实现生态产业化和产业生态化,促进区域经济高质量发展。在综合开发体系中,对生态受益范围较广的重点生态地区进行系统性及整体性修复,可以促进人居环境的改善,居民收入和自然资源价值的增加。同时,资源开发利用项目及相关特色产业项目符合当地特色,可产生良好的营业收入。

生态保护、自然资源开发利用与特色产业发展相辅相成,可以促进区域生态保护和高质量发展。"绿水青山就是金山银山"的理念揭示了开发与保护的本质关系,指出了实现开发与保护内在统一、相互促进、和谐共生的方法论。EOD 模式通过协调生态环境治理与产业发展、区域发展与持续经营、投融资与项目实施,将环境资源转化为开发资源,将生态优势转化为经济资源,建立经济发展与生态环境保护的平衡。EOD 项目积极探索符合当地特色的生产发展模式,夯实"绿水青山"基础,增强绿色发展动力,探索"绿水青山"与"金山银山"之间的转化机制,持续发展生态经济,推动经济高质量发展。

8.1.3.2　EOD 模式应用于 PPP 项目

EOD 的理念应用到 PPP 模式之中,称为 PPP+EOD 模式。PPP+EOD 模式与开发性 PPP 模式有类似之处,以区域性整体开发为平台,以"自我造血,增值效益"为盈利机制,将生态理念贯穿于 PPP 项目全生命周期过程中,包括规划设计、投资建设、运营管理的各环节和全过程,使生态环境产生实际效益,达到区域可持续性发展目标。新冠肺炎疫情的发生,使大家意识到人类与自然一定要和谐相处,生态环境与经济发展要有平衡性和可持续性。而 PPP+EOD 模式能发挥生态环境在城市建设中的中心作用,统筹经济发展、城市建设与生态环境的矛盾,成为当前探索可持续性发展的重要模式和路径。

水利工程采用 PPP 模式,可以形成约束机制、改变公共供给方式,发挥市场作用、促进政府职能转变,转变投资模式、提高资金使用效率,引进社会资本、减轻地方财政压力,融合先进经验、提高公共供给效率,优化风险分配、促进项目长效运营,这是 PPP 模式应用于水利工程的动机。而PPP+EOD模式应用于水利工程,则可以进一步减少政府付费和可行性缺口补助,有利于推进水利工程PPP模式可持续性发展。水利工程PPP项目采取政府付费和可行性缺口补助机制的居多,使用者付费项目很少,说明水利工程PPP项目社会公益属性较强,其直接经济收益水平不高,多数需要依靠政府财政支出。PPP+EOD模式可以因地制宜、发展水利工程关联度高、经济发展带动力强的资源或产业项目,建立产业收益补贴水利工程治理投入的良性机制。公益性较强、收益性差的水利工程治理项目与收益较好的关联产业一体化实施,肥瘦搭配组合开发,实现关联产业收益补贴水利工程治理投入,可以增加终端用户的积极参与,增加使用者付费收入,进而降低财政支出责任,促进更多水利工程PPP项目的实施。因此,水利工程适合采用PPP+EOD模式实施。

8.1.3.3 PPP+EOD模式案例

目前,市场上已经有一些PPP+EOD模式运作的水利工程项目。以洛宁县洛河生态治理三期工程PPP项目为例,进行简单分析。洛宁县洛河生态治理三期工程位于洛阳市洛宁县洛河沿岸及河道内,项目建设内容包括洛宁县洛河生态治理三期工程,洛宁县滨河大道东延线建设工程,洛宁县第四、第五水厂,以及洛河北岸体育公园,共计4个子项目。项目分布在洛宁县长水镇至城郊乡沿洛河两岸,以水环境治理和堤防建设为主线。

从功能上看,洛河生态治理工程、滨河大道东延线工程为公益性项目,基本没有经济收益,更多的是环境效益和国民经济效益。洛宁县第四、第五水厂及洛河北岸体育公园均为收费项目,具有一定收益。4个项目一体化实施,组合开发,使用者付费收益补贴水利工程治理投入,整体项目实施后可完善洛河周边整体基础设施建设及提升环境,完善、提升城市功能,改善生活环境。

从财政支出责任来看,洛宁县第四、第五水厂及洛河北岸体育公园直接面向百姓,具有终端收费机制,可以获取经营性收入。据初步测算,每年经营收入接近2 000万元,合作期限内经营性收入超过3亿元。因此,该项目采用PPP+EOD模式降低了政府财政支出,腾出更多财政空间,实施更多民生项目。

综上所述,PPP+EOD模式实质上是资源补偿模式,公益性较强、收益性差的水利工程与具有收益或收益较好的关联项目一体化实施,组合开发,实现关联收益互补,项目打包整合实施。这种实施模式组合性强,综合效益更高。

8.2 创新项目管理模式

8.2.1 BIM应用

8.2.1.1 BIM概述

传统的项目交付模式中的信息交流基本上是基于纸质文件、纸质图纸、二维的CAD图纸以及简单的模拟构成。一个大型项目所产生的纸质文件无论是保管还是查阅都是非常困难的,经过几十年的发展,信息的交流已经慢慢地电子化,CAD的出现大大缓解了这种压力,但整个建筑行业的信息化程度与工业、电子业相比仍然较低。团队成员之间的交流因为受到传统模式的限制,仍然采用点对点的方式,大大制约了项目内部信息的沟通。

BIM(building information modeling,建筑信息模型)的出现大大改善了传统建筑行业信息化程度低的状况,使得建筑行业的科技水平也大大提高。三维建筑模型能够在项目施工之前,将设计师的意图在计算机中呈现出来,而且目前已经可以做到直接采用 BIM 模型出二维底图,这样更加快了整个设计的过程;BIM 模型可以在适当的权限下,进行随时随地的修改,参数化的设计使得图纸的任何变动都处于随时反馈的状态。

2021 年 3 月,水利部发布《水利部办公厅关于印发 2021 年水利工程建设工作要点的通知》,文中提到:"积极推进建筑信息模型(BIM)等技术在水利建设项目管理和市场监管全过程的集成应用,不断提高水利建设信息化水平。鼓励绿色建造方式、建造工业化等领域的科技创新,助推水利建设全面转型升级。"

在大型调水工程管理工作中,通过 BIM 技术的应用,可以有效保障水利工程的安全性及可靠性,提高水利水电工程的整体品质,并且还能有效保障工期进度及控制成本,提升项目效益。

8.2.1.2　BIM 的特点

BIM 的特点主要表现为三维可视化、管线综合、协调性、模拟性、可出图性、优化性 6 个方面。

1.三维可视化

BIM 可以将二维图纸的线条构件,转化为三维实物模型,实施过程中的所有工作都可以在该状态下进行。帮助项目各方更好地理解设计意图,促进交流,指导施工。

2.管线综合

优化管线布置,节约线管长度,提升楼层净高。

3.协调性

BIM 为不同专业提供了协同工作平台,通过碰撞检测可以优化设计,减少变更,提升效率,消除图纸设计失误,节约总成本。

4.模拟性

BIM 不但可以模拟建筑本身,而且可以模拟在现实中具体操作的情况,辅助项目后期的运营。

5.可出图性

BIM 不但可以设计出施工图纸,而且可以制作出改进后的方案、相关报告、碰撞检测后的设计等各种图纸。

6.优化性

BIM 是建筑物所有信息的载体,可以对项目进行整个生命周期方案优化。

8.2.1.3　BIM 在工程设计中应用

传统的设计过程都是二维图纸设计,设计信息为孤立的状态。如果要修改平面图中一扇窗的位置,就需要在立面图和剖面图中相应的位置同样修改;这无疑增加了工作量,而且容易导致图纸错误的发生。BIM 技术采用参数化设计,BIM 模型中的信息是整体的信息,是关联的信息,不是孤立的信息。每一个项目中的组成构件都对应着唯一的一个数据信息。只要在模型的任意位置改动,在其相应的平面图、立面图、剖面图都会随之改动。BIM 模型中的所有构件之间的信息是互相联动的,这样可以真正意义上实现参数化的设计,对于工程项目的设计和施工会起到很好的推动作用。

在施工图纸会审中,传统的会审工作基本上都是基于二维平面图纸以及纸质的记录文件。随着建设项目规模和体量的增加,图纸会审过程中出现的问题逐渐地增多。当多个专业的图纸放在一起时,需要对所有图纸进行解读,空间关系、标高、碰撞都需要通过空间想象来检查,人的思维将二维图纸转变成三维空间是一件耗时耗力的事情,而且结果的准确性往往不高,工作效率也低。

BIM 模型的数字化设计,可以使模型能够任意地剖切,轻易地可以看出模型任何部位的截面图,对于各参与方之间的沟通交流起到了很大的促进作用,使图纸会审内容变得更直观,大大促进项目各参与方之间的沟通。BIM 模型可以通过漫游动画的制作,帮助施工人员轻松了解整个建筑的内部布局以及平面划分。碰撞检测功能大大降低了图纸在设计过程中产生的错误。

除图纸会审外,在施工方案编写、专项施工方案编写、施工深化设计中,BIM 也有广泛的应用。在水利工程中,利用 BIM 技术构建建筑信息模型,可实现建筑性能模拟分析、管线碰撞检测等传统方式无法完成的工作,并通过不断优化建筑设计方案,从而提升工程设计的整体质量和效率。BIM 在水利工程土建和机电专业中的主要应用如表 8-1 所示。

表 8-1　BIM 在水利工程土建和机电专业中的主要应用

专业	BIM 应用	BIM 应用具体实施
土建	建筑、结构模型创建	根据图纸创建 BIM 建筑、结构专业的三维模型
	碰撞检查报告	为各专业提交碰撞检查报告。对所发现问题提供基本二维图纸和三维模型的定位(含配合调整)
	混凝土工程量统计	分区域、分专业、分系统统计模型量,为业主提供材料清单,为业主审核相关算量提供参考
	变更报告	变更及洽商引起的工程量变化,以及与各个专业间综合协调检测的报告
	施工总体布置与规划模拟	建立地上土建施工阶段的道路、围墙、临时设施、施工机械、各类堆场等现场元素模型,模拟分析场地机械设备的关系,提供场地漫游动画
	基坑工程 BIM 应用	基于基坑数据及图纸,创建基坑 BIM 模型,用于展示模型基坑开挖过程
	钢筋复杂节点施工指导	对复杂节点进行深化,并基于模型进行优化,交底展示
	施工方案对比分析	对重要方案采用 BIM 技术进行对比,展示施工方案,选择最优的施工方案
	土建工序工艺模拟	对重要节点采用 BIM 技术展示施工工艺流程,优化施工方案,保障施工顺利进行
	施工进度模拟	4D 模拟的源文件及模拟动画、对比动画

续表 8-1

专业	BIM 应用	BIM 应用具体实施
机电	机电专业模型创建	根据图纸创建 BIM 主水泵泵组、水力机械设备及管道、通风空调设备及风管、电气设备及桥架等三维模型
	机电专业三维碰撞检查	基于根据施工 BIM 模型来进行多专业的图纸校审,在正式施工前消除图纸上存在的"错、漏、碰、缺"等问题
	预留预埋洞口分析	结合管线综合,复核土建预留预埋洞口设置,增设或排除多余,修改错误尺寸的预留预埋洞口,并进行准确的间距及标高定位,最终按相关规范规定出图,指导施工,确保落地实施,避免返工
	净高检测分析	依据各区域的净空要求,利用 BIM 软件对机电复杂区域进行净空分析,如车库、公共走廊、办公、设备机房等空间比较紧张区域进行设计标高重点检查,查看管线排布情况、空间净空,形成净空分析图并对问题进行可视化沟通处理
	桥架安装及电缆敷设	应用 BIM 技术对桥架安装及电缆进行敷设,在桥架容量许可、电缆通道特性允许的范围内,采用最短路径进行敷设
	三维管线综合	应用 BIM 技术对机电各系统的管线进行统一的空间排布,以解决各专业间碰撞问题、净高问题、检修空间问题,确保机电管线可以满足自身系统以及其他系统的整体要求
	机电专项工程量统计	用 BIM 模型,统计主要机电工程量,用于下料、三算对比
	机电施工安装模拟	对重要节点采用 BIM 技术展示施工工艺流程,优化施工方案,保障施工顺利进行
	专项设备族创建	根据专项设备图纸创建设备族模型
	专项设备拼装模拟	根据专项设备的安装流程图做成拼装模拟
	设备模型信息录入	录入设备的工程信息、厂家、供应商

8.2.1.4　BIM 在项目管理中的应用

1.合同管理

大型调水工程的大小合同很多,管理烦琐,利用 BIM 平台以合同预算台账(含变更洽商、调价等)的形式将整个项目合同管理起来,清晰展示合同范围,直观形象,并且实现自动的动态成本统计,合同执行过程中每一项成本变化,都能记录、反映到动态成本中。

2.成本管理

成本管理主要包括成本指标和成本动态管理两个方面。成本指标是项目成本管理的源头和终点,而成本动态管理是项目成本管理的过程和结果。传统方式下,成本指标和成本动态管理一般以 Excel 形式编制及维护,过程中出现变更不好统计,应用 BIM 技术,采用 BIM 信息化手段管理从项目前期成本指标的录入,到随着项目进度各类合同的签订、签约合同价格的确定、合同价格的变化等,实现了目标成本测算全过程信息化动态管理,提高工作效率。

3.进度管理

通过 BIM 模型形象地展现项目的进展情况,随时随地三维可视化监控进度进展,实时展现计划进度、实际进度、计划进度和实际进度的偏差,多专业同时进度展示,让业主更好地掌控项目的进展,把控项目工期。

4.安全管理

在 BIM 模型的基础上,利用采集得到的数据,驱动模型显示风险,实现风险的 3D 展示与预警。通过对各风险源信息进行实时监测分析,对存在安全隐患的情况进行上报并做出应对决策,并实现安全隐患问题整改的闭环管理。

5.资金、资源管理

项目施工阶段的资金、资源的消耗与项目前期编制的整体计划是有所差异的,它随着施工项目实际情况变化。利用 BIM 模型将成本文件和模型进行挂接,匹配进度计划。根据每月完成情况,为项目资金安排提供支撑。

6.变更、签证管理

基于 BIM,可以直观展现变更信息,变更、签证的每一项信息,并实时汇总在合同中,实时动态反馈,将合同执行过程中每一项成本变化都记录反映到动态成本中。

8.2.1.5 BIM 与传统建设模式

1.DBB 模式

在 DBB 模式下,BIM 在设计阶段可以通过三维模型展示以及漫游功能使业主能够更好地了解设计意图,通过碰撞检测提前查找设计图纸中存在的问题,把问题都消灭在施工前期。但是,因为在 DBB 模式中,设计阶段完成以后才会确定施工承包方,所以具体的施工实施方案与细节不能够很好地体现在设计成果当中,而且设计成果中仍然存在不协调、施工可行性差的问题,这些问题在以后的施工过程中,将会逐一表现出来,BIM 在 DBB 模式下的应用效果,受到了很大的限制。

综上所述,DBB 模式信息交流中的问题很大一部分受到业主权限的制约,各参与方之间都是独立的关系,业主作为项目资源的集成者,并没有充分发挥项目资源的作用,即便应用 BIM,也不能充分发挥 BIM 的价值。而且,因为引入 BIM 所带来的人员、设备、计划的变动,可能会使项目增加额外的费用以及相关的管理制度的改变,给项目造成适得其反的效果。

2.DB 模式

DB 模式比 DBB 模式更有利于 BIM 效果的发挥,在 DB 模式下,业主与设计-施工总包方一起参与项目早期设计,运用 BIM 技术进行可视化分析、三维模型建立、场地布置以及虚拟施工等,而且通过三维模型碰撞检测的结果,以及虚拟施工方案出现的问题都能够及时地反馈到设计阶段中。但是,由于最终预算确定时,完整的设计成果并没有完成,特别是设计细节方面,以及详图的处理并不一定能够符合业主的需求,但业主往往已经没有变更的机会,BIM 在此时对于业主的价值也并不大了。

综上所述,DB 模式已经成功实现了对于 DBB 模式的改造,而且成功地应用于实际工程中,对于 BIM 技术的应用也比 DBB 模式有了很大的改观,作为一个部分整合的项目交付模式来说,DB 模式的应用价值已经很高。但因为没有从根本上改变各参与方之间的对立关系,项目的整体目标得不到统一的认可,即便是有了 BIM 技术的应用,也没有太大的发展,而且就 BIM 技术的应用来说,以 DB 模式做平台,对 BIM 技术的发展也是一种限制。

3.CM 模式

在 CMA 模式下,BIM 的发展仍然受限,CMA 模式采用阶段发包,边设计边施工边招标,这样施工中的问题可以及时地反馈到设计方,随时进行调整。在这种模式下,BIM 的价值似乎并不大,反而 CM 单位与各参与方之间的沟通协调似乎变得更加重要,是决定着 CM 项目能否成功的关键。如果在这种情况下使用 BIM 技术,可能会增加业主的管理难度,而且应用 BIM 技术以后是否能够给业主带来效益也不确定。所以,在 CMA 模式下应用 BIM,并非十分合适。

综上所述,CMA 模式打破了传统项目交付模式先设计后施工的过程,采用阶段发包,大大加快了项目的进展速度,而且施工中的问题能够及时地反馈至设计方,对设计进行及时的更改。正因如此,对于 BIM 技术的需求似乎并不是迫切需要,而且采用阶段分包导致的分包商众多,对于 BIM 模型的管理也并不方便。如果使用 BIM 技术,需要制定相应的 BIM 技术实施流程,增加的人员和管理制度将使得 CM 单位很难进行有效的管理。

传统模式与 BIM 的比较见表 8-2。

表 8-2　传统模式与 BIM 的比较

类别	传统模式	BIM
表达方式	说明+图纸	立体形式+动态模拟
理论依据	经验+标准	经验+标准+4D、5D
保障措施	常规方案、具体操作需根据现场情况调整	根据现场模拟出的情况有针对性地制订方案,现场可直接使用
方案比选	难度大,准确度有待论证,对人员专业水平要求高	计算机辅助,难度小,准确度高
成本统计	速度慢,人工统计	快速,由计算机直接获得
环境管理	困难,需要其他专业配合	预先规划,全程采用 BIM 管理,现场有序

8.2.1.6　BIM 与全过程工程咨询

全过程工程咨询服务的实施不是简单地把服务内容相加,而是要进行高度整合,而 BIM 技术的应用可以为建设项目全咨询中业务流程众多、信息传递效率低等问题提供有效的解决方法和工具,化解了信息不对称带来的工程成本增加难题,实现建设项目全生命周期信息的有效整合(见图 8-3)。

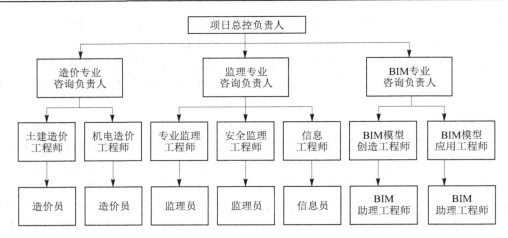

图 8-3　全过程工程咨询各专业设置

在项目施工阶段,以 BIM 等技术为核心搭建协同工作平台(见图 8-4),可实现多维度、多参与方的远程管理和协作,让全过程工程咨询从传统模式发展为数字化、智慧化的工程咨询。

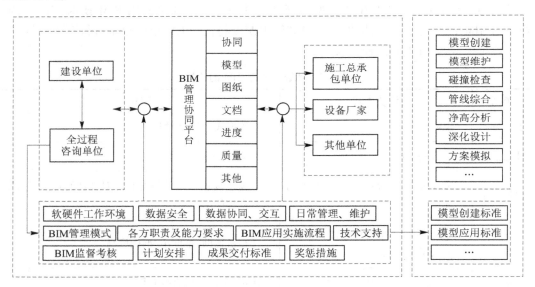

图 8-4　BIM 管理协同工作平台

8.2.2　IPD 集成项目交付

8.2.2.1　IPD 概述

工程项目普遍存在项目各参与方之间关系不融洽、变更较多等问题,导致工程项目造价增加,工期延长。一般而言,工程项目中的成本、工期、质量等问题不仅仅是技术问题,而是传统项目交付模式中存在的弊病。DBB、DB 等项目交付模式应用已经非常广泛,但发展到今天,上述问题依然存在。集成项目交付(integrated project delivery,IPD)模式正是为解决目前工程实践中存在的项目各参与方之间紧张矛盾关系的问题而产生的。

IPD 模式是出现于 20 世纪 90 年代末的一种新的项目交付和管理模式,目前普遍接受的 IPD 的定义是由美国建筑师协会在 2007 年提出:一种将人力资源、建筑体系、企业架构和实践经验集成在一起的项目交付模式;各参与方可以通过项目全生命周期内的合作充分发挥自己的技能优势和知识优势,减少浪费并为投资方创造更大价值,努力实现项目效率和项目收益的最大化。IPD 模式已经在欧美等发达国家的项目中得到应用并取得成功。

IPD 模式下项目各方在项目早期(如设计阶段)就开始介入项目,应用 BIM 信息技术对项目设计进行协同改进,并通过项目全生命周期内的协同合作共享收益和共担风险,直到完成既定的项目目标并实现项目交付。IPD 模式具有以下几个特征:

(1)高度协同的组织结构和工作流程。IPD 模式下的项目组织结构是扁平化和网络化的,强调的是开放式的合作和团队的一体化,有助于项目管理的协同化和高效率。此外,各参与方在早期就介入项目,减少了项目的设计变更率和返工成本,协同合作的工作流程覆盖项目的全生命周期直到项目的成功交付,提高了项目的整体效益。

(2)信任共享的合同形式。传统模式的合同多属于交易型的合同,追求的是各自独立的目标完成和收益的自我保障,而 IPD 合同属于关系型的多边合同,将项目的各参与方紧密联系在一起,各参与方通过项目实施过程中的协同互信来实现共同的项目目标,是实现项目整体效益最大化的重要保障形式。

(3)集成化的交流方式。在项目实施过程中,各参与方之间的沟通和信息交换共享对于项目的高效推进至关重要。但目前大部分的信息载体仍是以纸质文件或二维的数据模型为主,无法实现各参与方之间多维度的信息共享和协同工作。IPD 模式是以 BIM 技术为基础的管理模式,BIM 技术为 IPD 模式中项目合作方工作的协同和集成提供了优秀的操作平台。通过 BIM 技术,信息的交换和共享变得更加畅通,信息交换的载体也变得更加可视化和多维化,可以说 BIM 技术带来了一场关于项目交流方式的变革。

(4)动态的项目激励机制。IPD 模式下项目各参与方的利益被紧密绑定在一起,单方利益的获取与项目总体的效益直接相关,各方收益在这个特殊的结构中可以实现共享和流动,因此建立合适的动态评估和激励机制对于保证单方收益的合理分配和最大化以及进行项目整体效益的调整至关重要。

8.2.2.2　IPD 模式合同关系及组织结构

在当前 IPD 模式有两类合同关系应用较广。

1.多方合同

业主单位、设计单位、咨询单位、承包单位以及其他相关单位之间均通过一份多方合同建立起更为集成的契约关系,使得各方关系更为亲密,协同合作更加频繁。多方合同的组织结构如图 8-5 所示。

2.单一实体合同

项目各参与方不再单独签订双方之间的合同,而是通过单一目的实体(single purpose entity,SPE)的形式组建一个有限责任公司,通过该公司共同对项目进行全生命周期的运营和管理,这是集成度最高的一种合同模式。在这种合同模式下,各参与方被联结成一个整体,实现了真正意义上的风险共担和收益共享。可以看到,这种组织结构与 PPP 项目的运作方式存在高度相似性(见图 8-6)。

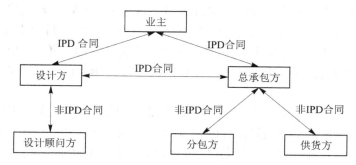

图 8-5 IPD 模式多方合同组织结构

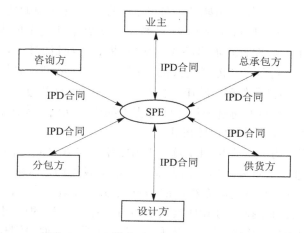

图 8-6 IPD 模式单一实体合同组织结构

8.2.2.3 IPD 模式与传统项目交付模式对比

IPD 模式比以往的项目交付模式存在明显的优势,主要体现在如下几点。

1.团队分析

传统项目交付模式中,项目团队是处于双向流动的状态,各个参与方只是为了实现自己一方的利益而努力,尽量把风险转移给其他参与方或者业主,一旦项目出现问题,各参与方之间为了推诿责任,甚至用法律手段来解决,这与实现项目目标的初衷已经背道而驰。

IPD 模式提出共担风险、共享收益,这样从根本上消除了团队中各参与方之间的对立关系。IPD 模式下不存在风险转移的问题,因为所有参与方无论盈利还是损失都是共同承担的。而且 IPD 模式清晰地分配了项目团队中的责任问题,出现问题以后,大家不需要判断责任的归属问题,而是达成共识,共同解决问题,这对项目的发展非常有利。

2.过程分析

在传统项目交付模式中,项目各参建方之间除直接的合同关系外,并没有太多其他方面的交流沟通。这导致项目在不同时期的参建方之间并没有过多的交集,相互之间是分离、破碎的关系。即便能够提出意见和建议,也都是零散的信息,这些信息存储困难,利用率低。

IPD 模式中,在项目的早期,关键参与方就介入项目,任何参与方只要对项目的进展有什么问题都可以及时公开地跟其他参与方进行沟通交流,团队成员之间信息的共享能极大地促进项目内部的协调处理。

3.索赔/回报

在传统的项目交付模式中,普遍存在索赔的问题,而且经常因为索赔导致业主与各参与方之间产生矛盾。因此,在合同中一般都会将索赔原因、款项写得很清楚,但是对于一些由变更引起的索赔,业主也只能按合同处理。脱离了以项目成功为目标的索赔,会令业主感到更加不满。

IPD 模式中,各参与方之间会默认放弃索赔的权利,这样将传统的模式完全打破,靠索赔获得更大利益的方法将不再存在,但是这一点在法律上,仍然有待支持。团队的成功依赖于项目的成功,各参与方之间能够获利取决于项目是否成功;如果项目成功,各参与方之间按比例分配收益;如果项目失败,各参与方之间按比例承担损失。

4.合同分析

传统的项目交付模式由于各参与方之间存在着过多的合同关系,导致相互之间的关系仅仅是按照互相之间的合同关系而发展的,并没有根据整个项目的实际情况而来,项目的实际并非是各参与方之间单一合同的叠加,这种叠加的方式导致项目成员之间出现线性变化,分离的状态。传统的合同关系很难满足项目全寿命周期的需要,更难满足以项目成果为导向的项目目标。

IPD 模式特有的合同协议,为不同的项目参与方提供了不同的合同关系。这些合同关系都根据不同的项目状况而采用不同的方式,目的都是通过合同的方式来使各参与方达成共同的目标。IPD 模式在合同中明确收益的方式,共担风险,共享收益,极大地促进了项目各参与方之间的融合。

8.2.2.4　IPD 模式的应用

IPD 模式的出现,以其独特的契约关系,打破长期以来只关注自己一方业绩而不管整个工程项目效益的现状。从项目策划开始,就以协同合作的态度使每个参与方都能够参与到项目策划的讨论中,这一点是传统项目交付模式所做不到的。但由于 IPD 模式出现时间较短,到目前为止,在国内的实践仍然处于空白,主要原因包括:

(1)关于 IPD 的基础理论还不完善。由于 IPD 模式由制造业引入建筑业时间不长,国外也正处于 IPD 的应用初探阶段。目前,我国关于 IPD 的研究还不够成熟,IPD 合同文本均由国外机构进行编制,缺乏我国自己的 IPD 标准和合同示范文本。此外,IPD 实际应用过程中还有很多不足之处亟待研究和解决。

(2)固化的传统建设管理模式和观念的阻碍。目前,我国大部分的项目采用的是传统的建设管理模式,习惯于在完成全部设计之后再进行后期的施工招标投标工作,与 IPD 模式下各参与方在设计阶段就参与工作的要求相矛盾,且这种传统的观念仍旧难以改变。

(3)缺乏相应的法律和政策支持。目前,我国关于 IPD 模式的法律和政策方面还是空白,且现行的《中华人民共和国招标投标法》中对于全部或部分使用国有资金或者国家融资的项目,在建设过程中有必须进行招标投标的相关规定。这些都在一定程度上阻碍了 IPD 模式下各方在设计阶段的参与度。

8.2.3　IPD+BIM

8.2.3.1　概述

如前文所述,IPD 是一种项目交付模式和项目团队组织的方法,BIM 是一种在设计和建设阶段有创新的技术,可将所有信息都可以在三维模型中储存和交流。IPD 模式作为一种全新的项目交付模式,其整合的理念、全生命周期的管理,与 BIM 的理念不谋而合,两者之间可以起到相互促进的作用。

在 BIM 与 IPD 整合的过程中,BIM 提供了强有力的技术支撑,BIM 从一开始就在往全生命周期管理方向发展;而 IPD 是从组织的角度将所有参与方集中在一个平台中。BIM 提供技术支持,IPD 搭建所有参与方共事的平台,两者在不同的时间,以不同的方式出现,最终走向整合是实现两者价值的最好方式(见图 8-7)。

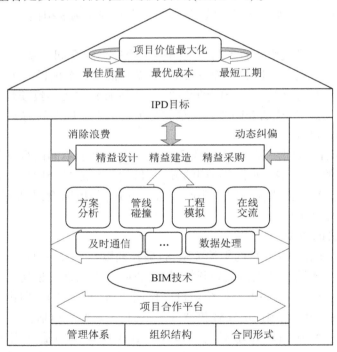

图 8-7　IPD+BIM 模式运行系统

8.2.3.2　BIM 和 IPD 模式协同分析

1.IPD 模式为 BIM 技术提供了工作环境

当前,BIM 技术主要是在设计阶段用于建筑模型的构建,而在其他阶段运用较少。造成这一现象的原因有两个方面,一是因为现有项目比较庞大,工程各阶段衔接不够紧密,设计阶段往往与实施阶段相脱离;二是因为 BIM 技术使用单位较为单一,多数为设计单位使用,施工单位还是以设计图为施工准则,这就导致了 BIM 技术不能够很好地服务项目的所有参建方。IPD 模式通过订立 SPE 合同,构建了一个专为项目服务的组织体系,使工程信息从传统模式下的逐个单位,逐个阶段之间传递,变为全团队、全周期的共享。这不仅为 BIM 技术提供了工作条件,也加速了 BIM 技术的进一步发展。

2.BIM 技术是 IPD 模式项目信息集成的工具

BIM 作为一种多维技术,实现了设计阶段的多专业协同设计,并且不同专业的设计之间可以信息联动,为相关人员提供了一个统一且高效的信息平台。这一平台可以通过统一标准,将不同专业的 BIM 模型组合起来,该模型不仅能将工程设计图纸由二维变成了三维,还综合了成本、进度等其他维度的信息。BIM 还能够通过碰撞检查、可视化等功能减少建设过程中的不确定性,由此可以节约大量的劳动力成本和时间成本,减少了由于工程变更、索赔、签证等所产生的额外工作,使参建各方可以把更多的时间放在优化设计和节约成本上来。

3.BIM 技术和 IPD 模式的核心思想是一致的

BIM 技术和 IPD 模式的核心思想都是协同。BIM 作为信息储存和交流的平台,其目的在于通过信息共享使得各方能够协同行动,增加了项目信息处理的时效性,改善了项目管理的效果。IPD 作为一种集成管理模式,其目的同样是组成一个集成管理的整体,使得各方能够有效协作。综上所述,BIM 技术与 IPD 模式可以互相协作优化工程成本,而 PPP 项目作为工程项目的一种特殊模式,BIM 技术及 IPD 模式的协作对其成本优化也具有同样的作用。

8.2.3.3　BIM 与 IPD 结合

1.信息交流

IPD 模式采用集成的方法,将所有参与方协调在一起工作,为项目的成功实施打下了坚实的基础,IPD 模式引导各参与方转变价值目标,将各方的利益与项目的利益相结合,成功地将项目目标定位为各参与方的目标,有效地凝聚了整个团队的力量。IPD 模式利用其特有的原则,为各参与方搭建了一个平台,在这个平台上,各参与方默认放弃自己的索赔权(这一点并未得到法律上的支持),采用开放交流的心态,相互尊重、相互信任,共同为项目发展提出自己的意见和建议。通过应用 BIM 技术,达到强化设计的目的,BIM 采用参数化设计,直接可以对建筑模型进行修改,加快了设计的进度,配合造价、进度计划形成 5D 模型,从项目全寿命周期出发,指导工程建设。

团队成员在交流的过程中,可以用 BIM 模型作为平台进行交流,各参与方针对已经建立好的 BIM 模型,提出自己的意见和建议。在项目开工之前,对 BIM 模型进行反复检查与分析,讨论模型中存在的问题,并及时反馈至 BIM 团队,BIM 团队应该对提出的问题进行深入分析,并在 BIM 模型中进行修改和改进。

IPD 模式有着基本的原则,相互尊重与信任,开放式的交流,在这些基本原则之下,IPD 团队成员进行方便快捷的交流,大大提高项目实施的效率,BIM 模型的使用将进一步地推动项目成功实施。

2.精益建造

IPD 模式是一个协作程度非常高的模式,它包括了项目的设计、施工、运营等多个阶段。IPD 集成交付模式不同于传统的交付模式,它的重点在 IPD 团队的组成、协作,生产过程的把控,通过团队优势的集中使得项目效益最大化。IPD 团队在组建的同时考虑到了顾客的需求,完成过程中各方为使得项目效益最大化,自然会进行精细化管理,因此项目的实现过程还暗合了精益建造的理念。

随着项目越来越复杂,工程信息处理的效率越来越低下,单一的文本数据共享已经无法满足参建各方对项目实时管理的需求,而 BIM 技术能为 IPD 团队提供一个项目管理工具,对团队交流进行技术支撑,解决大量数据共享的困难。同时,IPD 模式又为 BIM 的运用组建了一个完整的团队,很好地解决了 BIM 技术由于双务合同形式所带来的局限。

通过研究不难看出,IPD 模式和 BIM 技术的结合不仅可以发挥协同作用,同时能够满足精益建造的理念。精益建造理念的中心是顾客的需求,在满足顾客需要的前提下通过精益设计、精益管理来实现成本最优、效益最大。结合 IPD 模式和 BIM 技术的特点可以知道,IPD 作为一种集成交付方式,其本身就有精益建造的理念存在,而 BIM 作为精细设计、精准施工的工具,更是本身就符合精益建造的理念,因此只要将 IPD 模式和 BIM 技术结合在一起,就能够实现精益建造的要求。

总体来说,精益建造是 IPD 模式下必须坚持的管理理念,以求动态纠偏,减少浪费,增加客户满意度。因此,实现了 IPD 集成交付模式就实现了精益建造理念。BIM 技术则为精益建造的实现提供了技术工具。BIM 技术作为连接项目各参与方的一个桥梁,搭建起了一个信息交流的平台,使得项目各方可以及时、高效地共享信息、传递信息,并且通过 BIM 的多维技术,工程成本能够更有效地被控制。因此,IPD 模式与 BIM 技术相结合能对工程成本优化起到 1+1>2 的作用。

8.2.4　IPD+PPP

8.2.4.1　PPP 模式的局限

PPP 项目的本质是利用社会资本,完善基础设施的建造,使得政府和民营企业实现双赢。然而在实践过程中,会出现不平衡竞争,使得 PPP 项目"雷声大,雨点小",民营资本对 PPP 项目的积极性不高,半数以上的 PPP 项目都由国有企业承接,这就丧失了 PPP 项目原有的意义。

研究 PPP 项目的合同体系不难发现,绝大多数的 PPP 项目合同都是双方签署的单一、双务合同,合同只对签署的双方有制约作用。但是在大多数情况下,双务合同无法很好地保障项目的整体效益,不利于项目进行整体协调,也不能很好地对项目风险进行分配。

8.2.4.2　PPP 与 IPD 模式协同分析

在 PPP 项目中,公共部门和私营部门在项目全生命周期内协同合作的基础上分担风险以及分享收益,实现自身利益的合理最大化和项目整体目标利益的最优化。在 IPD 模式下,项目各方在项目早期就参与进来,并通过项目全生命周期内的协同合作共享收益和共担风险,直到完成既定的项目目标并实现项目交付。

很显然,IPD 模式和 PPP 项目的主要思想相同,都具有"协同互信、风险共担、利益共享"的核心特征,两者的结合必将使自身的优势最大化,给 PPP 项目带来显著的价值提升。

8.2.4.3　PPP 模式引入 IPD 的意义

IPD 模式强调参建各方在项目全周期的协作。在 IPD 模式下,PPP 项目参建方之间形成了新的合作模式,通过 IPD 合同利用早期介入、协同控制、共担风险、共享收益等原则,使 PPP 项目各类风险被分配到最合适的建设主体单位,使得参建方对分配到自身的风险应对更加有力,对其余风险的应对积极性提高,合理地减轻了项目风险可能带来的损失。

在 IPD 模式的组织体系中,由于项目参与方之间签订的是多方合同,且以共担风险、共享利益为原则,在收益分配上,IPD 合同根据各方所承担的风险和实现的绩效,合理制定分配的比例,以保证风险和收益成正比,促进工作积极性。

项目各参与方早期参与项目并协同决策,保证了各参与方都能够对项目有一个全面、深入的了解,并且对自身可能承担的风险提前做好应对措施。共担风险、共享利益则解决了参建单位之间的利益博弈和风险分配不合理等问题,激励措施则能够鼓励项目各方发挥各自的优势,群策群力,共同为 PPP 项目增值。

8.2.4.4　IPD 在 PPP 项目中的应用

1.提高了 PPP 项目中各参与方的合作质量

IPD 模式和 PPP 项目的主要思想都是协同与合作,IPD 模式下的合作与传统模式的双方合作有所区别,它是一种将各合作方的利益相连的多方合作形式。此外,以 BIM 技术为基础的沟通交流和信息共享对于合作团队的建设也至关重要。BIM 技术提供了更完善的集成信息平台,便于项目各参与方共同对项目全生命周期内的工作内容进行集成化管理,进一步提高了管理效率和合作质量。

2.更好的成本控制和更高的项目收益

IPD 模式下的成本控制与其他传统模式不同,是基于目标成本的成本控制,即项目的成本控制目标跟各参与方相关,项目风险和项目收益需要各参与方一起承担。同时,基于 BIM 技术的工作流程将大量问题在设计阶段便加以解决,减少了后期施工阶段的变更成本和不必要的浪费,并且项目运行过程中可以进一步对项目实施成本的动态控制,从而提高了项目的成本控制效率和项目的整体收益。

3.提高中小型民营企业的项目参与度

目前,与政府等公共部门合作的社会资本主要来源于国企、央企和其他一些大型民营企业。主要原因在于 PPP 项目的体量一般很大且建设周期长,对企业的自身资金实力和风险管理能力要求较高,因此相应的企业准入门槛也会较高。

IPD 模式下,中小型民营企业可以通过与实力较强的施工企业和运营管理企业签订IPD 合同组成 SPE 公司,以 SPE 公司的形式作为社会资本与公共部门参与 PPP 项目的招标投标和 PPP 项目公司组建。通过这种方式,中小型民营企业可以借助大型企业的融资能力和风险管理能力,降低自身的风险并通过积极的项目参与获得回报,无形中降低了PPP 项目的准入门槛,提高了中小型民营企业的项目参与度,从而进一步盘活更多的社会资本,对于 PPP 项目的推进和发展大有裨益。

4.促进 IPD 模式的进一步推广和应用

由于缺乏相应的法律、政策支持和传统建设管理模式、观念的阻碍等原因,IPD 模式在我国还未推广和应用。然而,IPD 模式在提高合作质量、提高成本控制效率、增加项目整体效益和盘活更多社会资本等方面有着巨大的优势,有理由相信 IPD 模式作为一种先进的项目管理模式未来会应用到更多的工程建设领域。

目前的 PPP 项目大部分已经具备了应用 IPD 模式的条件,且 PPP 项目在我国现阶段发展很快,可以为 IPD 模式的应用与发展提供一个良好的平台。同时,PPP 项目大部分都是基础设施和公共服务领域的民生项目,且项目的各参与方涉及广泛,因此 IPD 模式在 PPP 项目中的应用有利于提高 IPD 模式的知名度和认可度,推动 IPD 模式的进一步推广和应用。

8.2.5　PMC+Partnering 模式

8.2.5.1　概述

如前文所述,PMC 模式有助于提高建设期整个项目管理的水平、节约投资、降低项目全寿命期成本、精简业主建设期管理机构等诸多优点,但 PMC 模式是建立在业主对总承包商的信任加上法制环境的完善之上,可节约部分交易费用,如果业主和一个 PMC 总承包商交易,其费用就下降。其缺点就是:如果遇到总承商不诚信,那么在信息不对称的情况下,业主就要付出额外的高昂费用。另外,总承包商为了承担风险,肯定要索取一定的额外费用,所以其交易费用下降不是很彻底。

而 Partnering 模式是业主与承包商建立了战略同盟关系,这种战略同盟关系建立的基础是承包商的要价低廉,就是只要求基本的工程成本和合理利润,不请监理工程师也不招标,这样业主就节约了一大笔钱。长期的合作使业主与承包商之间产生了相互信赖,业主可直接用其长期合作的承包商,并将节约的资金用在其他项目上或用在改善业主与承包商的关系上。

综合上述两种模式的特点,归结最佳的管理方式是 PMC+Partnering 项目管理模式。在诚信的基础上,业主与 PMC 总承包商结成伙伴关系,以达到双赢的目的。它既节省工期与投资,又节省交易费用,从宏观到微观都得到很好的结合,从最大限度上使业主和参与各方获取利益,所以可认为这是一种很好的管理模式。

目前,根据我国的市场机制和经济实力,如何将这两种国际领先的管理模式实际运用,已经成为目前我国项目管理模式研究的目标。同时,如何能综合两种项目管理模式的优势,减少弊端是目前的项目管理模式研究方向之一。

8.2.5.2　模式优点

PMC+Partnering 项目管理模式将 PMC 模式和 Partnering 模式二者有机地结合在一起,充分发挥二者的优点。

1.项目目标控制

在投资控制方面。采用 PMC+Partnering 项目管理模式对项目的总投资的节省效果是非常明显的。业主与总承包商的战略同盟关系建立的基础是总承包商的要价低廉,不请监理工程师也不招标,除去这几项费用,采用 PMC+Partnering 项目管理模式项目的总投资(与传统合同价相比)可得到节约,总承包商的利润将有所提高,合同管理费也会减少,之所以会产生这些效益,是因为在 PMC 承包商的管理下,参与各方提高了工作效率,减少了重复设计,施工单位有积极性通过创新,采用新的方法、技术、材料、手段等来提高投资效益。同时,由于业主和 PMC 承包商之间是战略同盟关系,各方资源共享,减少了不必要的人员,这对投资的控制也发挥了作用。

在进度控制方面。采用 PMC+Partnering 项目管理模式,项目的总工期与传统模式相比将大大缩短。采用 PMC+Partnering 项目管理模式,业主只针对 PMC 总承包商,且业主与总承包商为战略同盟关系,在总承包商的协调管理下,各方的沟通将非常畅通,决策也会及时,材料、设备的供货也更加有计划性。同时,由于参与各方的目标相同,争议和纠纷比较少,这些因素都会对项目的进度控制产生积极的影响。

在质量控制方面。采用 PMC+Partnering 项目管理模式,业主与 PMC 总承包商均着眼于长期合作;由于长期的合作,总承包商对工程所需的材料设备情况非常了解,总承包商可以从设计环节开始对质量进行控制,供货环节的供货质量与承包环节的施工质量也有可靠保证,这将对整个工程质量的提高非常有利。

2. 索赔管理

采用 PMC+Partnering 项目管理模式,由于业主与 PMC 总承包商结成战略同盟和利益共同体,同时战略同盟内部可通过双方均认可的争议处理系统来有效地解决各种争议和纠纷,避免了一般性的争议发展到诉讼的地步。建立合理的争议处理系统将有效地减少争议并避免诉讼的发生,将以最小的代价为项目参与各方取得最大的效益。

3. 风险管理

采用 PMC+Partnering 项目管理模式,业主和总承包商是建立在诚信基础上的伙伴关系。双方不存在谁主动谁被动的问题,而是"一荣俱荣,一损俱损"的关系。总承包商在设计环节,就会把设计不能满足要求等技术风险降低到最低点;总承包商在获得合理利润的情况下,会尽可能地为业主降低造价,使业主可以减少投资失控的风险。同时,由于战略同盟关系的存在,总承包商能获得长期稳定的工程任务来源,避免了等待工程、设备人员闲置的风险。由于伙伴关系的存在,总承包商也回避了业主拖欠工程款的风险。

总之,PMC+Partnering 项目管理模式打破了以往管理模式的那种单纯为了建设活动而建立的纯粹合同关系,通过建立共同目标、彼此合作产生了信任、健康的工作关系,改善了沟通,提高了资源的使用效率,减少了争议,提高了项目绩效。它与传统的工程项目管理模式的根本区别在于以信任、合作、共享、共同目标、沟通、承诺为核心理念。

8.3　调水工程标准化工地建设

8.3.1　开展标准化工地建设的必要性及意义

2023 年 2 月,国务院印发《质量强国建设纲要》,对强化提升建设工程品质、强化工程质量保障、推进工程质量管理标准化,加强先进质量管理模式和方法高水平应用等提出了明确要求。2022 年 10 月,水利部印发《水利工程建设质量提升三年行动（2022—2025年）实施方案》,2023 年 3 月 1 日,《水利工程质量管理规定》生效,也对水利工程建设质量管理、质量水平提升提出了明确的目标和要求。水利工程建设的标准化管理是确保工程质量的重要管理手段,是水利行业高质量发展的必然趋势。

水利工程建设管理事关水利工程本质安全和人民群众生命财产安全,工地现场管理直接影响工程建设质量、安全及工程形象面貌,既是项目法人及参建单位施工管理水平的体现,也是水利行业监管水平的体现。当前,水利改革不断深入,工程建设规模空前。工程建设从力度、强度、进度、难度等方面都提出了更高的要求,对参建单位的管理水平和工作要求也提出了更高标准。目前,水利行业在工地现场建设方面缺乏统一的标准化规范约束,存在工地建设制度不健全、管理不规范、质量安全可控性不高、信息化程度较低、形象面貌差等问题,对比交通、建筑等行业的工地建设管理,还有相当大的差距,制约了水利建设的高质量发展。

因此,水利工程标准化工地建设既是规范工程建设行为,提升工程建设、管理水平,确保工程质量、安全的内在要求,也是推进水利现代化建设,树立水利行业社会管理形象的客观需求。创建水利工程标准化工地,可有效的规范管理、技术、作业人员的工作行为、工作标准和工作流程,切实提高水利工程建设实体质量和行为水平,达到工程优质、工艺美观、安全稳定、环保达标、资料完善的目的;提高项目法人及监督单位的工作效率,提升监督检查效能,降低安全生产、文明施工、环境保护成本;提高水利项目建设形象,助力质量强省。

8.3.2 水利工程标准化工地建设现状

建筑、交通行业推行工地标准化、安全质量文明标准化起步早,在管理体系、实施细则及跟踪措施等方面相对成熟完善,工地标准化的推行使建设质量得到了更为具体规范的保证,规章制度更加完善,现场管理更加规范,人员技能更加精湛,材料加工、施工工艺更加精细,试验检测更加可靠,从业单位和从业人员标准化意识增强,工程质量、安全水平进一步提高,推动实现从业人员一流、管理水平一流、材料制备一流、施工工艺一流、作业环境一流、建设成果一流。

水利行业标准化工地建设尚在起步阶段,浙江省出台了《浙江省水利建设工程文明安全标准化工地创建指导手册》《省水利建设工程文明安全标准化工地评分细则》,开展了文明安全标准化工地创建工作;明确了"标化工地"12个阶段的创建流程,12项一级创建要素100个子项(评分项),包括实施方案编制,办公区、生活区、施工生产区、设备设施、作业现场、操作行为、警示标志标准化,文明施工、绿色施工、工地数字化、工地党建。通过"标化工地"创建,找出了项目管理上的缺陷,完善了安全管理各项制度,健全了参建各方的安全预防机制;消除了一批现场安全事故隐患,规范了生产行为,使工程"人、机、物、环"处于良好生产状态;持续改进,实现安全管理、设备设施、作业现场、操作过程的标准化;提高了参建各方全员的安全生产管理意识,确保了生产安全;提升了水利工程形象面貌,改变了工地"脏乱差"的形象,促进了水利工程建设安全形势持续稳定向好。河南省开展了水利工程质量标准化工地创建工作,福建省开展了水利工程标准化示范工地评选及建设质量工作评价活动,舟山市出台了《水利工程建设标准化工地管理暂行规定》等。

山东省在2014年制定印发《山东省水利工程标准化工地建设指南》。该指南从制度标准化、人员标准化、施工场所标准化、施工流程标准化、标识标牌标准化等 5 个方面,对标准化工地做了具体规定。2015 年组织开展标准化工地创建活动,从各地选取 28 个建设项目开展标准化工地建设,2017 年公布了第一批拟创建全省水利工程标准化工地 63 个项目清单。要求充分认识水利工程标准化工地创建工作的重要意义,牢固树立精细管理、现代管理理念,以对党、对人民、对行业高度负责的精神,切实增强创建工作的主动性、责任感,统一思想,落实行动,下大力气推动水利工程标准化工地创建工作。施工、监理等参建单位根据工程实际和项目特点,制订创建工作计划、目标和措施,建立健全管理体系和管理机制,把创建任务目标和责任要求层层分解落实到每个岗位、每个环节。通过树立先进典型、以点带面,使更多的工程参与标准化工地创建活动,不断提升全省水利建设质量安全水平,塑造水利行业建设管理良好形象。济南市印发了《济南市水务工程安全文明施工标准化图集》。主要从安全文明角度对水务建设工程工地标准化提出详细的图示要求,主要包括临建设施、现场图牌、个人防护、临边洞口防护、防护棚、临时用电、消防系统、焊接与气割、环境保护、卫生防疫等通用施工内容,以及脚手架、围堰与导流、基坑等专业施工内容,通过文字说明和图解,对水务工地安全文明施工明确了详细要求,具有很强的实用性和指导性。同时,要求水务工程建设施工单位切实承担主体责任,认真落实《济南市水务工程安全文明施工标准化图集》的有关规定,逐项落实安全生产措施,积极推进文明施工,确保施工环境整洁卫生、施工组织科学高效、现场管理规范有序、现场施工安全文明,打造标准化水务工地。

综上所述,部分省份水利行业标准化工地创建工作已逐步展开并进入实质性实施阶段。

8.3.3　标准化工地建设推进思路

党的二十大报告指出,高质量发展是全面建设社会主义现代化国家的首要任务,提出加快建设质量强国。当前,我国开展大规模重点水利工程建设,建设规模、数量和投资强度持续保持高位,迫切需要牢固树立质量第一意识,深入实施质量强国战略,进一步推进水利建设工程标准化工地创建工作,大力提升水利工程建设质量安全水平,为促进水利高质量发展奠定基础。

8.3.3.1　增强水利工程标准化创建意识

无论从水利事业高质量发展,还是从企业高质量发展,都要进一步提升主管单位、项目法人及其他参建单位对标准化工地建设工作认识,增强创建的主动性和积极性。

通过大力开展标准化工地创建,水利工程建设由粗放式、经验式管理向规范化、标准化、精细化、科学化管理转变,大力弘扬精益求精、追求卓越的工匠精神,打造优质工程、精品工程、高点工程,推动新时代水利工程高质量建设,为水利事业高质量发展提供更加坚实的支撑。

通过工地标准化建设,工程项目管理逐步向施工布局科学化、施工生产工厂化、施工手段机械化、工艺控制数据化、工序作业流程化、内业管理制度化、项目控制信息化、员工激励人文化的方向发展,将有力提升企业的核心竞争力,改善企业形象,树立良好口碑。从企业实现持续发展的要求,必须大力开展水利工程标准化工地创建。

8.3.3.2　因地制宜地开展水利工程标准化创建

认真贯彻党中央、国务院和省委、省政府开展质量提升行动的部署要求,采取有效措施切实开展好水利工程标准化工地创建活动。受资金、工期、场地因素影响,各建设工地情况不一样,同时参建企业的资质级别不同,技术力量也存在差异,需结合工地实际因地制宜地开展标准化工地建设。若盲目制定统一模式,则会造成相关资源的浪费或对一些中小型施工企业的实施造成难度。可根据工地规模、工期,以及参建众企业的资质,参考企业安全生产标准化建设分级管理,分为几个等级开展标准化工地建设。同时,在实施过程中应不断积累经验,待条件成熟后逐步整合及提高。

8.3.3.3　制定完善标准化工地创建标准和管理办法

根据水利工程建设新规定、新要求,在以往工作的基础上,补充细化、完善安全防护设施、临时设施标准及数字化工地、智慧水利建设等相关内容,特别是补充相应标准化图集,增强实用性、可操作性。制定水利工程标准化工地创建实施细则,明确创建的主体、范围、条件、费用、标准、等级、程序、认定、奖惩等方面的内容,每年开展标准化工地达标创建评比活动。将标准化工地创建费用列入工程造价,明确进行标准化工地创建的项目可编列相应投资。在项目前期阶段编制标准化工地建设专章,在招标及签订的合同中明确标准化工地建设的内容,督促企业落实各项标准化工地创建措施。同时,着重明确标准化工地实行分级达标管理,以及对达标参建企业的激励措施等方面内容。通过制定创建管理办法,推动创建管理工作规范化、标准化、常态化,高标准高质量打造一批示范标准化工地,以点带面引领水利工程建设健康高质发展。

8.3.3.4　建立完善标准化工地创建激励机制

创新水利工程标准化工地评价机制,对照创建标准对参建企业达标情况进行评价,对达到一定标准的参建企业,参考企业安全生产标准化建设分级管理,确定相应达标级别。将标准化工地评价与招标投标、信用评级和表彰奖励相关联,如纳入招标投标评分标准中,对达标企业赋予相应分值;纳入信用评价等级评价中,作为信用评价的一项指标;纳入信用信息动态评价中,对达标工地适当减少相关企业不良行为扣分。

8.3.3.5　加强数字化、信息化建设,赋能标准化工地建设

从"人、机、料、法、环、测"着手,基于物联网、AI、BIM+GIS、数字孪生等先进技术应用,构建一体化项目管理系统平台,将主管单位及项目法人、设计、施工、监理、检测等参建单位全部纳入平台管理,实现从工程前期立项、设计、建设实施、验收等的全生命周期信息化管理,在工程建设质量、进度、安全等方面实现作业标准化、管理数字化、决策智慧化,可高效推动工程建设管理向标准化、信息化、智慧化转变。

水利工程标准化工地建设是强化工程质量和安全管理的重要手段,将有效地规范管理、技术、作业人员的工作行为和工作标准,切实提高水利工程建设实体质量和行为水平,从而达到工程优质、工艺美观、安全稳定、环保达标、资料完美的目的。山东省应大力开展水利工程标准化工地建设,深入实施质量提升行动,助力新时代新征程水利事业高质量发展。

8.4　智慧水利工程建设管理

8.4.1　政策要求

党的十九大明确提出要建设网络强国、数字中国、智慧社会。习近平总书记在中央网络安全和信息化领导小组第一次会议上指出,网络安全和信息化是一体之两翼、驱动之双轮。在 2018 年全国网络安全和信息化工作会议上,对实施网络强国战略做出了全面部署,强调要敏锐抓住信息化发展历史机遇,自主创新推进网络强国建设。2018 年中央一号文件明确提出实施智慧农业林业水利工程。

2018 年,水利部印发了《关于加快推进新时代水利现代化的指导意见的通知》并明确提出:到 2035 年,现代水利基础设施网络基本建成,现代水治理体系基本形成,水安全保障能力大幅跃升,水利现代化基本实现。跨区域调水工程作为现代水利基础设施网络的骨干工程,面临新形势和新要求,在建设过程中需要创新发展,进一步提升管理能力,提高工程质量,增强工作效能,提升执行能力、协调能力和创新能力,跟上新时代水利创新发展的步伐。

2019 年 1 月,水利部部长鄂竟平在全国水利工作会议上明确提出"水利工程补短板、水利行业强监管"的水利改革发展总基调,要求尽快补齐信息化短板,在水利信息化建设上提档升级,做好水利业务需求分析,抓好智慧水利顶层设计,构建安全实用、智慧高效的水利信息大系统,实现以水利信息化驱动水利现代化。在智慧水利总体方案中,针对水利工程,明确提出:加强水利工程安全运行监控,综合运用卫星遥感、视频监控等物联网技术,研发工程运行安全评估预警模型,提升水利工程的险情识别、风险诊断、安全运行、应急处置等能力。加强水利工程建设全生命周期管理,利用"互联网+"等新技术,积极推进 BIM、GIS、电子签名等技术的运用,构建智慧工地系统、水利工程建设管理信息系统,提升水利工程建设精细化管理水平,实现水利工程全生命周期管理。

大型水利工程往往具备点多、线长、面广、工程量大、参与方多、管理难度大等特点,经济社会发展对工程安全高效运行要求很高。传统水利管理方式已经难以满足新时代经济社会发展提出的专业化、精细化、信息化、智能化管理要求。充分发挥水利信息化在工程建设和运行管理中的作用,构建大型水利工程信息化平台,能够大幅提升水利工程智能管理和服务水平,实现工程全生命周期的高起点、高标准和高质量,辐射带动现代水利工程的全面发展,满足新时代经济社会发展新要求。

8.4.2　调水工程信息化建设主要业务能力

大型调水工程从业务管理层面来看,主要包括工程项目管理、工程辅助决策、工程监管、生态环境、调度运行、工程维护、应急指挥、数字体验等。具体业务需求如下。

8.4.2.1　工程项目管理需求

调水工程一般建设时间跨度长、外界影响因素多,受到投资、征迁、安全、质量等多种约束条件的严格限制。工程标段多、参与方多增加了项目管理的难度及不确定因素。调水工程项目管理是对工程全过程、全领域进行管理,主要包括项目、前期工作、设计、征迁、安全、质量、投资、设备、施工、进度、验收、廉洁等。在工程建设过程中对资金、人员、材料、设备等多种资源进行优化配置和合理使用,并需要在不同阶段根据项目进展情况及时进行调整。对于项目实施过程中出现的各种问题应迅速地做出反应,以适应项目时间、质量等目标的要求。提高大型调水工程建设管理水平,使之保证工程质量,控制工程造价,提高投资效益,具有深远的意义,也是决定项目建设成败的关键因素。

8.4.2.2 工程辅助决策需求

调水工程建设过程中需要对各个环节做出重要决策,需要各类统计、分析、预测数据作为辅助支撑,主要包括辅助决策及监管与评价两方面。辅助决策主要通过对工程建设各环节(设备交付、土建及安装施工交付等)进度、质量、安全、资金等进行全面信息的获取,经过数据分析对趋势进行预测,实现对项目进度、质量、安全、资金的全面控制和统计分析,对项目重要决策起到辅助支撑作用。监管与评价包括上级主管部门对本工程从执行力度、管理违规、整改情况等方面进行的监督,以及建设方对工程各参建方从进度、质量、安全等各方面工作的监督。通过制定科学的评分标准和完整的绩效评价体系,对各参建单位进行综合绩效评分,并结合合同执行情况制定相应的奖罚措施。为管理层和决策层提供定量的信息,并根据评分的纵向评比结果辅助管理层、决策层做出方向性的决策。

8.4.2.3 工程监管分析

工程监管主要是对各参建单位形成全过程、全方位的安全施工、文明施工的监督管理。大型调水工程建设时间跨度长、工程标段多、参与方多,对施工过程的全面监管面临巨大挑战,同时提出了更高的要求。监管业务主要包括以下几个方面:对参建方工程管理的规范化、标准化及信息化执行情况的监管;施工人员安全意识、责任意识的监管;施工现场安全隐患的监管;施工过程中质量的监管;对"人、机、料、法、环、测"等各关键要素进行全面监测管理。实现全天候的管理监控、全流程的安全监督、全方位的智能分析、全工程的统筹管控的目标。

8.4.2.4 生态环境管理

生态环境管理主要包括工程建设和工程运行中的水土保持、生态环境等相关业务。水土保持主要指协助建设单位落实水土保持方案,加强水土保持设计和施工管理,优化水土流失防治措施,协调水土保持工程与主体工程建设进度。

及时掌握水土流失状况和水土保持措施实施效果,提出水土保持改进措施,减少人为水土流失。及时发现重大水土流失危害隐患,提出水土流失防治对策建议。提供水土保持监督管理技术依据和公众监督基础信息,促进项目生态环境的有效保护和及时恢复。生态环境监测管理主要指工程建设和工程运行的水质监测、大气监测、噪声监测、陆生生态监测与调查、水生生态监测与调查、放射性监测、环境事故应急监测等。

8.4.2.5 工程维护业务

工程维护事关工程安全运行,工程维护工作主要包括工程巡查、设备检修、资产管理等。工程设备进行日常巡检、检修维护过程中的维护巡视需要进行过程监督、安全监管,还要对巡检结果进行统计分析,为业务分析、绩效考核提供数据依据;设备检修工作包括对工程检修、养护的上报、审批、实施和验收进行全程跟踪,以实现对检修工作从计划、实施到验收的全过程闭环管理,保证检修相关工作的正常进行,保障工程的安全、高效运行;工程资产管理围绕资产的"进、出、用"等环节完成对资产日常业务的采购、登记、调拨、维修、报废等各项管理工作,帮助管理单位更有效、更全面地管理资产和设备,实现资源合理配置;IT 运维工作包括从网络、设备、应用到服务的全方位管理及运行监控。

8.4.2.6　应急指挥业务

工程建设运行存在施工安全、大坝险情、隧洞险情、设备事故、闸门异常、突发水污染事件等诸多风险,为确保工程安全,需要对各类应急事件制订相应应急预案、响应方案,建立相应事件的会商决策、调度指挥机制,以便在事件发生时迅速处置,为快速应急提供手段,最大限度地降低风险,减少各种损失。通过对各类数据的汇总、分析,对工程运行情况进行监视与预警;出现报警,根据应急事件等级和应急预案,组织专家及相关人员实施会商决策,确定应急调度和应急处置的具体方案;根据会商决策意见,模拟应急救援方案和逃生路径规划,生成相应的应对措施、方案,发布应急调度指挥命令并监控组织实施进展状态;对应急处置各类工作进行统一调配管理,包括:应急队伍、应急物资、应急预案、应急日常管理等;对应急预案、应急处置方案、应急响应程度、应急处置效果进行事后评估。

8.4.2.7　数字工程体验

为践行智慧水利提出的让社会公众知水、感水、爱水、护水新理念,需要运用新媒体、新技术资源,深入发掘工程的各类宣传资源,让公众更加深入、全面、系统地了解工程、体验工程,从而更加爱护工程。主要需求包括利用新媒体宣传资源,建设大型调水工程宣传平台,全面升级工程宣传工作,实现传统媒体与新媒体的整合传播。建设电子沙盘和体验中心,满足大众对于工程的兴趣和体验需求,实现新技术与工程的结合,把工程的亮点、特点、难点展示给公众。

8.4.3　调水工程信息化建设主要方向

信息化建设分为工程建设期和工程运营期两个阶段。工程建设期主要是针对工程施工现场提供信息化的技术支撑,工程运营期主要是针对工程后期运营过程提供信息化的技术支撑。

8.4.3.1　智慧建造和智慧运维

智慧建造以物联网为纽带,以 BIM 基础,构建项目信息管理、安全监测、BIM+GIS 全过程全周期一体化信息平台等核心应用,实现工程建设的精细管理、数字孪生和智能建造。智慧运维以智能监测、自动化精准控制、水量智能调度、智能维护、BIM+GIS 全过程全周期一体化信息平台为核心应用,实现工程的数字孪生,实现水量调度的智能决策和精准控制,实现工程精准诊断和协同检修,实现工程安全运行的全方位保障。

8.4.3.2　安全、质量、进度、投资、调度、运维的态势预测

通过大数据分析、人工智能算法、工程专业模型的应用,提前分析预测工程安全、工程质量、工程进度、工程投资、调度运行和工程维护的态势,自动构建业务处理和预报预警流程,保证系统具备对工程安全运行和科学调度的分析预测和超前预警能力。

8.4.3.3　全周期、全对象、全过程、全要素的动态感知

利用遥感卫星、无人机、高清视频、定位、各种专业监测传感设备,针对工程设计、建

造、运维的全生命期,针对水工建筑、隧洞、管道、泵站、闸门、盾构、塔吊、施工人员、施工环境等全工程对象,针对工程建造、工程运维的全管理活动,实现安全、质量、进度、投资、环境、水情、水质等全过程要素的动态感知,及时、准确地获取水工建筑、机电设备、工程人员、工程机械、工程物料、工程环境、输送水体的运行状态,保证对工程建设和工程运行状态的敏捷反应。

8.4.3.4 全时域、全连接、全覆盖的网络高速互联和传输

利用光纤、5G/4G、卫星、工业无线网,构建工程全覆盖的水利工程信息网,保证全工程对象的监测信息、管理信息、视频信息、工程调度方案、工业控制指令的畅通传输和及时送达,保证物联监测、业务管理和分析预测数据在不同层级的快速传输与汇聚。

8.4.3.5 按需扩展的云服务

通过构建大型水利工程私有云,租用公有云,实现工程感知数据、工程 BIM 数据、工程空间数据、工程视频数据、工程管理数据的分布式存储管理和数据分析计算,为工程数据治理、大数据分析、人工智能算法、工程专业模型运算提供强大的算力支撑。

8.4.4 调水工程数字孪生建设

2021 年,水利部先后出台了《关于大力推进智慧水利建设的指导意见》《智慧水利建设顶层设计》《"十四五"智慧水利建设规划》《"十四五"期间推进智慧水利建设实施方案》等系列文件,明确了推进智慧水利建设的时间表、路线图、任务书、责任单。2021 年 12 月,水利部召开推进数字孪生流域建设工作会议,要求大力推进数字孪生流域建设,并部署各流域管理机构、地方水行政主管部门和有关水利工程管理单位先行先试。

数字孪生流域是智慧水利的核心与关键,是一项复杂的系统工程,必须加强组织、顶层谋划、统筹协调、协同推进。2022 年 3 月,水利部组织编制并发布了《数字孪生流域建设技术大纲(试行)》《数字孪生水利工程建设技术导则(试行)》《水利业务"四预"功能基本技术要求(试行)》等一系列文件,明确了数字孪生流域和数字孪生水利工程的定义标准。

其中,数字孪生水利工程是以物理水利工程为单元、时空数据为底座、数学模型为核心、水利知识为驱动,在数字空间对物理水利工程全要素和建设、运行全过程的数字映射、智能模拟、前瞻预演,虚拟再现真实水利工程,支持与物理水利工程同步仿真运行、虚实交互、迭代优化的信息系统。

数字孪生流域建设总体目标是:按照"需求牵引、应用至上、数字赋能、提升能力"总要求,以数字化、网络化、智能化为主线,以数字化场景、智慧化模拟、精准化决策为路径,通过在水利一张图基础上建设完善数字孪生平台,提升信息基础设施能力,逐步建成大江大河大湖及主要支流、重点流域和重点区域的数字孪生流域,支撑"四预"功能实现和"2+N"智能应用运行,加快构建智慧水利体系,提升水利决策与管理的科学化、精准化、高效化能力和水平,为新阶段水利高质量发展提供有力支撑和强力驱动。

按照统一的数字孪生工程建设要求和标准,结合各流域数字孪生流域建设内容,建设一批重大水利工程的数字孪生工程。一是搭建数字孪生平台,主要是搭建具有工程(及影响区域)特点的 L3 级数据底板、模型库、知识库等;二是夯实信息基础设施,主要是升

级监测设施,提升通信、计算、控制等设施水平;三是提升业务智能水平,主要是围绕工程安全、防洪、水资源管理与调配等共性业务应用需求和生态、经济社会等特色需求提升业务智能化水平和"四预"能力,推动有关单位数字化转型。水利部要求,建设数字孪生水利工程,要锚定安全运行、精准调度等目标,开展工程精细建模、业务智能升级,保持数字孪生水利工程与实体水利工程的融合性、交互性、同频性。

8.4.5　小结

通过大型水利工程信息化、数字化建设,围绕工程业务职能以及管理职能开发相应的智慧应用,实现信息传输全面快速、预警预报及时可靠,调度指挥科学智能;实现工程管理的各项业务和水利政务办公网络化、无纸化,支撑工程向全面科学决策和全面提升效率效能方向快速发展,更好地发挥供水调度、水利管理等综合利用服务。

8.5　大型调水工程的科技创新

8.5.1　科技创新在大型调水工程设计、建设中的支撑作用

科技创新是社会经济发展的动力。一方面,科学发展推动了技术更新,带动重大工程的实现,从而推动人类社会经济发展;另一方面,重大工程对科学和技术提出需求和方向,牵引技术和科学的发展,从而形成了工程—技术—科学—技术—工程的科技创新循环。科技创新在一定程度上推动着调水工程的不断发展,对大型调水工程的规划设计和建设起到支撑作用,主要表现在以下几个方面。

8.5.1.1　规划阶段

(1)新理论为大型调水工程规划设计提供理论基础支撑。随着科技创新的发展,调水工程建设与水文水资源、环境科学、信息化、大气科学等发生综合交叉,研究对象也从单一的引调水向水循环的整体过程转变。这些创新所带来的新理论为大型调水工程规划设计更加科学合理提供了理论基础支撑,有力地推动了调水行业的高质量发展。

(2)通过科技创新提升基础数据采集的真实性和准确性,优化预测计算模型,为大型调水工程规划提供数据支撑。科技创新可以提高引水区及受水区水资源基本情况、水资源需求分析和预测等基础数据的真实性和准确性,并对计算模型进行优化,确保工程引调水规模更加合理。

(3)可以提高工程方案规划的效率,主要有以下几个方面:地理信息系统、卫星定位系统等的普及对调水工程规划方案的效率有了极大的提高,可以较为方便地进行规划方案的预筛选,记录和校核规划方案的地理信息数据;人工智能的出现使调水工程方案比选自动化、智能化成为可能;算力的提升,可以缩短规划方案中各项演算的时间,从而提高效率。

(4)科技创新为调水工程规划提供新理论、新方法、新技术。新理论、新方法和新技术的应用可以提高调水工程的可行性和经济性,降低工程成本和施工难度。比如随着科技创新,我国自主知识产权的盾构机在基础设施建设中大量使用,隧洞、地下管廊等逐渐

应用在调水工程建设规划中。

8.5.1.2　建设实施阶段

（1）在工程的建设实施阶段，科技创新可以提高大型调水工程建设的项目管理水平，优化工程设计、施工等管理方案，做到科学管理、精准管理，提高工程建设效率，缩短工程建设周期，降低工程建设的时间成本和投资成本，提升大型调水工程效益。

（2）新工艺、新材料、新设备的使用，可以提升工程质量、提高工程建设效率、降低工程成本，还可以使工程建设更加绿色环保、节能低碳，从而提高大型调水工程的效益。

8.5.1.3　改扩建

（1）解决工程初次或者前期建设过程中的遗留问题。通过科技创新，可以在工程改扩建时，解决工程初次建设或者前期建设时因为技术、材料、设备等产生的遗留问题。

（2）充分挖掘工程潜力，提升调水工程的引调水能力。通过科技创新，对工程建设和运行资料进行数据分析和挖掘，可以发现工程未开发使用的潜力。通过改扩建、运行管理等方式将工程潜力转换为工程的引调水能力，实现工程效益的提升。

8.5.2　大型调水工程科技创新思路构想

8.5.2.1　现状和存在的问题

当前，我国正在从高速增长转向高质量发展，正处在转变发展方式、优化经济结构、转换增长动力的关键期。"十四五"规划和 2035 年远景目标及京津冀协同发展、长江经济带发展等重大国家战略的加快实施，都对调水工程的发展提出了更高的要求。习近平总书记提出了"节水优先、空间均衡、系统治理、两手发力"的治水思路和"节水、调水两手都要硬"的理念，把调水工程的作用和意义推到了一个新的高度。贯彻习近平总书记的治水思路，亟须解决当前调水工程科技创新方面存在的问题：一是科技发展相对其他行业比较滞后，基础新理论研究相对薄弱，原创性科技创新不多；二是推广转化仍是薄弱环节，新技术、新工艺、新材料等的推广应用力度不足，成果转化激励机制和措施还未完全落地，成果转化效益分配机制尚未健全；三是调水工程数字化、网络化、智能化发展水平不够，算据、算法、算力不足，新一代信息技术与水利业务的深度融合需要进一步加强；四是调水工程相关技术标准尚不完善，标准国际化步伐需要进一步加快；五是科技人才队伍建设亟待加强，高层次人才年龄老化现象突出，战略型科技人才、青年人才、复合型人才储备不足，优秀创新团队较为缺乏。

8.5.2.2　基本原则

坚持以国家水网建设为导向，以优化和提高水资源配置能力为目的，科学谋划，为社会经济发展提供高质量的水资源保障。以国家水网建设为契机，贯彻习近平总书记新时代治水思路，以科技创新推动调水事业高质量发展，提高水资源承载力，修复改善河湖水生态，为社会经济发展和生态保护提供水资源支撑。

坚持自主创新，重点突破。走中国特色自主创新的发展道路，抓好调水工程科技顶层设计，集中力量、集智攻关，重点突破制约新阶段调水工程高质量发展的关键技术问题，实现高水平的调水科技自立自强。

坚持管用实用，数字赋能。加大先进适用技术和产品研发力度，加强科技成果推广应用和技术服务。坚持把数字化、网络化、智能化作为调水科技创新的主要方向,加快推动信息技术与调水业务的深度融合,推进物联网应用和智能化改造,全面推行"互联网+安全监管",为调水工程安全高效运行提供有力保障。

坚持开放合作,协同推进。加强调水多学科交叉,促进基础学科、应用学科融合,充分调动行业内外优势资源和力量协同攻关,将其他行业领域的先进经验、前沿成果借鉴到调水工程科技创新中来,推动跨区域、跨领域、跨部门协同创新。

8.5.2.3　重点任务

1.国家水网规划

围绕全面增强水资源优化配置能力和提升水资源集约节约安全利用水平,立足流域整体开展水资源情势研究,按照"以水定城、以水定地、以水定人、以水定产"的原则,加强流域与区域水资源承载能力、水资源配置空间格局优化与开发利用分区管控、节水基础研究和应用技术等研究,重点为实施国家水网重大工程和建立健全节水制度政策提供技术支撑。以"系统完备、安全可靠、集约高效、绿色智能、循环通畅、调控有序"为目标,研究形成国家水网总体布局,构建重大水网工程规划设计、运行调度技术体系。依托国家水网建设提升调水行业形象和地位,加快调水行业制度化、规范化和标准化建设。

2.工程建造

以重大工程为依托,发挥科技创新关键性作用,提升勘察设计综合实力,突破复杂艰险山区调水工程建造关键技术,攻克严酷环境灾害孕灾机制及防控技术难题,为高起点、高标准、高质量推进国家重大工程建设提供有力支撑。结合"十四五"水利科技创新规划,主要工程建造科技创新有:复杂条件下的高坝大库建设关键技术,水利水电工程 BIM(建筑信息模型)设计与管理平台,硬岩盾构机搭载相控阵声波超前预报技术与装备,超大直径 TBM(全断面岩石隧道掘进机)选型、优化及智能掘进系统等。

3.智慧调水

根据"需求牵引、应用至上、数字赋能、提升能力"的智慧调水建设要求,围绕数字化、网络化、智能化建设主线,在智慧调水顶层设计、感知体系、数据体系、算法体系、应用体系、安全体系和建设范式等多层面,形成全新的智慧调水理论基础和技术架构。主要研究内容:基于数字孪生的水利工程现代化调度管理和运行安全监测技术、南水北调工程建设和运行关键技术、水下激光扫描仪、计算流体动力学仿真软件、全景化感知关键技术、精准化决策关键技术、水利大数据交换与管理技术等。

4.安全保障

树牢安全发展理念,完善调水工程一体化安全防控技术,深化运行养护维修关键技术研究,提高调水应急处置和救援能力,健全完善人防、物防、技防"三位一体"的安全保障技术体系。主要研究内容:病险水库隐患探测、除险加固和应急抢险关键技术;研发水下工程隐患应急检测、定位和评估技术,水下修补加固的成套装备和材料工艺;中低土石坝"漫而不溃"经济实用防护材料、装备及工艺;岩体结构分析与变形稳定数值模拟系列软件;长距离输水建筑物水下缺陷修复新技术;长距离输水管涵断丝、渗漏光纤水声监测与爆管预警技术装备;调水关键信息基础设施网络安全技术。

5.绿色低碳

贯彻落实国家碳达峰、碳中和部署要求,充分发挥调水工程绿色发展优势,把绿色科技贯穿调水工程建设、运行和维护全过程,着力降低调水综合能耗,强化生态保护修复、降低污染物排放等各方面关键技术的研发与应用,提高监管水平,打造更高水平绿色生态调水工程。主要研究内容:研发贯穿调水工程全生命周期,涵盖工程任务、规模、布局、建设施工、调度管理等各方面的生态工程技术体系;研发生态调水、水库清淤及淤泥资源化利用、低影响与生态友好施工、运行效能提升、重要生境保护等关键技术;研究发挥引调水与发电共用的设备、装备及相应能源、调蓄互补的运行调度方法;研究中线工程冬季冰期输水、有害生物防治、藻类在线处理、沿线调蓄水库与丹江口水库联合调度运行等输水能力提升与保障技术;研究东线工程长距离输水大型高扬程泵站及调控、低扬程大流量离心泵、生态友好型大流量低扬程灯泡贯流泵装置等关键技术等。

8.5.3 科技创新的管理

8.5.3.1 完善体制机制

深度融入水利科技创新体系,强化部门、行业、地方、企业沟通衔接。深化企业为主体、市场为导向、产学研用深度融合的技术创新体系建设。发挥政府引导作用,推进战略目标协同,强化规划政策引导,推动优质资源互补,加强风险管控,促进成果共享。以国家水网建设为契机,整合调水行业资源和力量,统筹组建调水科技创新联合体,深化创新链、产业链融合,提升行业整体创新效能。推行重大科技项目立项"揭榜挂帅"制度,引导更多的科技力量参与研发,推动关键核心技术实现突破。完善调水科技创新成果转移转化与评价机制,构建科技创新成果交流共享平台。加强跟踪新技术、新装备研发、试验、考核等工作,完善相关制度。发挥企业、科研院校和社团组织在标准编制中的积极性和技术优势,鼓励将科研成果转化为标准,逐步形成调水标准体系建设工作新格局。强化调水科技知识产权保护,优化科研资金利用,完善科研经费管理,激发调水科技创新动能和活力。

8.5.3.2 优化投入结构

凝聚各方力量,调动各类要素,优化调水科技投入结构,推动科技投入有效增长,保障水利科技研发需求。用足国家与地方科技投入政策,积极争取相关科技计划支持。充分发挥财政资金"四两拨千斤"的作用,吸引带动社会资本、企业资本、金融资本增加调水科技投入,放大财政资金使用效应。努力开辟新的资金渠道,完善相关政策措施,营造有利于增加科技投入的政策环境。组织实施水利部科技计划,探索建立通过市场机制多渠道筹集资金的科技投入机制,形成多元化、多渠道投入格局。激励企业加大创新研发投入,引导科研院校深入参与,依托国家重点调水工程建设和运行推动建设一批水平先进的调水科技创新平台、调水创新基地,完善行业科技创新基地体系。推动建立国家级的调水行业第三方新产品、新技术检验检测和认证平台,研究建设国家级的调水工程综合试验基地。

8.5.3.3 厚植人才基础

聚焦重大国家战略和调水高质量发展对人才的需求,依托国家重点工程、重大科研项目、科技创新基地等,着眼建设与经济社会发展相适应、与调水事业发展相匹配的一流调水人才队伍,以培养具有战略科学家潜质的高层次复合型调水人才、一流调水领军人才和创新团队为重点,补短板、抓重点、促发展,推动建立科技人才有序成长的梯队和通道,打造一支数量充足、结构优化、布局合理、素质优良的专业化调水人才队伍。

充分发挥重点实验室、工程研究中心、技术创新中心、人才创新团队、人才培养基地和重大水利项目等各类平台在人才培养中的基础性作用,促进人才培养、团队建设和平台建设无缝对接。建立产教融合、校企合作的人才培养模式,着力培养一批理论扎实、技术精湛的应用型人才。积极为科研人员松绑,深化落实减表、信息共享等减负行动成果,赋予科研人员更大科研自主权。努力营造潜心研究、追求卓越、风清气正的科研环境,开创人人皆可成才、人人尽展其才的生动局面。

8.5.3.4　优化发展环境

营造开放、公平的市场环境,加强政府引导,降低创新成本,扩大创新产品和服务市场空间,提高技术、人才等科技创新要素在市场中的竞争力。推动落实科研机构和人员更大自主权、科研经费拨付、科研人员激励等有关政策,激发创新动力。大力弘扬科学家精神,广泛宣传心怀"国之大者"、潜心研究并做出突出贡献的水利科技工作者和团队的先进事迹,激励广大水利科技工作者开拓创新,献身祖国水利事业。开放调水科技研发市场,广泛吸收国际国内先进技术和经验。加强科研诚信管理,营造诚实守信的科研环境。强化科研诚信建设,坚持预防与惩戒并举,完善诚信约束和失信惩戒机制,加强教育监督力度,凝聚诚信共识,引导科研人员自律,进一步净化科研风气。引导各单位开展多种形式的学术研讨和交流活动,鼓励科技工作者开展学术讨论和争鸣,提出新观点、新学说。营造尊重知识、尊重人才、鼓励创新、宽容失败的氛围。

参 考 文 献

[1]姚颖.EPC、DB、EPCM、PMC 四种典型总承包管理模式的介绍和比较[J].中国水运,2012,12(10): 106-109.

[2]赵振宇,高磊.推行全过程工程咨询面临的问题与对策[J].建筑经济,2019,40(12):5-10.

[3]孙剑,孙文建.工程建设 PM、CM 和 PMC 三种模式的比较[J].基建优化,2005,26(1):10-13.

[4]乐云,张云霞,李永奎.政府投资重大工程建设指挥部模式的形成、演化及发展趋势研究[J].项目管理技术,2014,12(9):9-13.

[5]胡燮.国外水资源管理体制对我国的启示[J].法制与社会,2008(2):168-169.

[6]孟金红.水利工程质量管理存在的问题及对策[J].农业科技与信息,2020(16):108-109.

[7]李祥红,张文举.复杂线性水利工程项目建管模式及组织应用分析[J].水利发展研究,2019(3): 44-47.

[8]丘水林.福建省水利投融资机制的探索与创新[J].福建农林大学学报(哲学社会科学版),2017,20 (2):34-39.

[9]李舜才,倪升,王伟.南水北调中线干线工程建设管理与实践[J].中国水利,2019(14):29-36.

[10]黄尧,常海军.PMC 在东深供水工程的应用[J].节水灌溉,2006(4):43-45.

[11]边立明,邱德华,王卓甫.广东东深供水改造工程招标实践[J].建筑,2003(2):36-38.

[12]李英才.东深供水改造工程进度控制风险应对浅析[J].人民长江,2004,35(8):46-48.

[13]刘耀祥,陈志宏.东深供水改造工程征地移民管理的经验与启示[J].广东水利水电,2003,6(8): 81-84.

[14]范志强,黄学才,曹剑.东深供水改造工程设计监理与实践[J].水利建设与管理,2006(1)35-37.

[15]康鸣雷.PPP 模式在小浪底北岸灌区工程中的应用[J].河南水利与南水北调,2021,50(7):70- 71,90.

[16]田艳萍.水利工程项目后评价的目的、意义和内容[J].水利科技与经济,2007,13(9):628.

[17]王浩,严登华,贾仰文,等. 现代水文水资源学科体系及研究前沿和热点问题[J].水科学进展, 2010,21(4):479-489.

[18]许志星. 加强科技创新管理人才建设优化高质量发展的人才环境[J].经济研究参考,2022(12): 15-18.

[19]匡尚富. 创新为基 规划为要夯实水利高质量发展科技支撑[J]. 中国水利,2022(10):3-5.

[20]汪恕诚. 加强科技创新促进水利现代化[J]. 水利水电技术,2001,32(1):1-5.

[21]冯婷. 从科技创新视角探讨新型县域乡村建设规划技术[J]. 科学管理研究,2017,35(4):72-74.

[22]黎华楠. 新型科技举国体制的构建何以驱动新型工业化 ——以五年规划为视角的分析[J]. 南京理工大学学报(社会科学),2022,35(5):1-9.

[23]皮德江.全过程工程咨询解读[J].中国工程咨询,2017,10(3):19-21.

[24]吕剑.风险型项目管理总承包在水利工程建设中的应用[J].人民长江,2018,49(11):86-90.

[25]程文华,韩焕庆.浅谈泰安市大汶河综合开发规划与建设[J].水资源开发与管理,2016(2):24-26.

[26]黄敏吾.创新推进"F+EPC"建设管理的探讨[J].中国水利,2020(S1),3.

[27]马毅鹏.对水利行业利用好基础设施 RRITs 的思考和建议[J].水利发展研究,2020(11):16-19.

[28]陈新忠,杨君伟,王铁铮.REITs 模式在水利工程建设筹融资中的应用[J].水利财务与经济,2021 (4):13-16.

[29]陈敏,周春娇.浅谈BIM+技术在全过程咨询项目管理中的应用[J].招标与投标,2019,7(3):51-54.

[30]朱东恺.水利水电工程移民制度研究——问题分析、制度透视与创新构想[D].南京:河海大学,2005.

[31]宋淑启,杨奎清,冯美军,等.现代项目管理理论与方法[M].北京:中国水利水电出版社,2006.